环境持久性自由基

贾汉忠 等 著

中国环境出版集团 · 北京

图书在版编目（CIP）数据

环境持久性自由基/贾汉忠等著. —北京：中国环
境出版集团，2022.7（2022.10 重印）
ISBN 978-7-5111-5220-6

Ⅰ．①环… Ⅱ．①贾… Ⅲ．①环境化学—研究
Ⅳ．①X13

中国版本图书馆 CIP 数据核字（2022）第 142630 号

出 版 人　武德凯
责任编辑　李恩军
责任校对　薄军霞
封面设计　岳　帅

出版发行　**中国环境出版集团**
　　　　　（100062　北京市东城区广渠门内大街 16 号）
　　　　　网　　　址：http://www.cesp.com.cn
　　　　　电子邮箱：bjgl@cesp.com.cn
　　　　　联系电话：010-67112765（编辑管理部）
　　　　　发行热线：010-67125803，010-67113405（传真）
印　　刷　北京中献拓方科技发展有限公司
经　　销　各地新华书店
版　　次　2022 年 7 月第 1 版
印　　次　2022 年 10 月第 2 次印刷
开　　本　787×1092　1/16
印　　张　16.5
字　　数　270 千字
定　　价　68.00 元

编 委 会

专业名词解释

英文缩写	中文全称
AA	抗坏血酸
AmR	氨基树脂
BNB	2,4,6-三叔丁基亚硝基苯
BC900	原始生物炭
BCM	生物质炭基质
$CH_3O\cdot$	甲氧自由基
CT	邻苯二酚
CMP	4-氯-3-甲基苯酚
DMPO	5,5-二甲基-1-吡咯啉-N-氧化物
DHE	二氢乙锭
DEP	邻苯二甲酸二乙酯
DTT	二硫苏糖醇
EPR	电子顺磁共振光谱
EPFRs	环境持久性自由基
EC	元素碳
FA	富里酸
HPLC	高效液相色谱法
HQ	苯二酚
H_2O_2	过氧化氢
HS	腐殖质
HA	胡敏酸
HM	胡敏素
LDH	乳酸脱氢酶
LiP	木质素过氧化物酶
2-MCP	2-氯苯酚
MMP	线粒体膜电位
MPs	微塑料
MnP	锰过氧化物酶
NBT	硝基四氮唑蓝
$NO\cdot$	一氧化氮自由基

英文缩写	中文全称
N-BC900	N 掺杂
nZVI	纳米级零价铁
$O_2^{\cdot-}$	超氧阴离子自由基
$\cdot OH$	羟基自由基
$\cdot ONOO$	硝基自由基
OC	有机碳
OP	氧化潜能
POBN	N-叔丁基-α-（4-吡啶基-1-氧）硝酮
PCDD	多氯二噁英
PCDF	二苯并呋喃
PH	苯酚
PM	大气颗粒物
PM_{10}	可吸入颗粒物
$PM_{2.5}$	细颗粒物
PAHs	多环芳烃
POPs	持久性有机污染物
PCP	五氯苯酚
PO$\cdot$	聚合物烷氧基
POO$\cdot$	聚合物过氧自由基
P$\cdot$	聚合物烷基自由基
PE	聚乙烯
PVC	聚氯乙烯
PS	聚苯乙烯
PF	酚醛树脂
PA	聚酰胺
PAN	过氧酰基硝酸酯
RCOO$\cdot$	羧基自由基
ROOH$\cdot$	脂氧自由基
ROS	活性氧
RO$\cdot$	烷氧自由基
$RO_2\cdot$	过氧化物自由基
RP	还原潜能
SOM	土壤中有机质
tNB	2-甲基-2-亚硝基丙烷
TSP	总悬浮颗粒物
TC	四环素
VOCs	挥发性有机化合物

目　录

第 1 章

绪 论

1.1 自由基的概念及其认识过程

自由基（Free radical）也可称为游离基，是指外层轨道带有孤电子的原子、原子团或固定态（聚合态）的基团。化合物分子在光照、热解、氧化等外在能量作用下发生共价键断裂或电子传递，使共用电子对分属于两个原子（或基团），形成带有不成对电子的物质便为自由基，它具有从邻近分子得到或供给一个电子的特性。与自由基相关的反应在生物质燃烧、大气环境过程、有机聚合反应、细胞生物化学、等离子体放电等过程中扮演着重要的角色。在众多化学及生物化学反应中，自由基一般以中间体的形式存在，其浓度相对较低、存留时间较短。基于自由基的寿命，可将其分为瞬时自由基（亦称为短寿命自由基）、持久性自由基（亦称为长寿命自由基）以及稳定态自由基。根据是否带有电荷，可以将自由基分为中性自由基、自由基阳离子以及自由基阴离子。按自由基单电子所在的原子中心可以将其分为碳中心自由基、氧中心自由基、硫中心自由基、氮中心自由基以及基于其他原子的自由基。大部分未经修饰的碳基自由基稳定性较差（如二氧化碳自由基、碳酸根阴离子自由基），通过引入共轭基团或者卤素等位阻基团可以有效改善其稳定性（如芳香烃类自由基）。同样，含氧自由基也存在瞬时自由基和相对稳定的自由基，常见的活性氧物种（如 $\cdot OH$、$\cdot O_2^-$）均属于高活性的瞬时自由基，芳香环上的含氧基团同样存在电子未配对的情况，从而形成氧中心有机自由基。而氮（硫）基自由基指的是单电子分布在中心氮（硫）原子上的杂环类自由基，包括胺基类（Aminyl）自由基、偕腙肼类（Hydrazyl）自由基、氮氧类（Nitroxide）自由基、硫胺基类（Thioaminyl）自由基，以及无机分子（或阴离子）自由基（如氮氧化物自由基、二氧化硫自由基以及硫酸根自由基等）。相较碳中心自由基，氮、氧类自由基具有极高的稳定性和电子自旋、可逆的氧化还原等特性。

人类对自由基的认识始于 1900 年前后，密歇根大学 Moses Gomberg 在尝试制备六苯乙烷的过程中发现了三苯甲基自由基的存在（Gomberg，1900），其成为人类首次发现的有机自由基，被认为是化学史中里程碑式的发现。Gomberg 因此被认为是自由基化学的奠基人，而这一发现亦被认为是自由基研究的开端。随后与自由基有关的反应过程引起化学家及相关领域科研工作者的广泛关注，人们对自由基反应也有了越来越多的认识。到 20 世纪五六十年代，自由基相关知识逐步渗透到生物学领域，人们开始认识到自由基与人体健康的密切关系。发现了超氧阴离子自由基（·O$_2^-$）、羟基自由基（·OH）、羧基自由基（RCOO·）、脂氧自由基（ROOH·）等瞬时自由基在细胞及生物体内的形成和存在，且参与了细胞内的生理生化过程。这些自由基极不稳定（特别是活性氧物质），具有较强的攻击性（反应活性），会从细胞内邻近的生物大分子（包括蛋白质、脂肪和 DNA）上抢夺电子实现自身的稳定，从而会发生一系列自由基连锁反应。这一过程会破坏体内的遗传基因（如 DNA）和生物组织，扰乱细胞的运作及再生功能；破坏细胞内的能量储存体（线粒体），造成氧化性疲劳；破坏蛋白质和酶，导致炎症和衰老；破坏细胞膜，使其丧失保护细胞的能力，干扰细胞内新陈代谢；攻击脂肪，使脂质过氧化；破坏碳水化合物，使透明质酸降解，阻碍细胞的正常发展；侵袭细胞组织所需氨基酸，干扰体内系统的运作，削弱细胞的抵抗力，使身体易受细菌和病菌感染；产生破坏细胞的化学物质，形成致癌物质。这些过程可能会导致细胞结构受到破坏，造成细胞功能丧失、器官病变、基因突变，甚至会演变成癌症或死亡。因此，有关自由基与健康的研究成为生物学和医学领域新的发展和突破。

早在 20 世纪中叶，有关自由基的研究就已经延展到了环境领域。20 世纪 40 年代前后，人们在光化学烟雾中检测到了 ·O$_2^-$、·OH、甲氧自由基（CH$_3$O·）、一氧化氮自由基（NO·）和硝基自由基（·ONOO）等多种自由基的存在，这些物种同样是一些高活性的瞬时自由基，它们具有较强的反应活性，参与了气溶胶的形成及颗粒物表面污染物的转化。携带自由基的大气颗粒物一旦进入生物体会造成更大的伤害。一般来说，带有未配对电子的有机分子和基团极不稳定，具有较高的反应活性、自由基寿命较短，常以微秒甚至纳秒计量，仅可借助电子自旋共振技术和自旋捕集剂获得部分自由基的信息。自由基易通过聚合、分解或与小分子物质（如氧气和水分子）反应形成更稳定的"闭壳分子"。然而，在开壳分子的高自旋中心引入共振单元或者位阻基团，在一定程度上稳定了未配对电子，从而形成稳定的有机自由基，这类自由基亦被称为长寿命自由基（Long-lived free radicals）。20 世纪 50 年代，Heimer 等发表在 Nature 上的多篇论文报道了天然有机质、生物大分子以及木质素具有稳定的顺磁信号，并提出长寿命自由基的存在（Commoner et al., 1954；Riesz and White, 1967）。随后，科研人员在烟草燃烧灰分、碳质材料、泥煤和土壤腐殖质等环境介质中检测到寿命相对较长的自由基，这些自由基具有顺磁稳定性，可通过电子顺磁共振（Electron Paramagnetic/Spin Resonance, EPR/ESR）波谱仪对其进行直接定性和定量分析。特别是有关烟草燃烧形成的自由基，Church 和 Pryor 等（1985）研究发现长寿命自由基的毒理学特性，认识到携带自由基的颗粒物进入人体细胞后发生的一系列自由基反应及其对细胞的损伤，同时将香烟对人体的危害归因于自由基等物质的作用（Church and Pryor，1985）。直到 2007 年，美国路易斯安那大学的 Dellinger 教授通过 EPR 检测到垃圾焚烧工业炉窑产生的飞灰表面存在有机自由基，其寿命可达数月，并首次提出持久性自由基的概念（Dellinger et al.，2007）。将长寿命自由基延伸于环境科学领域，且用 "persistent" 表达该类自由基的 "stability" 和 "long-lived" 特性，凸显了环境学的概念，并将其定义为环境持久性自由基（Environmentally persistent free radicals，EPFRs）。随着这个概念的提出，EPFRs 受到了科研人员的高度关注，从 EPFRs 的形成过程、存在介质、环境稳定性，到其潜在的生态效应开展了一系列工作，对其有了更加全面的认识，且我国科研人员在这一方向的研究较为活跃，研究成果在国际同行中占有相当的比例。

1.2 环境持久性自由基的存在介质及形成机制

相较于传统认识的瞬时自由基（如·OH），EPFRs 具有较强的顺磁稳定性，在自然环境中的半衰期从数分钟到数月，甚至可持续存在数年之久（Gehling and Dellinger，2013；Kiruri et al.，2013）。由于 EPFRs 的持久性，携带 EPFRs 的环境介质会随外力发生远距离迁移，进而被生物和人类摄取，增加其暴露风险（Dellinger et al.，2007）。进入生物体的 EPFRs 可诱导机体活性氧物种（Reactive oxygen species，ROS）的产生，引起细胞抗氧化防御系统与自由基活性的失衡，从而攻击细胞膜、脂质蛋白和 DNA，造成氧化应激或细胞损伤，引发神经系统、肺部、心血管等多组织的疾病，损害生物体的内脏器官和免疫系统，提高癌变风险甚至促使机体死亡（张绪超等，2019）。因此，作为一类新型环境风险物质，EPFRs 的污染问题已引起科研人员和政策决策者的日益关注（Vejerano et al.，2018）。

EPFRs 的形成主要涉及两个不同的机制：界面电子的转移和共价键的断裂（Feld-Cook et al.，2017；Jia et al.，2017）。前者通常发生在带有过渡金属的颗粒物表面，如大气颗粒物、工业飞灰、土壤无机矿物等；在光照、热处理甚至常温常压下，芳香类小分子有机物与颗粒物表面的过渡金属离子或氧化物形成较强的化学键并发生电子的转移，金属离子被还原的同时，形成颗粒物—金属离子—有机自由基的复合体，促使带有未配对电子的分子在自然环境中稳定存在（Jia et al.，2019）。后者则是生物质大分子或某些有机聚合物在外界能量驱动下（加热、紫外辐射、微波辐射和等离子体作用），共价键发生均裂形成具有不对称电子的原子团，而聚合物的共轭效应或空间位阻作用将未配对电子稳定于大分子内部，形成EPFRs（Saab and Martin-Neto，2008）。这类自由基通常产生于生物质热解、腐殖化作用、木质素光解和烟草燃烧等环境过程中。近10年来，科研人员逐步认识到EPFRs污染的普遍性，在大气颗粒物、煤炭燃烧产物、垃圾焚烧飞灰、机动车排放物、生物炭以及有机污染土壤中均检测到EPFRs的存在，丰度一般处于10^{15}~10^{20} spin/g（Fang et al.，2014；Wang et al.，2018；Jia et al.，2019）。总体来说，EPFRs广泛存在于大气、水体、土壤等多种环境介质中（Pan et al.，2019）。

随着城市化进程和工业化发展，空气污染［尤其是细颗粒物（如$PM_{2.5}$）］问题日益严重，已对人类健康产生较大的负面影响。颗粒物上携带着多种污染物，除传统认识到的有机污染物、无机盐和重金属外，还存在多种类型环境自由基。这些自由基参与了大气颗粒物表面的各类化学反应，其一方面影响着气溶胶的形成及污染物的转化，另一方面亦会对人身体健康造成严重影响。Yang等采集并分析了北京雾霾期间不同粒径的大气颗粒物，其EPFRs的平均浓度达到$2.18×12^{20}$ spin/g，发现灰霾状况下，颗粒物上EPFRs的含量比洁净空气中高出2个数量级，且EPFRs的浓度随着粒径的减小而增大，在粒径小于1 μm的颗粒物上的EPFRs浓度达到最高，其半衰期为59.2 d，并推测EPFRs来源于机动车排放、煤炭利用和生物质燃烧等（Yang et al.，2017）。Gehling和Dellinger（2013）研究发现，颗粒物上的EPFRs呈现出三个不同的衰减阶段，分别为快速衰减、缓慢衰减和无衰减，前两者的1/e半衰期分别为1~21 d和数月。由此分为3种不同类型的EPFRs，各自所占比例为47%（快速衰减型EPFRs）、24%（慢速衰减型EPFRs）、18%（稳定型EPFRs）（Gehling and Dellinger，2013）。Chen等（2018）以西安城市大气颗粒物为例，通过萃取的方法区分了EPFRs的类型，发现$PM_{2.5}$上不可萃取态EPFRs的g-因子值约为2.003 0，是碳中心自由基，而萃取态EPFRs为氧中心自由基（g-因子值接近2.004 0），并发现EPFRs的浓度与颗粒物上EC和NO_2的浓度呈正相关关系，说明汽车尾气是大气EPFRs的主要污染源（Chen，2018）。郑祥民等分析吸附在颗粒物表面稳定的半醌自由基，进一步揭示了上海市大气颗粒上EPFRs的时空分布特征（卢超等，2013；郑祥民等，2014）。与室外大气环境不同，室内PM主要来源于烹饪炉具吸附的油烟烟雾、生物质燃烧过程中的混合物及香烟烟雾等介质，但在这些介质中同样检测到相似的EPFRs信号。已有的研究已证实香烟烟雾的烟焦油中的EPFRs，但其他污染源还有待进一步证实和探讨。截至目前，我们对于工业飞灰和大气颗粒物上 EPFRs 的类型、存在形态和环境寿命已经有了初步的认识，但对其具体的形成机制、演变特征及环境风险还缺乏系统研究，我们将在第 2 章和第 3 章做出更加详细的阐述。

土壤是由无机矿物（包括原生矿物、金属氧化物、黏土矿物和无机盐）、天然有机质、生物体及其残体和分泌物组成的复合体。土壤中含有大量的过渡金属和丰富的活性界面，同时也是有机污染物重要的汇，这些条件为 EPFRs 的形成提供了有利条件。Coke 等研究发现，被五氯苯酚污染的土壤中带有较强的 EPFRs 信号，其浓度最高可达背景土样的 30 多倍，且在相当长的一段时间内还在不断地产生（Albert，2011）。除氯酚类污染物外，Jia 等（2017）在多环芳烃污染严重的废弃焦化场地土壤中也发现了 EPFRs 的存在，其浓度高达 $3×10^{17}$ spin/g，且土壤样品中 EPFRs 的浓度随着与污染源距离的增大而下降，与多环芳烃的浓度呈现出相同的变化趋势。土壤中 EPFRs 的形成还与黏土矿物，有机质含量，Fe、Zn、Cu、Ni 等过渡金属的含量有较强的相关性（Jia et al.，2017）。这些研究结果证明，土壤中无机矿物等活性物质是促使 EPFRs 形成的关键要素，而在这些组分界面发生的微观反应是其形成的原初动力。当然，我们也不能完全排除生物途径在 EPFRs 产生过程中的贡献。除土壤的组成和性质外，EPFRs 的浓度也受到环境条件的影响，空气湿度的变化、氧气含量的高低以及环境温度均会影响 EPFRs 的产生和累积。在一定环境条件下，EPFRs 的浓度会保持相对稳定的水平，这是其不断产生并不断淬灭的结果。此外，在云南宣威地区存在大量的煤炭开发和煤化工产业，在这一区域的土壤中含有大量 EPFRs，Wang 等（2019）推测这可能是该地区癌症高发的原因之一（Pan et al.，2019）。除自然条件外，有机污染土壤的低温热处理过程亦会引起 EPFRs 的产生，且较常温下产生的速率更快、产生的量更大，这可能是由于在一定的温度下加快了界面的反应速率，但随着热处理温度的进一步上升（>200℃），可抑制 EPFRs 的形成。由此说明，在采用热处理技术进行土壤修复过程中，需要考虑 EPFRs 的潜在风险。此外，表层土壤的光化学过程亦会影响 EPFRs 的累积，光照一方面通过加快界面反应过程促使 EPFRs 的形成，另一方面可通过自由基反应加速 EPFRs 的淬灭，具体的土壤界面过程和机制将在第 5 章进行系统的论述。

除外源有机污染物外，土壤中存在的天然有机质和大分子物质亦带有一定丰度的 EPFRs，这与动植物残体的腐殖化过程有关。有研究指出，木质素的生物过程（如微生物和酶的作用）和非生物过程（如机械破碎和光化学过程）均会引起

EPFRs 的产生（见第 8 章）。当然，土壤天然有机质中 EPFRs 的稳定性较强，而活性相对较弱，具体的原因与机制将在第 6 章中进行探讨。此外，土壤黑炭（Black carbons，BCs）亦是 EPFRs 的主要载体，它是化石和生物质不完全燃烧形成的碳质连续体，包括微焦化植物体、焦炭、木炭、烟炱和石墨态 BCs 等，黑炭具有高度芳香化结构和丰富的官能团，特别是在与苯环相邻的含氧官能团和芳香结构的碳原子上往往存在未配对的电子（自由基），这对生源要素、污染物的迁移转化及其生态环境效应有着重要的影响和作用。当然，不同形态 BCs 上 EPFRs 的形成过程、理化性能、结构特性及反应活性各有差异，这些将在第 4 章中讨论。

水体中同样含有丰富的天然有机质和黑炭颗粒，这些物质成为水体中 EPFRs 的主要载体。有科研人员对地表水体提取的溶解性有机质进行了 EPFRs 的分析，测得其浓度处于 $10^{16} \sim 10^{17}$ spin/g 的范围内（Paul et al.，2006）。有报道指出，水体中溶解性有机质的自由基丰度总体低于土壤，这可能是由于水体有机质含有相对较少的芳香结构，不利于自由电子的稳定存在（Jia et al.，2020）。而黑炭（如生物炭）也会以各种途径进入水体，其携带的自由基可能会对水中营养物质循环利用、污染物的迁移转化，以及水生生物的健康产生影响。此外，纳米材料由于广泛生产和使用也势必会进入包括水体在内的各种环境介质中，这些物质携带的 EPFRs 也会在环境介质中发生转化（或老化），导致 EPFRs 风险增加（抑或降低）。如球形高分子微纳米塑料颗粒和纤维会在光老化过程中自发形成一种新的 EPFRs（见第 7 章）。因此，微纳米塑料颗粒携带 EPFRs 引起的生态风险和人体健康问题值得关注。但目前对水体中微纳米材料上 EPFRs 的转化机制和环境效应的关注较少。

综上所述，EPFRs 普遍存在于大气、水体和土壤等环境介质中，同时环境介质的组分、性质和存在形态也会影响 EPFRs 的形成过程、稳定机制、环境行为和环境效应，相关内容还有待进一步探讨。

1.3 环境持久性自由基的检测方法

环境自由基的分析和检测是研究自由基浓度和性质的基础。一般可将自由基的分析方法分为直接法和间接法。直接法就是利用 EPR/ESR 直接对自由基进行检测。EPR/ESR 技术是 20 世纪 50 年代建立起来的，可以直接检测带有未配对电子的顺磁性物质（自由基）技术。该技术基于泡利原理，即每一个分子轨道内最多容纳两个电子且自旋相反，分子内电子排布遵循能量最低原理。当分子内所有轨道都填有 2 个电子时，总的电子自旋正好抵消，体现出逆磁性；当分子的最外层轨道上含有未成对电子时，便带有电子自旋性，可被 EPR 检测到。

具体来说，如图 1-1 所示，当受到外磁场作用时，未成对电子会按照一定取向排列，发生能级分裂，称为塞曼（Zeeman）分裂。能级分裂的大小与磁场强度成正比，当电子自旋磁矩与外磁场方向相同时，处于低能态，能量为 $-1/2\ g\beta B_0$；若相反，则处于高能态，能量为 $+1/2\ g\beta B_0$，两能级之差为 $\Delta E = g\beta B_0$。在垂直于 B_0 的方向上施加能量为 $h\nu$ 的电磁波，当微波能量正好等于上述 ΔE 时，就会使自旋电子从低能态跃迁到高能态，产生共振现象，受激发跃迁产生的吸收信号经电子学系统处理可得电子自旋共振谱线。即电子顺磁共振的条件为

$$h\nu = g\beta B_0 \tag{1-1}$$

式中，h 为普朗克常数；g 为波谱分裂因子（简称 g-因子或 g-值）；β 为电子磁矩的自然单位，称为玻尔磁子。对自由电子，$g = 2.002\ 32$，$\beta = 9.271\ 0\times10^{-21}$ 尔格/高斯，$h = 6.626\ 20 \times 10^{-27}$ 尔格·秒。

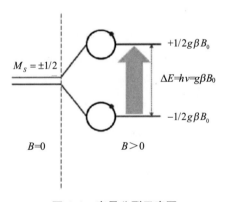

图 1-1 塞曼分裂示意图

由此可知，EPR 可直接用于固体颗粒或原位反应体系中稳定自由基的检测，通过分析顺磁信号中峰面积、g-因子值、线宽、超精细分裂特征（A 值）等可以获得自由基的类型、浓度、分子结构等信息（Sterniczuk et al.，2014），亦可通过对同一体系的持续检测在时间尺度上得到自由基的衰变信息，同时联合时间分辨和质谱技术可以分析瞬时自由基的寿命和结构（Sablier and Fujii，2002；Fleisher et al.，2014）。该技术已广泛应用于生物、物理、化学、医药和环境等领域，其优

点是可定性和定量地分析自由基，并在空间维度上得到自由基是否存在、分子结构等信息，在时间维度上获得自由基的演变过程和半衰特征（Baehrle et al.，2014）。

EPFRs 常常存在于大分子聚合物或颗粒物中。对于固体颗粒物表面的 EPFRs 的分析，可对固体样品进行直接检测。目前利用 EPR 对大气颗粒物、土壤、有机质、生物炭、飞灰和焦炭等固体样品中的 EPFRs 进行了分析，其优点是原位、快速，且对样品没有损耗。但环境样品中往往存在多种顺磁性物质（如 Fe、Cu、Zn 等金属），这些物质的存在会对检测结果带来较大的干扰。为避免这一问题，有科研人员采用有机溶剂提取的方法，先将颗粒物表面可分离态的 EPFRs 转移到有机溶剂中，进而对其进行定性和定量分析。这一方法可用于有机污染土壤和大气颗粒物中 EPFRs 的分析过程。此外，不同的环境样品，自由基的类型及其与固相界面结合的方式亦不同，需筛选出最佳的萃取溶剂和萃取的方法。郑祥民和卢超等通过采用索氏提取法萃取分离吸附在颗粒物表面稳定自由基的方法，对比了不同有机溶剂对颗粒物表面半醌自由基的提取能力，认为二氯甲烷萃取效率最高，以此获得了上海市大气颗粒物中 EPFRs 的时空分布特征（卢超等，2013；郑祥民等，2014）。然而，有研究指出二氯甲烷提取自由基的效率仅为 20%～55%，且部分自由基易发生反应进而生成对苯二酚、邻苯二酚、苯酚、氯酚、二苯并呋喃等分子产物，影响了自由基的准确鉴定（Truong，2010）。Chen 等（2018）的研究结果发现大气颗粒物中 88%的自由基难溶于有机溶剂，由此可知有机溶剂萃取的方法会让测定值远低于实际水平从而低估颗粒物上自由基的毒性（Chen，2018）。Valavanidis 等（2006）则以碱性饱和碳酸盐水溶液提取分析了雅典地区颗粒物中的醌类及半醌类自由基（Valavanidis et al.，2006）。此外，为提高环境样品中 EPFRs 的萃取效率，科研人员还采用超声萃取的方法强化 EPFRs 的分离，但研究发现，较大的超声频率和较长的超声时间会使测定值偏低，这是由于超声的能量在一定程度上淬灭（或损失）了自由基，使其回归到母体分子或产生新的物质。王政等（2020）采用有机溶剂提取和水洗脱的方法对大气颗粒物进行了前处理，进一步对比了大气颗粒物的直接测定、水洗脱样品和有机提取样品的测定结果。研究结果发现，直接检测法既适用于石英膜，也适用于 Teflon（特氟龙）膜样品，可直接获得颗粒物上自由基的信息，操作简便、便捷，但样品中其他物质对信号的干扰存在不确定性；水洗脱法则仅适用于 Teflon 膜样品，但颗粒物的洗脱效率会影响定量的结果；而有机溶剂萃取不能完全提取颗粒物上的自由基。由此可见，目前对于不同样品的前处理和 EPFRs 的测定方法存在较大差异和较多的争议，这对不同结果的可比性、检测结果的差异性带来了较多的不确定性，亟待建立成熟有效的前处理方法和检测方法，完成对大气颗粒物等环境介质中EPFRs的分离及定性、定量测定。这对于认识污染物的迁移转化、风险评估，以及环境质量评价具有重要的现实意义。

EPR虽是探测和研究自由基最权威的手段之一，但常规的EPR波谱仪不能直接检测短寿命自由基和低浓度的自由基，例如·OH（寿命为10^{-9}s）、RO·（寿命为10^{-6}s）等。短寿命自由基的常用检测方法为自旋捕捉法（Spin trapping），即通过自旋捕捉剂和自由基结合生成寿命较长的自旋加合物，常见的自旋捕捉剂包括：5,5-二甲基-1-吡咯啉-N-氧化物（DMPO）、N-叔丁基-α-（4-吡啶基-1-氧）硝酮（POBN）和2-甲基-2-亚硝基丙烷（tNB）等。此外，EPR技术也可以结合自旋俘获方法对反应体系中瞬时自由基进行定性分析，进一步使用标准物质对自由基含量进行标定，可以定量颗粒或体系中瞬时自由基的浓度。例如，对于·OH的检测，需要额外加入自由基捕获剂（如DMPO）将其转化为寿命长且稳定的二聚体自由基，进而可以定性或定量换算出体系中的活性自由基（·OH）。所谓间接法，是使用其他分子捕获（或反应）环境介质或体系中的自由基形成特定分子结构或谱学性质的物质，进而使用荧光光谱、紫外分光光度法、化学发光法、液相色谱法、电泳法等传统方法进行定量的分析（Esaka et al.，2003；Jung et al.，2006）。该方法通常用于测定颗粒物表面或水相体系中瞬时自由基（如·OH、·O_2^-羟基自由基、超氧等）（Gligorovski et al.，2015）。汪承润等（2012）应用EPR自旋捕获法、羟胺氧化法、二氢乙锭（DHE）荧光探针和硝基四氮唑蓝（NBT）原位显色法，分别检测了暴露于梯度镉溶液的水稻幼苗根叶组织·O_2^-的变化水平。结果表明，4种方法的检测结果基本一致，但前两种方法更适用于定量·O_2^-的生成水平，而后两种显色方法仅能反映·O_2^-的变化趋势，难以精确定量（汪承润等，2012）。自旋捕捉技术的建立为化学反应中的自由基中间体、生理生化行为以及环境过程中自由基的直接检测技术开辟了新的途径。

除了EPR技术外，目前检测ROS的常见方法还包括高效液相色谱法（HPLC）、分光光度法、荧光法、化学发光法等。其中，HPLC测定自由基是目前常用到的方法。但在分离检测前需先使用捕捉剂与自由基反应形成稳定的物质，进而采用HPLC进行分离和检测。采用荧光检测时，其灵敏度比用紫外可见光检测时要高得多，但要求捕获自由基后的生成物具有荧光性质，如使用带有荧光检测器的HPLC测定光化学反应中产生的碳中心自由基。与EPR技术相比，HPLC法的一个重要优点是能同时测定多种瞬时自由基，并可对瞬时自由基的累积量进行定量的测定。EPR 和 HPLC 等方法所需仪器相对昂贵，操作复杂，而分光光度法简便实用、设备易得。贾之慎等（1996）用水杨酸捕获 ·OH 后，添加 Na_2WO_4 和 $NaNO_2$，并在 510 nm 比色测定，以此间接获得 ·OH 含量。相似的方法亦可用于超氧阴离子、H_2O_2、单线态氧等其他 ROS 的分析。

1.4　环境持久性自由基的稳定性及反应活性

与瞬时自由基相比，EPFRs 表现出较强的稳定性和更长的寿命，可在自然环境中留存数分钟到数月甚至更长的时间。携带 EPFRs 的载体通过远距离迁移便增加了其对生物体暴露的可能性及潜在的环境风险。EPFRs 的稳定性源于两个方面，一方面是基于其自身结构的稳定，不易反应，因难以得、失电子而发生淬灭，这一特点往往归因于其结构的共轭效应、空间效应和斥电子诱导能力等（Tedder，1982）；另一方面，携带 EPFRs 的载体界面作用会使吸附态的自由基稳定下来，降低带有自由电子的分子或基团的反应能力，将自由电子"锁定于"固体界面，而不易与环境中其他物质反应，这一情况常常发生于大气颗粒物、土壤矿物，以及飞灰的表面。以上两种情况可能同时存在于同一环境体系（介质）。例如，表面吸附态和有机质结构态的 EPFRs 共存于碳质材料中。两类自由基的稳定性及反应活性与其存在介质和存在形态有关，目前对于不同环境介质上 EPFRs 稳定性（或反应活性）的判断和定义还没有统一的标准。

颗粒物表面 EPFRs 的稳定性受到多种因素的影响，包括颗粒物的组成、表面理化性质、自由基的类型、前驱体分子的结构以及界面的作用方式等。Gehling 等（2013）研究了大气颗粒物（$PM_{2.5}$）上 EPFRs 的衰变过程，发现多种类型自由基且其呈现不同的衰减模式。可简单将其分为快速衰减、慢速衰减以及不衰减，同时自由基之间会发生相互转化，这一转化过程会导致 EPFRs 的四种衰减模式：快速衰减—慢速衰减模式、慢速衰减模式、一定时间内未衰减模式、快速衰减—未衰减模式。不同类型自由基呈现不同的衰减特性，如酚羟基类自由基的衰减速度远大于半醌类自由基，而处于颗粒物结构中或孔道间隙内的自由基受到空间位阻的影响不易与环境分子接触，从而表现出一定时间内不衰减的现象（Gehling and Dellinger，2013）。颗粒物中过渡金属的含量不但影响 EPFRs 的形成，还会影响其在颗粒物表面的寿命。Kiruri 等（2014）研究了二氧化硅表面氧化铜负载量对 EPFRs

稳定性的影响，研究结果揭示随着氧化铜含量的增加，EPFRs 的寿命呈先增加后减少的趋势，同时 EPFRs 的类型也会随之变化，g-因子值随着氧化铜浓度的增加而增大。EPFRs 前驱体分子的结构对其稳定性亦有较大的影响，如多氯联苯同系物在飞灰颗粒表面形成 EPFRs 的特性与其分子结构有较大的关系，随着多氯联苯分子中氯原子数量的增加，其所形成半醌自由基的稳定性与持久性也随之增大。自由基与界面的结合方式直接影响其稳定性，有研究指出，金属蛋白与半醌自由基结合后形成双配位基被装载于金属蛋白之中，形成了空间位阻效应使得自由基更加稳定（Özduas et al.，2016）。总之，EPFRs 的稳定性和持久性影响着其在环境介质中的留存时间，从而决定了其随环境介质的迁移与转化性能以及危害及影响的范围。因此，有关各类环境介质中 EPFRs 的研究需重点分析和认识其寿命或稳定性，这有利于评估其潜在的环境风险、掌握其在环境中的迁移转化行为，同时探寻消除和控制自由基的手段。

相较于瞬时自由基，EPFRs 之所以具有较强的稳定性和持久性，就是由于存在某种保护机制降低了其反应活性，从而不易得/失电子或与其他物质发生反应。可以简单地认为，自由基的稳定性和反应性是两个相反的概念，越是稳定的自由基，其反应活性越低，与之相反，寿命较短、稳定性较差的自由基更容易与其他物质发生反应。然而，作为一类自由基，EPFRs 总归带有未配对的电子，处于能量不平衡状态，较非自由基分子具有强的反应性，特别是易与其他物质发生电子传递或得/失电子的氧化还原过程。近年来，有关 EPFRs 促使 ROS 形成的过程引起广泛的关注。携带 EPFRs 的颗粒物或碳质材料（如生物炭）会与水相中的溶解氧或 H_2O 分子反应形成 ROS，亦可活化 H_2O_2 和 $S_2O_8^{2-}$ 等氧化剂，激发产生相应的 ·OH 和 SO_4^-·（Fang，2013，2014，2015）。相关研究主要聚焦于碳质材料上，如生物质炭，可催化活化过氧化物产生 ROS，参与降解水体和土壤中的有机污染物，生物炭在此过程中所起的作用与其 EPFRs 的反应活性有较大的相关关系。由此得出，生物炭上 EPFRs 诱导产生 ROS 并降解污染物的特性是其在环境应用方面的关键要素。Fang 等（2013）研究发现，生物炭或腐殖酸中具有氧化还原活性的醌类物质和半醌自由基可以活化 H_2O_2 或 $S_2O_8^{2-}$ 产生 ·OH 或 SO_4^-·，从而可高效降解多氯联苯等污染物。在该反应过程中，生成 ·OH 的同时，生物炭上的 EPFRs 也在消耗，它并不充当催化剂的作用而是作为电子供体，因此，生物炭添加量与·OH 生成量具有良好线性关系。此外，生物炭上 EPFRs 的反应活性还与其类型及存在位置有关。赋存于生物炭结构或微孔道内部的 EPFRs 较难与氧气分子接触，失去其反应活性，但随着碳质材料在环境中的破碎老化，新暴露表面上的 EPFRs 会发挥其活性，参与环境化学过程。同样的现象也发生于大气颗粒物表面，Gehling 等（2014）根据空间分布将 $PM_{2.5}$ 上 EPFRs 分为内部自由基和表面自由基，在诱导 H_2O_2 产生 ·OH 反应中，内部自由基和表面自由基分别表现出反应惰性和反应活性，说明了 EPFRs 的反应活性受限于其在颗粒物上的存在位置。总之，生物炭等热解碳质材料表面 EPFRs 的存在使其具备了吸附和降解有机污染物的双重作用，为拓展其在环境污染控制方面的应用提供了更多的可能性。但也有研究指出，碳质材料活化过氧化物不仅与其表面的 EPFRs 有关，其他氧化/还原官能团（如酚羟基和醌基）同样起着重要的作用。也有科研人员认为非自由基反应在过氧化物活化和污染物的降解过程中起着重要的作用。总之，有关 EPFRs 的反应性尚存较多的争议，还需进一步深入的研究。

需要指出的是，EPFRs 是一把"双刃剑"，EPFRs 的反应活性也是其引起生态毒性的主要原因。携带 EPFRs 的颗粒物进入人体后所产生的 ROS，便是破坏 DNA、引起细胞衰亡、损伤生物体的主要"元凶"。由此可以认为，环境介质上 EPFRs 的生物毒性或者环境风险同样取决于其反应活性。换句话说，EPFRs 的类型、存在位置及稳定性会影响其潜在风险，这部分内容将在本章 1.6 节中进行重点论述。

1.5 环境持久性自由基的环境行为

如上所述，EPFRs 主要附着于工业飞灰、生物质燃烧产物、有机污染土壤、汽车尾气排放物以及生物质炭等物质上。几乎所有化石能源和生物质原料（如石油烃、煤炭、木材、烟草和塑料）的燃烧产物都携带 EPFRs，因此，燃烧过程不仅会产生大量飞灰等传统的副产物，也会形成稳定的 EPFRs 存在于其表面及颗粒内部。这些燃烧产生的颗粒烟雾进入空气后，会携带 EPFRs 垂直上升并附着在大气颗粒物上，所形成的悬浮颗粒来源广泛、移动性大，会随风力水平扩散到更远的地方，扩大 EPFRs 的影响范围。空气中的颗粒物也会通过干、湿沉降进入土壤和水体，成为这些介质中 EPFRs 的主要来源之一，特别是土壤和沉积物中黑炭类物质。除此之外，土壤中存在的农药、多环芳烃、氯代芳香化合物等有机污染物也会与土壤中活性无机矿物（如过渡金属氧化物和黏土矿物）在自然环境条件下发生反应生成 EPFRs，成为有机污染土壤中次生环境风险物质（Dela et al.，2011）。

同时，生物炭往往用于农田土壤改良和修复利用过程中，生物炭携带的 EPFRs 亦会随之进入土壤。而陆地和水中的 EPFRs 则可能会通过水陆迁移的方式相互影响。由此可见，进入环境的 EPFRs 会随着载体进一步迁移，而 EPFRs 所依附的环境介质决定了其在环境中的迁移能力和影响范围。然而，作为一种新型污染物，目前对于其迁移行为的描述更多的是一些假设，亟须更加深入的研究。

类比于其他的传统污染物，进入环境中的 EPFRs 亦可发生衰减和转化过程，甚至会形成次生的 EPFRs，进而影响其化学行为和环境风险。最为典型的是大气颗粒物表面的有机物或有机自由基在光照的条件下会发生转化，形成新的或更多的活性 EPFRs。同时，携带 EPFRs 的颗粒物进入水体会释放可溶性组分（Qu et al.，2016），这些组分往往具有光反应活性，会诱发多种自由基反应，提高水体的氧化性（Fu et al.，2016），不仅参与污染物降解，也可能与有机污染物发生反应生成新的风险物质。总之，携带 EPFRs 的物质进入水体和土壤，都可能影响环境介质的氧化还原状态，诱导水体和土壤中多种 ROS（$\cdot O_2^-$、$SO_4^-\cdot$、$\cdot OH$ 等）的产生，从而影响其他污染物的环境化学行为。此外，也会引起环境介质中生物体的毒性。因此，需要深入研究和探讨不同环境介质中 EPFRs 的转化行为、生态效应及控制方法。

1.6 环境持久性自由基的毒理效应及风险

通过 10 多年的研究，我们对各种环境介质中 EPFRs 的形成过程、稳定机制和环境行为有了初步的认识。但有关 EPFRs 的环境风险还未获得足够的重视，特别在污染物成分分析、潜在风险评估、环境影响评价等方面往往只是考虑重金属元素和有机物等传统污染物的存在，而忽略了 EPFRs 的贡献。有研究指出，携带 EPFRs 的颗粒物所造成的毒性比颗粒物本身更强，其会导致生物大分子被破坏，引起细胞功能严重缺陷（Balakrishna et al.，2009；Mahne et al.，2012；Kelley et al.，2013）。Dellinger 等利用模型化合物证明 EPFRs 在环境暴露引起的疾病中的主导作用，以及 EPFRs 能引起比环境介质本身更强的生物活性和毒性（Balakrishna et al.，2009；Saravia et al.，2013；Thevenot et al.，2013；Lomnicki et al.，2014）。尽管我们已经认识到 EPFRs 会对公共健康产生威胁，但现有的标准还未将 EPFRs 纳入污染物管控范畴，这可能致使当环境介质中（如大气颗粒物）传统认识的污染物的含量水平低于现有标准时，仍然会有对人体健康造成威胁的情况发生（Elliott and Copes，2011；Fann et al.，2012）。此外，由于 EPFRs 环境稳定性差的特性，在污染物分析过程中采用的有机溶剂萃取以及其他化学分析方法，会把持久性半醌类自由基转换为苯酚、对苯醌类物质，所获得的结果会低估实际的毒性和风险（Truong et al.，2010）。

自从 1956 年 Harman 提出了自由基学说以来，越来越多的研究证实衰老和疾病是由自由基引起的生物组织损伤的结果。同样，大量的研究表明，自由基还直接或间接地参与了生物的衰老过程。在机体正常运转情况下，细胞内自由基的产生与清除会保持动态的平衡，清除系统的作用可使自由基处于较低的水平，这一过程对机体是有利的；然而，当体内在较短的时间内产生大量的自由基，清除系统不能及时起到作用时，便会在体内蓄积过量的自由基，从而损伤细胞、引起机体组织和细胞的氧化、破坏细胞膜上的生物大分子（如脂类和蛋白质），进而使细胞膜黏度增加、流动性下降、抗氧化酶丧失活性、造成膜内外离子交换紊乱等，致使细胞内钙离子超载、黄嘌呤氧化酶活性升高，又进一步加速自由基的产生。特别是在环境污染或逆境胁迫（如高温/低温、旱/涝渍、强光、盐渍、病原物侵染等）下，植物体内产生的自由基参与了一系列的生理生化过程，进一步引起植物的病变或老化（林文杰，1998）。

与常见的自由基生物化学过程相似，EPFRs 对细胞和机体的损伤主要包括两种途径：胞外损伤和胞内氧化。前者是指胞外的 EPFRs 诱导产生 ROS 后直接损伤细胞膜，使机体处于氧化胁迫状态。在正常细胞代谢过程中，其自身会不断地产生和淬灭 ROS，处于动态平衡的过程。然而来自外部的香烟烟雾、大气颗粒物、飞灰等各种介质中的 EPFRs 可与氧气反应产生超氧化阴离子，进一步发生歧化反应形成 H_2O_2 和 ·OH（Dalal et al.，1989）。这些瞬时自由基的化学性质非常活泼、氧化能力较强，在机体中累积且来不及清除，可直接损坏细胞膜，致使细胞死亡。后者是指携带 EPFRs 的细小颗粒进入细胞内部后产生 ROS，胞内产生的 ROS 大量聚集后可损害细胞中脂质、糖、蛋白质和多聚核苷酸等几乎所有的生物大分子物质，这种损害引起的次生产物还可继续产生与 ROS 相似的损害作用，并会破坏抗氧化防御体系、引起细胞和组织病理、造成机体的氧化损伤，毒性归因于氧化应激、炎症、免疫破坏以及代谢异常（Pham-Huy et al.，2008）。

携带 EPFRs 的大气颗粒物是直接引起健康风险最主要的环境介质之一，且 EPFRs 的浓度会随着颗粒物粒径的减小而增大（Gehling and Dellinger，2013；Gehling et al.，2014；Yang et al.，2017）。粒径越小的颗粒物则越易于沉积在肺泡和下呼吸道，从而引起呼吸道病变和功能障碍（Kreyling et al.，2004）。通过体外细胞实验发现，这些颗粒物携带的 EPFRs 不但会引起 DNA 的损伤，而且会加重人体免疫、呼吸道和心血管方面的疾病（Kelley et al.，2013；Saravia et al.，2013；Hoek and Raaschou-Nielsen，2014；Lomnicki et al.，2014）。除大气环境外，室内环境中的颗粒物同样存在类似风险。这些颗粒物主要来源于烹饪过程产生的油烟、生物质燃烧颗粒物、香烟焦油以及微纳米塑料颗粒和纤维等。在这些介质和颗粒中同样可检测到 EPFRs 信号（Zang et al.，1995；Maskos et al.，2005）。特别是室内空气中悬浮的微塑料颗粒和纤维，在长时间光老化过程中会产生 EPFRs 及其他氧化-还原基团，增大其强化潜能，增强其对人体的毒害作用（Zhu K，2020）。此外，室内生物质燃烧产生的颗粒物及香烟燃烧后形成的焦油中含有大量的醌/氢醌类 EPFRs，它们在空气中会发生再次转化，产生新的次生 EPFRs（Lyons and Spence，1960；Church and Pryor，1985）。最新的研究发现，电子烟存在相似的健康风险，其烟雾中的 EPFRs 的浓度高达 7×10^{11} spin/Puff。将小鼠暴露在电子烟烟雾 14 d 后，小鼠肺部出现明显的氧化应激反应和巨噬细胞引起的炎症（Sussan et al.，2015）。含有 EPFRs 的烟雾还会增加慢性阻塞性肺病发病率和死亡率，削弱人体对细菌和病毒的先天免疫应答反应（Pryor et al.，1976；Soler-Cataluna et al.，2005）。此外，家庭炉灶生物质和低阶煤燃烧产生的颗粒物中 EPFRs 的丰度更高，达到 10^{19} spin/g，而与此研究相关区域民众的肺癌发病率也较高，且无法用传统的污染物暴露加以解释，据此推测，可能与长期暴露于 EPFRs 的环境中有关（Wang et al.，2018）。由此可见，长期以来烹饪过程对家庭煮妇（夫）的伤害也被严重低估，油烟所携带的 EPFRs 进入呼吸系统后直接损伤细胞和器官。总之，不论是何种载体，也不论是原生还是次生的 EPFRs，被吸入生物体后均会诱导细胞产生 ROS，引发肺部、心血管、免疫和神经系统等在内的多种组织的损伤，具体的损伤过程和机理如下所述：

（1）氧化应激：机体内过量的 ROS 会通过自由基链式反应，迅速扩散并改变酶、脂质、蛋白质、多聚核甘酸的结构和功能，最终诱发机体肺部、心血管疾病等（Pham-Huy et al.，2008；Saravia et al.，2013）。具体来说，ROS 可通过共价结合的方式损伤 DNA（Dalal et al.，1989），且抗氧化物质如超氧化物歧化酶的存在能够清除瞬时自由基，减轻损伤的程度（Dalal et al.，1989；Li et al.，2003；Thevenot et al.，2013；Feng et al.，2016）。ROS 还可以通过氧化膜磷脂在细胞膜上引发连锁反应，并在膜内产生 H_2O_2，脂质过氧化导致丙二醛和 8-异构前列腺素等氧化产物的产生（田文静等，2010）。同时丙二醛能与蛋白质和酶发生交联反应而扩大损伤，同样，这些损伤可以用白藜芦醇来减缓（Balakrishna et al.，2009；Fahmy et al.，2010；Saravia et al.，2013）。使用来自骨髓的抗原呈递树突状细胞（DCs）也发现谷胱甘肽的明显变化，说明 EPFRs 有可能诱导 DCs 的成熟，从而引起细胞炎症（Wang et al.，2011）。使用心肌细胞检测 EPFRs 对细胞的毒性作用，发现线粒体膜电位在早期开始下降（线粒体去极化），随着胱天蛋白酶增加、细胞凋亡、通路被激活，后期释放出乳氨酸脱氢酶（细胞死亡标志物）证明细胞已经死亡（Lomnicki et al.，2014；Chuang et al.，2017）。EPFRs 增强 DCs 抗原摄取和共刺激受体表达，导致白细胞介素 IL-13 增加和干扰素 IFN-γ 减少，辅助性 T 细胞数量增加（Dellinger et al.，2008），这将可能导致哮喘的发生（Li et al.，2009；Wang et al.，2011）。带有 EPFRs 的物质能够在细胞中产生 ROS，伴随着氧化应激反应和炎症反应，体内基线心脏功能改变，在短暂的缺血再灌注后加重左心室功能障碍（Fahmy et al.，2010；Lord et al.，2011）。此外，EPFRs 会引起溶酶体和线粒体膜改变，氧化应激驱使 BEAS-2B 经历上皮-间质转化（EMT），导致气道结构和功能的不可逆损伤（Thevenot et al.，2013）。心肌细胞暴露在携带 EPFRs 的颗粒物后会死亡，死亡的内在凋亡途径关键是线粒体膜去极化，其次是细胞色素从线粒体转移到细胞质，最终导致胱天蛋白酶激活聚合酶，结果就是细胞凋亡导致疾病发生和加重（Reed et al.，2014；Reed et al.，2015；Chuang et al.，2017）。总之，EPFRs 可以诱导产生 ROS，且 ROS 与各个生物大分子相互作用，引起细胞膜、溶酶体膜和线粒体膜结构和功能改变，激活细胞凋亡通路，引起细胞和组织凋亡，最终导致机体正常功能障碍。但是，这些 EPFRs 影响细胞分子的机理以及信号通路还需要深入研究。

（2）炎症：EPFRs 诱导产生 ROS、引起氧化应激、对健康造成不利影响的另一个关键机制是炎症的产生（Church and Pryor，1985）。过量的 ROS 未能被及时清除，进而导致细胞因子和趋化因子的基因表达，导致细胞内信号传导级联反应的激活，炎症便会在目标组织中产生，进一步会引起远离损伤部位的广泛促炎作用（Silbajoris et al.，2000；Xiao et al.，2003）。因此，EPFRs 也会成为加重人体疾病恶化的重要风险物质（Cormier et al.，2006）。EPFRs 导致的肺部炎症可能会伴随黏膜状态和嗜酸性粒细胞形态的改变、上皮修复机制的丧失，并造成呼吸功能障碍和疾病恶化。有研究指出，城市大气颗粒物中的 EPFRs 可能会通过调节促炎细胞因子的释放来调节上皮细胞的功能（Li et al.，2009）。携带 EPFRs 的颗粒能够在肺部支气管上皮细胞中诱导细胞毒性，而且这些颗粒物在较长的暴露时间和等效剂量下诱发的毒性更大（Balakrishna et al.，2009；Balakrishna et al.，2011；Gehling et al.，2014）。除损伤肺部外，吸入颗粒物能产生全身性炎症，诱导炎性细胞因子 IL-6 的增加（Mahne et al.，2012；Thevenot et al.，2013）。此外，暴露于 EPFRs 后的心脏会产生促炎反应，使心脏更容易受到缺血性损伤（Burn and Varner，2015）。所以，EPFRs 介导的损伤机理涉及炎症及免疫反应。

（3）生物大分子损伤：进入或接触细胞的 EPFRs 会直接损伤 DNA 和细胞色素等生物大分子。有研究发现，香烟焦油中的半醌类自由基在水相中产生的 ROS，会进攻 DNA 形成羟基化产物，使 DNA 产生切口，从而引起氧化损伤（Stone et al.，1995；De Zwart et al.，1999；Dellinger et al.，2000；Li et al.，2003）。为研究氧化应激的调控机制，研究者使用电子显微镜观察到<2.5 μm 的小尺寸颗粒物会进入细胞内部，与线粒体相接触，随之对其造成严重的结构损伤（Li et al.，2003；Nel，2005）。除了 DNA 分子外，EPFRs 还会抑制肝脏微粒体中细胞色素的正常功能，使该色素参与的代谢不能正常进行，从而影响生物体代谢和消除异物的能力（Reed et al.，2014；Reed et al.，2015；Reed et al.，2015）。总之，EPFRs 可通过损伤细胞内部生物大分子的结构和蛋白质的表达，致使代谢异常，最终导致器官损伤、机体的发育异常和疾病的发生。

（4）肺损伤：外源化学物可经呼吸道和其他途径到达肺组织，引起肺的损伤。流行病学研究表明，空气中颗粒物的增加与哮喘恶化、呼吸道感染、死亡率升高等有较大关系（Kaiser，2000；Squadrito et al.，2001）。而 EPFRs 会随着颗粒物迁移并进入呼吸系统，加重病情或增加疾病患病率。20 世纪七八十年代，科研人员在烟草燃烧的焦油中发现醌类/氢醌类物质可产生超氧化物损伤细胞，容易导致肺气肿和癌症的发生（Church and Pryor，1985）。随后发现，香烟烟雾中存在半醌类自由基信号，这些自由基随颗粒物在肺部沉积并参与氧化还原过程，与过渡金属等协同作用产生 ROS，引起氧化应激反应并引发肺功能异常（Squadrito et al.，2001；Cormier et al.，2006；Li et al.，2009）。机动车辆和垃圾燃烧产生的颗粒物同样会对肺上皮细胞造成损害（Cormier et al.，2006）。长期跟踪研究发现吸烟者、煤炭工人以及相关癌症患者的肺部组织存在 EPFRs，并与病情的严重性有较大的关系（Dalal et al.，1989；Dalal et al.，1991；Dalal et al.，1995；Huang et al.，1999）。通过模拟研究发现，人为合成的颗粒物——EPFRs 模型化合物同样会诱导生成 ROS、引发脂质过氧化反应、破坏支气管上皮细胞膜、降低细胞内谷胱甘肽和抗氧化酶的水平、表现出细胞毒性（Balakrishna et al., 2009；Kelley et al., 2013）。最新研究表明，暴露于 EPFRs 环境后，肺部便处于氧化应激状态，进一步抑制了免疫应答反应，使病毒感染的可能性增加（Lee et al., 2014）。而 EPFRs 引起的氧化应激是造成细胞毒性和肺组织损伤的主要机制（Gowdy et al., 2010；Valavanidis et al., 2010）。此外，EPFRs 还会引起呼吸道中的淋巴细胞、嗜中性粒细胞、细胞因子的改变，导致呼吸道反应性提高，增加肺部炎症，甚至会破坏子代的肺部免疫发育（Balakrishna et al., 2011；Wang et al., 2011；Saravia et al., 2013；Wang et al., 2013）。EPFRs 引发的氧化应激诱导抗原呈递细胞成熟，使肺部发生炎症而加重哮喘（Wang et al., 2011）。此外，EPFRs 可诱导上皮间质转化，不可逆地改变气道结构和功能，显著影响肺部的发育（Thevenot et al., 2013）。综上所述，氧化应激、炎症反应以及免疫抑制是引起呼吸系统功能降低的重要机制。

（5）心血管损伤：通常认为超细颗粒物可以进入血管并引起主动脉粥样硬化（Nel, 2005；Araujo et al., 2008）。近年来有研究表明，EPFRs 会使心脏处于炎症状态，增加肺动脉压，降低心脏左心室基线功能，并在短暂的缺血再灌注后加重左心室功能障碍，表现出明显的心脏毒性（Lord et al., 2011；Mahne et al., 2012；Burn and Varner, 2015）。例如，EPFRs 会引起心律失常、加剧动脉粥样硬化、引发冠心病和外周动脉疾病，增加心绞痛、心肌缺血、中风等的发病率。此外，EPFRs 刺激产生的氧化应激能引起左心室肌细胞中的线粒体去极化，启动细胞凋亡程序，造成心肌细胞的细胞毒性（Chuang et al., 2017）。这些疾病的发生与 EPFRs 的暴露水平存在一定相关性，而 EPFRs 介导的心血管损伤的潜在机制可能是氧化应激和炎症反应改变了免疫应答反应，导致局部乃至全身的炎症，从而触发疾病的发生（Miller et al., 2007；Brook et al., 2010）。然而，目前的研究只是通过氧化应激的标志物和已经发生的炎症反应来解释疾病的发生过程，没有给出具体的致病机理以及 EPFRs 直接引起心脏损伤的观测。

（6）神经毒性作用：氧化应激同样会在神经退行性病变中起到重要作用。以中枢神经系统为例，一般情况下存在较低浓度的抗氧化酶，生物大分子容易受到氧化，但在阿尔茨海默症、帕金森病、运动神经元病等疾病的临床研究中，氧化应激可引起神经元的缺失和神经变性（Pham-Huy et al., 2008）。科研人员利用模式生物（秀丽隐杆线虫）探讨了施加在土壤的生物炭中 EPFRs 的神经毒性，结果表明生物炭中的 EPFRs 会显著抑制秀丽隐杆线虫的身体弯曲频率和相对运动长度，并有抑制化学感知功能的可能性，这一结果提醒我们在生物炭使用过程中需要考虑其携带的 EPFRs 的生物毒性（Lieke et al.，2018）。

（7）代谢异常：代谢异常也会诱发疾病的发生。在代谢的过程中细胞色素 P450（酶）起着关键性作用，与许多疾病的发生有着密切的关系，可能参与 ROS 的生成。有研究指出，颗粒物中 EPFRs 会被 P450 代谢酶活化成亲电代谢物，这些物质会对靶细胞产生各种毒性作用（Feng et al.，2016）。EPFRs 还可以导致不同形式的 P450 酶活性的不可逆抑制（Reed et al.，2014；Reed et al.，2015），使接触 EPFRs 的个体更加容易受到环境中存在的毒素和致癌物质的有害影响（Reed et al.，2015）。因此，EPFRs 可以通过影响细胞色素、引发细胞凋亡，导致机体功能受损。

综上所述，EPFRs 对生物的影响过程，首先是 EPFRs 与环境或生物分子间发生氧化还原作用，继而诱导产生 ROS，通过氧化应激反应引发炎症和免疫反应、破坏正常代谢等方式，使机体的正常功能受损，从而引发健康风险。这一过程不是单一机理的作用，往往是多方面的综合生理生化过程，目前我们对 EPFRs 的认识尚存在较多的局限，对其的损伤机理还需更加深入的研究，为有效评估和控制环境介质中 EPFRs 的风险提供理论依据。

1.7 不足与展望

EPFRs 是一类中间态物质，较传统的污染物，其具有自由基的反应活性，但与瞬时自由基相比，其又有足够强的稳定性。且 EPFRs 并非单独存在，往往依附于多种环境载体或介质上，它们不仅被人为或自然活动释放于环境中，而且可以在环境中原位产生，对污染物的环境行为和生物体的健康产生影响并构成威胁。作为一类新型污染物，EPFRs 的形成过程和环境效应有更强的独特性。经过近些年的研究，我们已经对 EPFRs 的存在介质、环境行为、归趋特征及生态风险有了一定的认识，但学术界对这种新型污染物的了解还不够全面，很多工作还处于起步阶段，在未来的工作中需要从以下方面进行深入探讨（韩林和陈宝梁，2017；阮秀秀等，2018）。

（1）EPFRs 在不同环境介质中的丰度和污染状况需要进一步调查

目前的结果显示，EPFRs 存在于碳质燃烧颗粒物、大气颗粒物、有机污染土壤、天然有机质、微塑料和纳米材料等物质中，除香烟焦油和大气颗粒物外，对其他介质中 EPFRs 的赋存特征都还缺乏系统研究。特别是人工合成的有机高分子物质和异质纳米材料，因其具有特殊结构和优异性能而应用到很多环境领域，进而通过不同途径进入环境中，但对它们是否含有 EPFRs 的研究还不够充分。这些纳米材料可能由于 EPFRs 的形成而增加其对环境的负面效应。同时，在土壤和颗粒物表面形成的 EPFRs 往往需要前驱体和过渡金属的参与，这些物质大多是已被认知的污染物，而传统污染物与 EPFRs 的协同存在便可能形成复合污染问题，一方面会在量化复合污染生态分析时更加复杂和困难，导致错判风险、引起对污染相关疾病和风险认知的不确定性；另一方面可能对生态系统的影响严重低估，在未来的工作中需要加强 EPFRs 的赋存特征与环境风险的全面评估。因此，全面了解 EPFRs 的存在介质有助于采取相应的措施，减少其对环境的危害。

（2）由于 EPFRs 存在于不同的环境介质中，它们的产生条件各不相同，直接影响了其种类与结构

目前关于碳质材料上产生 EPFRs 的研究众多，但是对于 EPFRs 的形成机理还停留在统一的模型，需要从微观上做进一步的探究。EPFRs 相较于其他分子或化合物来说，化学结构不稳定，容易发生转化和衰变，所存在的环境介质（特别是土壤和大气颗粒物）的组分成分复杂、环境过程多样、时空演变频繁，这些特性在模拟研究实际情况下 EPFRs 的环境行为过程时带来较多的困难和不确定性，容易引起结果的严重偏差。在未来的工作中有必要将环境模拟、理论计算和宏观调查结合起来，更加科学合理地推理不同环境介质中 EPFRs 可能产生的途径和机理，为进一步研究 EPFRs 的环境行为提供理论支持。

（3）EPFRs 广泛分布于大气、土壤、水体等各个圈层的环境介质中，因其持久性和反应性会对生物机体以及植物生长造成一定危害，但在以往研究大气颗粒物、污染土壤和纳米材料等环境介质的风险时，常常忽略其负载的 EPFRs 的潜在作用，因此对于 EPFRs 的环境风险研究迫在眉睫

在以后的工作中需要首先分析和判断 EPFRs 的存在与特征，从而更有效地评估污染环境介质对生物体和生态环境的不利影响。在 EPFRs 的潜在环境风险研究过程中，EPFRs 对生物体和细胞的致毒机制有待进一步加强，特别是进入胞内的 EPFRs 是否会直接作用于大分子物质并与之反应尚缺乏有效的证据，在未来的工作中可以利用分子生物学的手段来探讨 EPFRs 对细胞膜、脂质和蛋白质等的作用过程，这有助于了解控制相应疾病的发生和治疗。在此基础上，建立标准化的模型和可量化的分析方法，使得毒性结果具有可比性，为风险评估和政策制定提供依据。

（4）EPFRs 的环境特性之间的关系需要进一步的明确。

EPFRs 具稳定性、持久性和反应性，三者相互关联、相互区分。结构的稳定性和存在状态的持久性影响其反应性，反之亦成立。三者由持久性自由基的结构性质决定，然而对外表现出环境特性，其中影响最为重要的是反应性，研究 EPFRs 的危害与环境应用都源于其反应活性。EPFRs 的环境效应不仅体现在对生命体健康的危害，还会影响自然介质中的污染物的迁移转化，并可能影响人们对已知污染物性质的判断，在采用传统方法处理问题时需要考虑 EPFRs 形成的可能性。EPFRs 是一把"双刃剑"，它的活性（反应性）能够激活氧化剂、生成 ROS，对有机污染物降解和无机物的转化起到重要的作用，在污染物的催化转化中具有一定的应用潜力。因此，发挥 EPFRs 在污染物治理中的作用以及在新型催化材料合成方面的指导和借鉴意义，将其功能进行有效、合理、安全地开发与利用是未来发展的新方向。

参考文献

韩林，陈宝梁，2017. 环境持久性自由基的产生机理及环境化学行为[J]. 化学进展，29（9）：1008-1020.

贾之慎，邬建敏，1996. 比色法测定 Fenton 反应产生的羟自由基[J]. 生物化学与生物物理进展，23（2）：184-186.

卢超，郑祥民，周立旻，等，2013. 城市大气颗粒物表面半醌自由基的测定及特征分析[J]. 环境化学，（1）：5-10.

阮秀秀，杜巍萌，郭凡可，等，2018. 环境持久性自由基的环境化学行为[J]. 环境化学，37（8）：1780-1788.

孙浩尧，陈庆彩，牟臻，等，2019. 西安地区 $PM_{2.5}$ 中环境持久性自由基（EPFRs）性质及来源研究[J]. 环境科学学报，39（1）：197-203.

田文静，白伟，赵春禄，等，2010. 纳米 ZnO 对斑马鱼胚胎抗氧化酶系统的影响[J]. 中国环境科学，30（5）：705-709.

汪承润，何梅，李月云，等，2012. 植物体超氧阴离子自由基不同检测方法的比较[J]. 环境化学，31（5）：726-730.

张绪超，赵力，陈懿，等，2019. 环境持久性自由基及其介导的生物学损伤[J]. 中国环境科学，39（5）：390-399.

郑祥民，沈冶，周立旻，等，2014. 城市大气颗粒物表面半醌自由基的测定方法[J]. 中国环境监测，30（1）：125-128.

ARAUJO J A, BARAJAS B, KLEINMAN M, et al., 2008. Ambient particulate pollutants in the ultrafine range promote early atherosclerosis, systemic oxidative stress[J]. Circulation Research, 102 (5): 589-596.

BAEHRLE C, CUSTODIS V, JESCHKE G, et al., 2014. In situ observation of radicals, molecular products during lignin pyrolysis[J]. Chemsuschem, 7 (7): 2022-2029.

BROOK R D, RAJAGOPALAN S, POPE C A, et al., 2010. Particulate matter air pollution, cardiovascular disease: an update to the scientific statement from the American heart association[J]. Circulation, 121 (21): 2331-2378.

BURN B R, VARNER K J, 2015. Environmentally persistent free radicals compromise left ventricular function during ischemia/reperfusion injury[J]. American Journal of Physiology-Heart, Circulatory Physiology, 308 (9): H998-H1006.

CHUANG G C, XIA H, MAHNE S E, et al., 2017. Environmentally persistent free radicals cause apoptosis in HL-1 Cardiomyocytes[J]. Cardiovascular Toxicology, 17 (2): 140-149.

CHURCH D F, PRYOR W A, 1985. Free-radical chemistry of cigarette smoke, its toxicological implications[J]. Environmental Health Perspectives, 64: 111-126.

COMMONER B, TOWNSEND J, Pake G, et al., 1954. Free radicals in biological materials[J]. Nature, 174 (4432): 689-691.

CORMIER S A, LOMNICKI S, BACKES W, et al., 2006. Origin, health impacts of emissions of toxic by-products, fine particles from combustion, thermal treatment of hazardous wastes, materials[J]. Environmental Health Perspectives, 114 (6): 810-817.

DALAL N S, JAFARI B, PETERSEN M, et al., 1991. Presence of stable coal radicals in autopsied coal miners' lungs, its possible correlation to coal workers' pneumoconiosis[J]. Archives of Environmental Health, 46 (6): 366-372.

DALAL N S, NEWMAN J, PACK D, et al., 1995. Hydroxyl radical generation by coal-mine dust - possible implication to coal-workers pneumoconiosis (CWP) [J]. Free Radical Biology and Medicine, 18 (1): 11-20.

DALAL N S, SURYAN M M, VALLYATHAN V, et al., 1989. Detection of reactive free radicals in fresh coal mine dust, their implication for pulmonary injury[J]. The Annals of Occupational Hygiene, 33 (1): 79-84.

DE ZWART L L, MEERMAN J H N, et al., 1999. Biomarkers of free radical damage applications in experimental animals, in humans[J]. Free Radical Biology, Medicine, 26 (1-2): 202-226.

DELA CRUZ A L N, GEHLING W, et al., 2011. Detection of environmentally persistent free radicals at a superfund wood treating site[J]. Environmental Science & Technology, 45 (15): 6356-6365.

DELLINGER B, D'ALESSIO A, D'ANNA A, et al., 2008. Combustion byproducts, their health effects: summary of the 10 (th) international congress[J]. Environmental Engineering Science, 25 (8): 1107-1114.

DELLINGER B, LOMNICKI S, KHACHATRYAN L, et al., 2007. Formation, stabilization of persistent free radicals[J]. Proceedings of the Combustion Institute, 31 (1): 521-528.

DELLINGER B, PRYOR W A, CUETO R, et al., 2000. The role of combustion-generated radicals in the toxicity of PM$_{2.5}$[J]. Proceedings of the Combustion Institute, 28: 2675-2681.

ELLIOTT C T, COPES R, 2011. Burden of mortality due to ambient fine particulate air pollution (PM$_{2.5}$) in interior, Northern BC[J]. Canadian Journal of Public Health-Review Canadienne De Sante Publique, 102 (5): 390-393.

ESAKA Y, OKUMURA N, UNO B, et al., 2010. Electrophoretic analysis of quinone anion radicals in acetonitrile solutions using an on-line radical generator[J]. Electrophoresis, 24 (10): 1635-1640.

FAHMY B, DING L, YOU D, et al., 2010. In vitro, in vivo assessment of pulmonary risk associated with exposure to combustion generated fine particles[J]. Environmental Toxicology, Pharmacology, 29 (2): 173-182.

FANG G, GAO J, DIONYSIOU D D, et al., 2013. Activation of persulfate by quinones: free radical reactions, implication for the degradation of PCBs[J]. Environmental Science & Technology, 47 (9): 4605-4611.

FANG G, GAO J, LIU C, et al., 2014. Key role of persistent free radicals in hydrogen peroxide activation by biochar: implications to organic contaminant degradation[J]. Enviromental Science & Technology, 48 (3): 1902-1910.

FANN N, LAMSON A D, C ANENBERG S, et al., 2012. Estimating the national public health burden associated with exposure to ambient PM$_{2.5}$, ozone[J]. Risk Analysis, 32 (1): 81-95.

FELD-COOK E E, BOVENKAMP-LANGLOIS L, et al., 2017. Effect of particulate matter mineral composition on environmentally persistent free radical (EPFR) formation[J]. Enviromental Science & Technology, 51 (18): 10396-10402.

FENG S, GAO D, LIAO F, et al., 2016. The health effects of ambient PM$_{2.5}$, potential mechanisms[J]. Ecotoxicology and Environmental Safety, 128: 67-74.

FLEISHER A J, BJORK B J, BUI T Q, et al., 2014. Mid-infrared time-resolved frequency comb spectroscopy of transient free radicals[J]. Journal of Physical Chemistry Letters, 5 (13): 2241-2246.

FU H, LIU H, MAO J, et al., 2016. Photochemistry of dissolved black carbon released from biochar: reactive oxygen species generation, phototransformation[J]. Environmental Science & Technology, 50 (3): 1218-1226.

GEHLING W，DELLINGER B，2013. Environmentally persistent free radicals，their lifetimes in PM$_{2.5}$[J]. Environmental Science & Technology，47（15）：8172-8178.

GEHLING W，KHACHATRYAN L，et al.，2014. Hydroxyl Radical Generation from Environmentally Persistent Free Radicals（EPFRs）in PM$_{2.5}$[J]. Environmental Science & Technology，48（8）：4266-4272.

GEHLING W，KHACHATRYAN L，DELLINGER B，2014. Hydroxyl radical generation from environmentally persistent free radicals（EPFRs）in PM$_{2.5}$[J]. Environmental Science & Technology，48（8）：4266-4272.

GLIGOROVSKI S，STREKOWSKI R，BARBATI S，et al.，2015. Environmental implications of hydroxyl radicals（center dot OH）[J]. Chemical Reviews，115（24）：13051-13092.

GOMBERG M，1900. An instance of trivalent carbon：triphenylmethyl[J]. Journal of the American Chemical Society，22（11）：757-771.

GOWDY K M，T KRANTZ Q，et al.，2010. Role of oxidative stress on diesel-enhanced influenza infection in mice[J]. Particle and Fibre Toxicology，7（34）：1-15.

HOEK G，RAASCHOU-NIELSEN O，2014. Impact of fine particles in ambient air on lung cancer[J]. Chinese Journal of Cancer，33（4）：197-203.

HUANG X，ZALMA R，PEZERAT H，1999. Chemical reactivity of the carbon-centered free radicals，ferrous iron in coals：Role of bioavailable Fe^{2+} in coal workers' pneumoconiosis[J]. Free Radical Research，30（6）：439-451.

JIA H，SHI Y，NIE X，et al.，2020. Persistent free radicals in humin under redox conditions，their impact in transforming polycyclic aromatic hydrocarbons[J]. Frontiers of Environmental Science & Engineering，14（4）：11.

JIA H，ZHAO S，NULAJI G，et al.，2017. Environmentally persistent free radicals in soils of past coking sites：distribution，stabilization[J]. Environmental Science & Technology，51（11）：6000-6008.

JIA H，ZHAO S，SHI Y，et al.，2019. Mechanisms for light-driven evolution of environmentally persistent free radicals，photolytic degradation of PAHs on Fe（Ⅲ）-montmorillonite surface[J]. Journal of Hazardous Materials，362：92-98.

JIA H Z，ZHAO S，SHI Y F，et al.，2019. Formation of environmentally persistent free radicals during the transformation of anthracene in different soils：Roles of soil characteristics，ambient conditions[J]. Journal of Hazardous Materials，362：214-223.

JUNG H，GUO B，ANASTASIO C，et al.，2006. Quantitative measurements of the generation of hydroxyl radicals by soot particles in a surrogate lung fluid[J]. Atmospheric Environment，40（6）：1043-1052.

KAISER J，2000. Air pollution - Evidence mounts that tiny particles can kill[J]. Science，289（5476）：

22-23.

KELLEY M A, HEBERT V Y, THIBEAUX T M, et al., 2013. Model combustion-generated particulate matter containing persistent free radicals redox cycle to produce reactive oxygen species[J]. Chemical Research in Toxicology, 26 (12): 1862-1871.

KIRURI L W, DELLINGER B, LOMNICKI S, 2013. Tar balls from Deep Water Horizon oil spill: environmentally persistent free radicals (EPFR) formation during crude weathering[J]. Environmental Science & Technology, 47 (9): 4220-4226.

KIRURI L W, KHACHATRYAN L, DELLINGER B, et al., 2014. Effect of copper oxide concentration on the formation, persistency of environmentally persistent free radicals (EPFRs) in particulates[J]. Environmental Science & Technology, 48 (4): 2212-2217.

KREYLING W G, SEMMLER M, MOLLER W, 2004. Dosimetry, toxicology of ultrafine particles[J]. Journal of Aerosol Medicine-Deposition Clearance, Effects in the Lung, 17 (2): 140-152.

LEE G I, SARAVIA J, YOU D, et al., 2014. Exposure to combustion generated environmentally persistent free radicals enhances severity of influenza virus infection[J]. Particle and Fibre Toxicology, 11 (1): 57-66.

LI N, SIOUTAS C, CHO A, et al., 2003. Ultrafine particulate pollutants induce oxidative stress, mitochondrial damage[J]. Environmental Health Perspectives, 111 (4): 455-460.

LI N, WANG M, A BRAMBLE L, et al., 2009. The adjuvant effect of ambient particulate matter is closely reflected by the particulate oxidant potential[J]. Environmental Health Perspectives, 117 (7): 1116-1123.

LIEKE T, ZHANG X, STEINBERG C E W, et al., 2018. Overlooked risks of biochars: persistent free radicals trigger neurotoxicity in caenorhabditis elegans[J]. Environmental Science & Technology, 52 (14): 7981-7987.

LOMNICKI S, GULLETT B, STOEGER T, et al., 2014. Combustion by-Products, their health effects-combustion engineering, global health in the 21st century: issues, challenges[J]. International Journal of Toxicology, 33 (1): 3-13.

LORD K, MOLL D, K LINDSEY J, et al., 2011. Environmentally persistent free radicals decrease cardiac function before, after ischemia/reperfusion injury in vivo[J]. Journal of Receptors and Signal Transduction, 31 (2): 157-167.

LYONS M J, SPENCE J B, 1960. Environmental Free Radicals[J]. British Journal of Cancer, 14(4): 703-708.

MAHNE S C, CHUANG G, PANKEY E, et al., 2012. Environmentally persistent free radicals decrease cardiac function, increase pulmonary artery pressure[J]. American Journal of Physiology - Heart, Circulatory Physiology, 303 (9): H1135.

MASKOS Z, KHACHATRYAN L, CUETO R, et al., 2005. Radicals from the pyrolysis of tobacco[J]. Energy & Fuels, 19 (3): 791-799.

MILLER K A, SISCOVICK D, SHEPPARD L, et al., 2007. Long-term exposure to air pollution, incidence of cardiovascular events in women[J]. New England Journal of Medicine, 356 (5): 447-458.

NEL A, 2005. Air pollution-related illness: effects of particles (vol 308, pg 804, 2005)[J]. Science, 309 (5739): 1326-1326.

ÖZDUAS, HOMASMMN, YNWU, et al., 2016. Designed metalloprotein stabilizes a semiquinone radical[J]. Nature Chemistry, 8: 354-359.

PAN B, LI H, LANG D, et al., 2019. Environmentally persistent free radicals: Occurrence, formation mechanisms, implications[J]. Environmental Pollution, 248: 320-331.

PAUL A, STOSSER R, ZEHL A, 2006. Nature and abundance of organic radicals in natural organic matter: effect of pH and Irradiation[J]. Environmental Science & Technology, 40 (19): 5897-5903.

PHAM-HUY L A, HE H, PHAM-HUY C, 2008. Free radicals, antioxidants in disease, health[J]. International Journal of Biomedical Science, 4 (2): 89-96.

PRYOR W A, TERAUCHI K, DAVIS W H, et al., 1976. Electron spin resonance (ESR) study of cigarette smoke by use of spin trapping techniques[J]. Environmental health perspectives, 16: 161-176.

QU X, FU H, MAO J, et al., 2016. Chemical, structural properties of dissolved black carbon released from biochars[J]. Carbon, 96: 759-767.

REED J R, F CAWLEY G, G ARDOIN T, et al., 2014. Environmentally persistent free radicals inhibit cytochrome P450 activity in rat liver microsomes[J]. Toxicology and Applied Pharmacology, 277 (2): 200-209.

REED J R, DELA CRUZ A L N, M LOMNICKI S, et al., 2015. Environmentally persistent free radical-containing particulate matter competitively inhibits metabolism by cytochrome P450 1A2. Toxicology[J]. Applied Pharmacology, 289 (2): 223-230.

REED J R, DELA CRUZ A L N, LOMNICKI S M, et al., 2015. Inhibition of cytochrome P450 2B4 by environmentally persistent free radical-containing particulate matter[J]. Biochemical Pharmacology, 95 (2): 126-132.

RIESZ P, WHITE F H, JR, 1967. Determination of free radicals in gamma irradiated proteins[J]. Nature, 216 (5121): 1208-1210.

SAAB S C, MARTIN-NETO L, 2008. Characterization by electron paramagnetic resonance of organic matter in whole soil (Gleysoil) and organic-mineral fractions[J]. Journal of the Brazilian Chemical Society, 19 (3): 413-417.

SABLIER M, FUJII T, 2002. Mass Spectrometry of Free Radicals[J]. Cheminform, 101 (44): 53-99.

SARAVIA J, LEE G I, LOMNICKI S, et al., 2013. Particulate matter containing environmentally persistent free radicals and adverse infant respiratory health effects: A Review[J]. Journal of Biochemical & Molecular Toxicology, 27 (1): 56-68.

SILBAJORIS R, GHIO A J, SAMET J M, et al., 2000. In vivo, in vitro correlation of pulmonary map kinase activation following metallic exposure[J]. Inhalation Toxicology, 12 (6): 453-468.

SOLER-CATALUNA J J, MARTINEZ-GARCIA M A, SANCHEZ P R, et al., 2005. Severe acute exacerbations, mortality in patients with chronic obstructive pulmonary disease[J]. Thorax, 60 (11): 925-931.

SQUADRITO G L, CUETO R, DELLINGER B, et al., 2001. Quinoid redox cycling as a mechanism for sustained free radical generation by inhaled airborne particulate matter[J]. Free Radical Biology and Medicine, 31 (9): 1132-1138.

STERNICZUK M, SAD O J A, STRZELCZAK G Y, et al., 2014. ESR, DFT study of the paramagnetic carbon centers stabilized in γ-irradiated zeolites exposed to carbon monoxide[J]. Microporous & Mesoporous Materials, 195: 112-123.

STONE K, BERMUDEZ E, ZANG L Y, et al., 1995. the ESR properties, dna nicking, and dna association of aged solutions of catechol versus aqueous extracts of tar from cigarette-smoke[J]. Archives of Biochemistry and Biophysics, 319 (1): 196-203.

SUSSAN T E, GAJGHATE S, THIMMULAPPA R K, et al., 2015. Exposure to electronic cigarettes impairs pulmonary anti-bacterial and anti-viral defenses in a mouse model[J]. Plos One, 10 (2): e0116861.

BALAKRISHNA S, LOMNICKI S, MCAVEY K M, et al., 2009. Environmentally persistent free radicals amplify ultrafine particle mediated cellular oxidative stress, cytotoxicity[J]. Particle & Fibre Toxicology, 6 (1): 11-11.

BALAKRISHNA S, SARAVIA J, THEVENOT T P, et al., 2011. Environmentally persistent free radicals induce airway hyperresponsiveness in neonatal rat lungs[J]. Particle & Fibre Toxicology, 8 (1): 11.

TEDDER J M, 1982. Which factors determine the reactivity and regioselectivity of free radical substitution and addition reactions? [J]. Angewandte Chemie International Edition in English, 21 (6): 401-410.

THEVENOT P T, SARAVIA J, JIN N, et al., 2013. Radical-containing ultrafine particulate matter initiates epithelial-to-mesenchymal transitions in airway epithelial cells[J]. American Journal of Respiratory Cell and Molecular Biology, 48 (2): 188-197.

TRUONG H, LOMNICKI S, DELLINGER B, 2010. Potential for misidentification of environmentally persistent free radicals as molecular pollutants in particulate matter[J]. Environmental Science & Technology, 44 (6): 1933-1939.

VALAVANIDIS A, FIOTAKIS K, VLACHOGIANNI T, 2010. The role of stable free radicals, metals and PAHs of airborne particulate matter in mechanisms of oxidative stress, carcinogenicity[J]. Urban Airborne Particulate Matter: Origin, Chemistry, Fate, Health Impacts, 411-426.

VALAVANIDIS A, FIOTAKIS K, VLAHOGIANNI T, et al., 2006. Corrigendum to: determination of selective quinones, quinoid radicals in airborne particulate matter and vehicular Exhaust Particles[J]. Environmental Chemistry, 3 (3): 233-233.

VEJERANO E P, RAO G Y, KHACHATRYAN L, et al., 2018. Environmentally persistent free radicals: insights on a new class of pollutants[J]. Environmental Science & Technology, 52 (5): 2468-2481.

WANG P, PAN B, LI H, et al., 2018. The overlooked occurrence of environmentally persistent free radicals in an area with low-rank coal burning, Xuanwei, China[J]. Environmental Science & Technology, 52 (3): 1054-1061.

WANG P, THEVENOT P, SARAVIA J, et al., 2011. Radical-containing particles activate dendritic cells, enhance Th17 inflammation in a mouse model of asthma[J]. American Journal of Respiratory Cell and Molecular Biology, 45 (5): 977-983.

WANG P, YOU D, SARAVIA J, et al., 2013. Maternal exposure to combustion generated PM inhibits pulmonary thlmaturation, concomitantly enhances postnatal asthma development in offspring[J]. Particle and Fibre Toxicology, 10 (1): 29.

XIAO G G, WANG M Y, LI N, et al., 2003. Use of proteomics to demonstrate a hierarchical oxidative stress response to diesel exhaust particle chemicals in a macrophage cell line[J]. Journal of Biological Chemistry, 278 (50): 50781-50790.

YANG L, LIU G, ZHENG M, et al., 2017. Highly elevated levels and particle-size distributions of environmentally persistent free radicals in haze-associated atmosphere[J]. Environmental Science & Technology, 51 (14): 7936-7944.

ZANG L Y, STONE K, A PRYOR W, 1995. Detection of free-radicals in aqueous extracts of cigarette tar by electron-spin-resonance[J]. Free Radical Biology and Medicine, 19(2): 161-167.

ZHU K, JIA H, SUN Y., et al., 2020. Enhanced cytotoxicity of photoaged phenol-formaldehyde resins microplastics: Combined effects of environmentally persistent free radicals, reactive oxygen species, and conjugated carbonyls[J]. Environment International, 145: 106137-106144.

第 2 章

工业飞灰颗粒中环境持久性自由基

飞灰是燃料（主要是煤）燃烧过程中排出的细微固体颗粒物，其粒径一般为 1～100 μm，又称粉煤灰或烟灰，如燃煤电厂从烟道气体中收集的细灰。飞灰是煤粉进入 1 300～1 500℃ 的炉膛后，在悬浮燃烧条件下经受热面吸热后冷却而形成的。由于表面张力作用，飞灰大部分呈球状，表面光滑，微孔较小；一部分因在熔融状态下互相碰撞而粘连，成为表面粗糙、棱角较多的蜂窝状组合粒子。飞灰的排放量与燃煤中的灰分直接有关。据我国用煤情况，燃用 1 t 煤产生 250～300 kg 粉煤灰。飞灰的化学组成则与燃煤成分、煤粒粒度、锅炉型式、燃烧情况及收集方式等有关。金属及其氧化物是飞灰中能够检测的最为常见的组分，主要包括 K、Na、Ca、Mg、Al、Fe、Ti、Mn、Cu、Zn 等。在这些元素中，过渡金属和重金属是飞灰表面重要的催化剂，能够为其他污染物的转化和形成提供良好的反应活性位点。例如，在垃圾焚烧炉中，氯化芳烃在飞灰表面 Cu 等金属的催化下生成多氯二噁英和二苯并呋喃（PCDD 和 PCDF）（Cormier et al.，2006）。

此外，随着世界人口的增长和生活水平的提高，城市生活垃圾等固体废物的数量也随之增加。而焚烧法以其占地面积小、无害化、减量化和资源化效果好等特点，已经成为处理生活垃圾的主要方式和手段。"十三五"期间，全国焚烧能力为 58 万 t/d，预计到 2025 年，城市生活垃圾焚烧设施总处理能力约达 80 万 t/d。然而，焚烧处理过程中同样会产生二次污染物——垃圾焚烧飞灰。飞灰产率如果按垃圾焚烧量的 3% 估算，到 2025 年，我国仅城市生活垃圾焚烧产生的飞灰就将达到 2.4 万 t/d。由此可见，大量飞灰如不加控制或处理，会造成严重的生态环境污染问题。特别是飞灰上携带的化学物质对生物体和人体造成的危害程度将不可估量。据报道，飞灰中含有多种潜在的有毒和致癌性物质，如元素碳、有机碳和低挥发性有机化合物、多环芳香族化合物和长链饱和碳氢化合物等（Miguel et al.，1998；Oen et al.，2006；Richter and Howard，2000）。此外，所形成的有机化合物会进一步发生键的裂解和电子的转移，并伴随着自由基的生成（Han et al.，2007；Richter et al.，2000）。因此，大量的自由基类物质可能被保留在飞灰颗粒的基体内部或捕获到颗粒表面，这类自由基在自然环境中具有较长的寿命和一定的持久性，被称为 EPFRs。本章将具体讲述飞灰颗粒中 EPFRs 的赋存特征、形成过程、稳定机理和环境效应。

2.1　飞灰颗粒中环境持久性自由基的赋存特征

近年来,有关飞灰颗粒物中 EPFRs 的报道证实了飞灰是携带 EPFRs 的主要载体之一。而 EPFRs 赋存特征是探究颗粒物界面 EPFRs 形成机理和稳定性的基础。陈彤课题组采集了天津市医疗废物焚烧飞灰,江西省南昌市、四川省什邡市和浙江省慈溪市生活垃圾焚烧的飞灰,以及浙江省兰溪市生活垃圾焚烧产生的炭黑和炉渣,并对样品进行 EPR 检测（王天娇等,2016）。结果发现,天津医疗废物焚烧飞灰、江西南昌生活垃圾焚烧飞灰、兰溪市生活垃圾焚烧黑炭和炉渣样品中均含有 EPFRs,相应的自旋浓度和线宽分别为 8.89×10^{16} spin/g（$\Delta H_{p-p} = 5.32$）、3.21×10^{16} spin/g（$\Delta H_{p-p} = 7.14$）、6.74×10^{16} spin/g（$\Delta H_{p-p} = 6.34$）和 6.69×10^{16} spin/g（$\Delta H_{p-p} = 6.81$）。其中,天津市医疗废物焚烧飞灰中含有 3 种不同的 EPFRs,其 g 值分别为 2.000 4、2.003 6、2.007 2,这些自由基分别为羟基自由基、以碳原子为中心的自由基及半醌类自由基。炭黑样品和炉渣样品上 EPFRs 的 g-因子范围为 2.003 6～2.003 7,线峰宽为 7×10^{-4} T,除含有有机自由基外,还存在 Mn^{2+} 的 6 个超精细分裂信号峰。为了进一步探究样品中 EPFRs 的来源,课题组检测了相关的有机物和金属成分,发现 6 个样品中都含有二噁英和过渡金属。其中,江西南昌飞灰样品中二噁英含量最高（7.229 4 ng/g）,而自由基信号最强的天津样品中的二噁英当量仅有 0.092 8 ng/g,表明自由基信号强弱与二噁英含量无关。通过进一步分析金属和 EPFRs 的关系发现,样品中 EPFRs 自旋浓度随着金属质量分数比重的升高呈现升高的趋势,以 Al、Fe、Zn 变化情况最为明显,可见自由基信号强弱与金属存在一定的关联性。此外,Zn 在天津样品中含量最高（0.813 7%）,是其他样品的数倍,同时,该样品含有较高浓度的以氧为中心的自由基,可以推测天津的飞灰样品中金属 Zn 对 EPFRs 的形成具有较大的影响,且易形成寿命长的自由基。

有研究指出,不同类型的有机自由基可能表现出不同的赋存形态,进而将飞灰颗粒物上的 EPFRs 分为两种类型,一种是可以被溶剂萃取下来的"可提取态",另一种是溶剂萃取后残余固体上的 EPFRs,被命名为"不可萃取态"。贾汉忠课题组（2019）选取了 11 个城市固体废物焚烧飞灰为研究对象,分别分析了原始焚烧飞灰、可提取和不可提取 EPFRs 的赋存状态和含量变化。其中,原始焚烧飞灰呈现单一和对称的 EPR 峰,g-因子范围为 2.003 2～2.003 8、线峰宽距离（ΔH_{p-p}）为 8～10 G。不同飞灰样品中 EPFRs 的浓度范围为 3.7×10^{15}～10.3×10^{15} spin/g。

与其他颗粒物（如 PM$_{2.5}$、煤烟颗粒）中 EPFRs 的浓度（$10^{16} \sim 10^{18}$ spin/g）相比，小了 1～3 个数量级。使用有机溶剂（丙酮）对原始飞灰样品进行萃取后得到可提取态 EPFRs，其浓度范围为 $2.8 \times 10^{15} \sim 4.7 \times 10^{15}$ spin/g，占原始飞灰总 EPFRs 总浓度的 45.6%～73.7%；g-因子范围为 2.003 5～2.004 5，高于原飞灰样品的 g-因子值，表明可萃取的 EPFRs 很可能是吸附在颗粒表面的 EPFRs，主要由氧中心自由基和/或连接氧等杂原子的碳中心自由基组成。不可萃取 EPFRs 的浓度范围为 $0.9 \times 10^{15} \sim 6.2 \times 10^{15}$ spin/g，g-因子约为 2.002 9，表明未配对电子位于颗粒基体的碳原子上，这些碳原子被限制在飞灰固体的结构或孔道中。与此同时，王朋等（2018）研究煤燃烧的烟灰产物萃取前后 EPFRs 的变化，其中烟灰中 EPFRs 的浓度为 2.49×10^{19} spin/g（$\Delta H_{p\text{-}p} = 4.95$），萃取后烟灰中 EPFRs 的浓度为 1.78×10^{19} spin/g（$\Delta H_{p\text{-}p} = 4.69$），萃取前后样品的 g-因子都为 2.004 4，表明烟灰固体结构中存在部分稳定的氧中心自由基。贾汉忠等（2020）研究了家用炉灶排放烟灰中 EPFRs 的含量，发现木柴燃烧烟灰和燃煤烟灰中 EPFRs 的浓度分别为 8.9～10.5×10^{16} spin/g 和 3.9～9.7×10^{16} spin/g，说明烟灰中 EPFRs 的浓度与燃烧物的类型有关。为进一步分析烟灰颗粒物中可提取和不可提取 EPFRs 的来源，该课题组分析了有机溶剂的萃取物，发现飞灰中可提取的化合物有烷基苯、多环芳烃、烷基化/酮化/羟基化多环芳烃、苯酚及其衍生物，其中多环芳烃、氯取代和羟基取代的芳香化合物已经被证实能够形成 EPFRs。不可萃取残渣的主要碳组分包括元素碳和残渣有机碳，被认为是不可萃取态 EPFRs 的载体。除有机碳外，过渡金属离子/氧化物等无机成分也可控制飞灰上溶剂可萃取和不可萃取有机自由基的形成。溶剂萃取 EPFRs 的 S_N 值（S 自旋密度/[TOC]）与 Fe、Cu 浓度具有显著相关性（$R^2 = 0.812, 0.667, P = 0.001$），表明 Fe、Cu 可能是 EPFRs 形成的重要因素。相比之下，Zn、Mn、Ti 的相关性不强（$R^2 = 0.586 \sim 0.643, P < 0.1$）。总体来说，飞灰中的过渡金属离子/氧化物参与了与有机物的界面作用、单电子转移以及进一步的氧化等不同反应过程，从而可能会诱发溶剂萃取态 EPFRs 的形成。

基于上述研究可看出，飞灰中过渡金属及其氧化物的存在对 EPFRs 的形成具有重要的作用。有科研人员使用模拟燃烧体系来探究有机污染物在单一过渡金属掺杂颗粒物表面 EPFRs 的生成过程（Lomnicki et al., 2008）。研究发现，苯酚在 CuO/SiO$_2$ 表面形成 EPFRs 的过程中表现出明显的温度依赖性（表 2-1）。在 150℃时，EPFRs 的 g_2-因子值为 2.002 0 和 2.003 8，在 300℃时，则为 2.001 1 和 2.003 2，说明苯酚在 CuO/SiO$_2$ 表面形成的自由基为苯氧自由基；对苯二酚是对羟基取代的苯酚，以其为前驱体形成的 EPFRs 具有较高的 g-因子值，通常大于 2.004 0，属于以氧为中心的对半醌自由基；以对苯二酚为前驱体形成的 EPFRs 的 g-因子值为 2.006 4（$g3$），该类 EPFRs 接近对半醌的结构。在 1,2-二氯苯，邻苯二酚和 2-氯苯酚等前驱体分子的 EPR 谱图中可以观察到两种不同类型的自由基，通过 g-因子值分析，可将这两类自由基的结构分为苯氧基和半醌型。2-氯苯酚在较低的温度下主要形成第一类自由基，即 2-氯苯氧基（$g2$ = 2.004 1～2.004 9），但在较高的温度下，2-氯苯氧基和邻半醌（$g3$ = 2.006 0）都能形成半醌自由基。同时，邻二苯酚在 150℃时只能形成邻半醌自由基（$g3$ = 2.006 1）；在 300℃时可生成邻半醌（$g3$=2.007 0）和苯氧基（$g2$ = 2.004 2）自由基。氯苯表现出与 1,2-二氯苯和苯酚相似的行为，在较低的温度下主要生成半醌自由基（g-因子值为 2.007 0），在较高的温度下生成两种自由基，即半醌自由基和苯氧自由基（g-因子值为 2.004 7）。此外，该课题组（Vejerano et al.，2011）还探究了含 5% Fe_2O_3 的二氧化硅颗粒表面上形成 EPFRs 的情况，在 150～400℃的温度下，取代芳香分子吸附在 Fe_2O_3/SiO_2 表面形成了两种 EPFRs：一种是苯基型自由基，g 值较低，为 2.002 4～2.004 0；另一种是半醌型自由基，g 值为 2.005 0～2.006 5。Fe_2O_3 体系形成 EPFRs 的产率比 CuO 低约 90%。Fe_2O_3 具有较高的氧化电位，被认为引起了更多的吸附物分解，导致 EPFRs 含量降低，但会增加稳定的 EPFRs 的形成，从而产生更长的半衰期。还有研究表明，其他金属氧化物（如 NiO、ZnO、Al_2O_3 等）也能够催化产生类似的 EPFRs，并且这些自由基是整个反应过程中关键的中间过渡产物。

表 2-1　150℃和 300℃条件下，不同有机污染物在 CuO 体系中生成 EPFRs 的 g-因子值变化（Lomnicki et al.，2008）

序列	$g1$	$g2$	$g3$	$g1$	$g2$	$g3$
	(150℃)			(300℃)		
2-氯苯酚	2.001 8	2.004 9	—	2.001 1	2.004 1	2.006 0
苯酚	2.002 0	2.003 8	—	2.001 1	2.003 2	—
邻苯二酚	2.001 8	—	2.006 1	2.001 4	2.004 2	2.007 0
对苯二酚	2.001 5	—	2.006 5	2.002 0	—	2.006 2
氯苯	2.001 5	—	2.007 0	2.001 6	2.004 7	2.006 7
1,2-二氯苯	2.001 3	2.004 1	2.006 8	2.001 0	2.004 4	2.006 3

　　Fe_2O_3 含量的不同也会影响芳烃化合物形成 EPFRs 的含量。Xia 等（Xia et al.，2019）使用 4 种含量（1%、2.5%、4% 和 5%）的 Fe_2O_3 来替代粉煤灰，研究了氯

酚在 230℃下生成 EPFRs 的行为（图 2-1）。随着 Fe_2O_3 含量的增加，EPFRs 信号的强度呈现增加的趋势；Fe_2O_3 含量为 1%、2.5%、4% 和 5% 的反应体系中，对应生成 EPFRs 的浓度分别为 6.7×10^{16} spin/g、7.7×10^{16} spin/g、15×10^{16} spin/g 和 26×10^{16} spin/g。在热解条件下，不同氧化铁用量还会间接影响芳烃化合物向中间产物转变的速率。据报道，多氯二噁英和二苯并呋喃（PCDD/F）是垃圾焚烧过程中产生的有毒燃烧副产物，而氯酚是生成 PCDD/F 的主要前体物质，PCDD/F 产率会随着 Fe_2O_3 含量的增加而增大。课题组通过进一步分析发现，不同氧化铁用量下，EPFRs 浓度与 PCDD/F 产率的相关性达到 0.999 9，表明 EPFRs 可能是氯酚转化形成 PCDD/F 的重要中间体物质。总体来说，目前过渡金属/金属氧化物团簇的大小已经被证实是催化形成 EPFRs 活性的一个关键属性，改变体系中金属氧化物的含量将影响其团簇的大小及反应性。

由以上分析可以看出，不同地区或焚烧厂产生飞灰颗粒物中 EPFRs 的含量存在差异性，总体来说，EPFRs 浓度范围在 $10^{15} \sim 10^{19}$。如果按照飞灰中 EPFRs 的存在位置或赋存特征，可以将其分为表面吸附态和矿物结合态。如果按照自由电子的存在位置或 EPFRs 的分子结构，飞灰颗粒存在的 EPFRs 主要包括苯酚自由基、半醌自由基和苯氧自由基等。进一步借助芳烃化合物/SiO_2/金属氧化物共存的燃烧体系来模拟实际飞灰颗粒物，证实了污染物的类型、金属氧化物的含量和温度的不同都会影响 EPFRs 的类型和存在形态，这些认识为分析 EPFRs 的形成机制提供了理论基础。

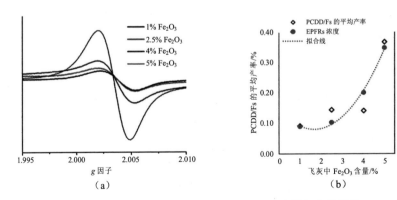

图 2-1　（a）230℃条件下，EPFRs 信号强度随 Fe_2O_3 含量的变化趋势；（b）不同氧化铁含量样品中 EPFRs 浓度和 PCDD/F 平均综合收率（Xia et al.，2019）

2.2 飞灰颗粒中环境持久性自由基的形成过程和稳定机制

如前所述，EPFRs 在多种反应介质中被检出，包括大气颗粒物、腐殖质、黏土矿物、生物炭和微塑料等，然而，不同环境介质中，EPFRs 的形成过程与机制有较大差异。本节将重点探讨飞灰表面 EPFRs 的形成过程与稳定机制。总体来说，EPFRs 是由反应介质中的过渡金属离子/氧化物（如铁、铜、锌和镍等）与芳香族化合物通过表面介导作用形成的中间体产物。这是由于过渡金属氧化物很容易被化学吸附的有机化合物还原，将金属转化为较低的价态，同时在金属粒子表面形成与金属离子络合的稳定自由基。具体来讲，飞灰颗粒物中 EPFRs 的形成机制主要涉及以下三个过程。首先，取代芳香化合物通过物理吸附方式结合在含过渡金属离子/金属氧化物的颗粒物表面；其次，取代芳香化合物与金属离子/金属氧化物之间相互反应，失去小分子化合物（H_2O 或 HCl）后取代芳香化合物与金属离子之间以化学键的形式相互结合；最后，取代芳香化合物中的共轭 π 键会与过渡金属发生电子转移，即取代芳香结构提供电子于金属阳离子，最终形成了表面络合态的"金属-EPFRs"复合体。图 2-2 为芳烃化合物在含金属氧化物（如 CuO、ZnO、Fe_2O_3）/SiO_2 的飞灰表面上形成 EPFRs 的机理过程。

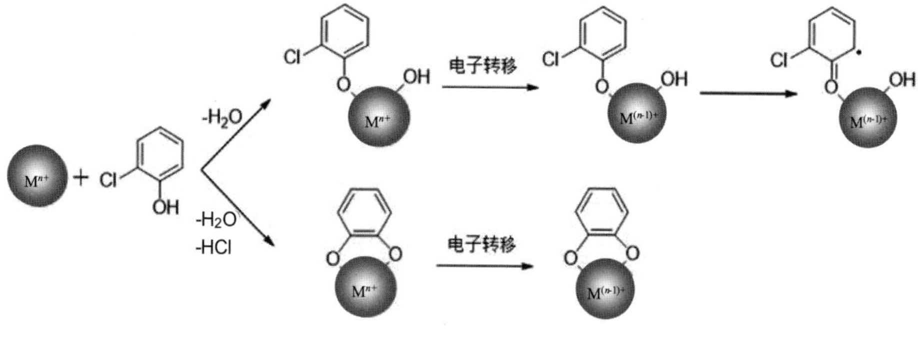

图 2-2 邻氯苯酚在金属氧化物（M^{n+}）/SiO_2 颗粒上形成 EPFRs 的机理过程，以及电子转移形成表面缔合的 EPFRs 和还原金属

从环境效应的角度来看，EPFRs 最重要的特征之一是其顺磁稳定性，即在环境中的持久性。据报道，EPFRs 与酰基、羟基或超氧化物等自由基相比，具有更长的寿命，这使得它们从燃烧源排放进入环境介质后，增加了人类和生物体的暴

露风险并存在潜在的危害。然而，影响飞灰表面 EPFRs 环境稳定性（寿命）的因素较多，包括前驱体分子的类型、金属氧化物的类型和含量以及环境条件等。特别是携带 EPFRs 的颗粒物可能含有不同浓度的金属氧化物，而飞灰表面 EPFRs 的衰减时间与颗粒金属浓度存在较大的相关性。Kiruri 等（2014）研究了苯酚、2-氯苯酚和 1,2-二氯苯在不同 Cu 含量 CuO/SiO$_2$ 颗粒上的反应过程（如 0.25%、0.50%、0.75%、1.0%、2.0% 和 5.0% CuO），并分析了该体系生成 EPFRs 的稳定性。如表 2-2 所示，当 CuO 含量为 0.5% 时，苯酚类 EPFRs 的寿命达到最大值。对于 1,2-二氯苯和 2-氯酚化合物，它们的最大寿命非常相近（23～24 h），表明有相似的物种在 CuO-氯苯氧基表面形成；当氧化铜含量较高时，这两种样品的 1/e 寿命差异显著，即 2-氯苯形成 EPFRs 的寿命略高于 1,2-二氯苯形成 EPFRs 的寿命。总体来说，在不同的金属氧化物表面，苯酚所形成 EPFRs 的寿命比 1,2-二氯苯和 2-氯苯形成 EPFRs 的寿命更长。

表 2-2　在 230℃ 条件下，EFPRs 在不同含量 CuO 负载的二氧化硅上形成 EPFRs 的寿命（1/e）（Kiruri et al.，2014）

序列	CuO 含量/%			EPFRs 寿命/h			
	0.1	0.5	0.75	1	2	3	5
苯酚	13.5	25.5	22	18	13.4	13.5	12.7
2-氯酚	11.8	16.2	23.8	16.2	11.9	10.2	7.8
1,2-二氯苯	15.5	23	12	11.7	9.7	10.1	6

芳香烃化合物在不同金属氧化物（Fe$_2$O$_3$、NiO 和 ZnO）表面上的稳定性呈现出不同的趋势。由图 2-3 可知，对苯二酚（HQ）、苯酚（PH）和邻苯二酚（CT）在 Fe$_2$O$_3$/SiO$_2$ 表面生成的 EPFRs 的半衰期为 2.9～4.6 d，而 2-氯苯酚（2-MCP）的半衰期为 1.0 d。1,2-二氯苯和氯苯的反应体系中无法测量到 EPFRs 的半衰期，一方面是由于它们的初始浓度低；另一方面由于形成的中间态自由基具有较高的反应活性。氯的存在似乎降低了 EPFRs 在 Fe$_2$O$_3$ 上的持久性。据分析，1,2-二氯苯和氯苯在 Fe$_2$O$_3$ 界面发生化学吸附后消除一个 HCl 分子，生成的次氯酸盐能够快速地氧化 EPFRs，进而无法检测到所形成 EPFRs 的寿命。相比之下，2-氯苯酚的化学吸附主要是通过消除 H$_2$O 或 HCl，所形成的次氯酸盐有限，衰减足够慢，因而所形成的自由基具有一定的稳定性。而不含氯的前驱体分子所形成的 EPFRs 则具有较长的环境寿命。如 NiO/SiO$_2$ 表面未被氯化的 CT 的 EPFRs 半衰期为 2.8 d。

苯酚形成的 EPFRs 表现出两种衰变机制，一种是快速衰变，半衰期为 0.56 d；另一种是缓慢衰变，半衰期为 5.2 d。与其他吸附物相比，苯酚形成的 EPFRs 的半衰期最长，表明苯氧基是所有 EPFRs 中活性最低的一类（图 2-4）。这主要是由于在高活性金属氧化物表面上，苯氧基自由基分解为环戊二烯基自由基，导致了环戊二烯基的快速衰减（Khachatryan et al.，2006）。

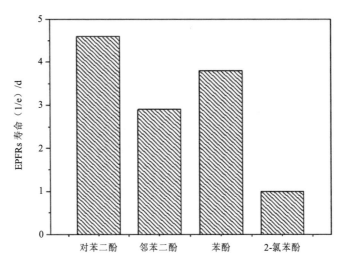

图 2-3　芳烃化合物在 Fe$_2$O$_3$/SiO$_2$ 表面上生成 EPFRs 的寿命（1/e）（Vejerano et al.，2011）

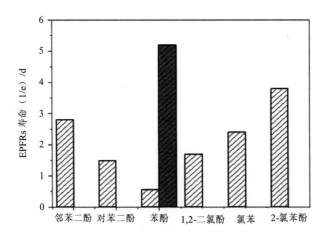

图 2-4　芳烃化合物在 NiO/SiO$_2$ 表面上生成 EPFRs 的寿命（1/e）（Vejerano et al.，2012b）

芳香烃化合物在 ZnO/SiO₂ 表面形成的 EPFRs 衰变趋势与其他金属氧化物体系不同（图 2-5），可以观察到苯酚、氯苯和 2-氯酚形成的 EPFRs 呈现两种不同的衰减趋势，即快速衰变，半衰期为 3～15 d；缓慢衰变，半衰期为 46～73 d。对苯二酚、邻苯二酚和 1,2-二氯酚形成 EPFRs 的半衰期范围为 42～60 d。进一步分析不同吸附剂在 ZnO/SiO₂ 表面生成 EPFRs 的类型发现，对苯二酚、邻苯二酚和 1,2-二氯酚分子与金属氧化物反应生成相似类型的自由基，即二羟基苯自由基（Lomnicki et al.，2008）和半醌自由基（对苯二酚生成对半醌自由基，邻苯二酚和 1,2-二氯酚生成邻半醌自由基）。同时，吸附物在金属氧化物表面的分解过程导致苯氧自由基的形成。而苯酚、氯苯和 2-氯酚却不同，前两个分子形成的苯氧自由基能够与金属氧化物反应形成邻二羟基（Lomnicki et al.，2008；Vejerano et al.，2011），而 2-氯酚可以形成苯氧自由基和邻半醌自由基的混合物。总体来说，在 ZnO/SiO₂ 表面，长寿命的 EPFRs 是半醌型自由基，而短寿命的 EPFRs 是苯氧基或氯苯氧自由基。通过对比不同吸附物在不同金属氧化物表面的半衰期发现（表 2-3），CuO 表面 EPFRs 的半衰期计量为小时，Fe₂O₃ 和 NiO 表面 EPFRs 的半衰期计量为天，ZnO 表面 EPFRs 第一次衰减的半衰期计量为月。EPFRs 在 ZnO 上半衰期的显著差异是由第二衰变过程（寿命较长的半醌自由基）驱动的。研究表明，具有相似性质的过渡金属/金属氧化物可以促使形成 EPFRs。从结果中可以明显看出，金属的类型是决定 EPFRs 稳定性和持久性的重要因素。

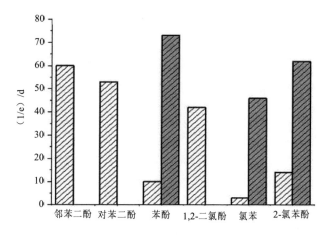

图 2-5　芳烃化合物在 ZnO/SiO₂ 表面生成的 EPFRs 的寿命（1/e）（Vejerano et al.，2012a）

表 2-3　不同金属氧化物表面生成 EPFRs 的半衰期（1/e）（Vejerano et al.，2012a）

样品	（1/e）/h				
	ZnO/SiO$_2$		NiO/SiO$_2$	Fe$_2$O$_3$/SiO$_2$	CuO/SiO$_2$
	第一次衰减	第二次衰减			
苯酚	1 750	225	125	100	1.2
2-氯苯酚	1 500	340	80	25	1
邻苯二酚	1 400	—	55	68	0.5
对苯二酚	1 280	—	35	110	0.3
氯苯	1 100	60	50	—	0.85
1,2-二氯苯	1 000	—	40	—	0.5

　　除上述芳香化合物在金属氧化物表面能够形成 EPFRs 外，2,4-二氯-1-萘酚也能够在金属氧化物界面上形成 EPFRs。杨丽丽等（2017）研究了 2,4-二氯-1-萘酚在不同金属氧化物（Al$_2$O$_3$、ZnO、CuO 和 NiO）表面形成 EPFRs 的稳定性（图 2-6）。分析发现，Al$_2$O$_3$ 和 ZnO 催化形成 EPFRs 的浓度分别约为 CuO 和 NiO 催化的 2 倍和 20 倍，进而得出金属氧化物催化吸附物生成 EPFRs 的能力依次为 Al$_2$O$_3$＞ZnO＞CuO＞NiO。金属氧化物促进 EPFRs 形成的能力与相应的金属阳离子的氧化强度相一致。金属元素在元素周期表中的位置取决于电子壳层结构。其中，Al（Ⅲ）和 Zn（Ⅱ）比 Cu（Ⅱ）和 Ni（Ⅱ）更容易从吸附态分子中获得电子。Al$_2$O$_3$、ZnO、CuO 和 NiO 表面 EPFRs 的半衰期分别为 108 d、68 d、81 d 和 86 d。这些结果进一步验证了金属氧化物催化形成 EPFRs 的机理，在此过程中，电子从芳香环转移到金属氧化物为主要步骤。此外，多环芳烃衍生物在含金属氧化物颗粒表面反应同样能够生成稳定的 EPFRs。除了传统认识中的过渡金属粒子，Al$_2$O$_3$ 颗粒也是 EPFRs 形成的潜在活性位点，但其优越的催化能力和对 EPFRs 的稳定作用有待进一步研究。

　　金属氧化物粒径的大小同样会影响颗粒表面 EPFRs 的形成和稳定（图 2-7）。一般来说，金属氧化物（Al$_2$O$_3$、CuO 和 NiO）纳米颗粒的催化能力均高于微米级颗粒。表现为 Al$_2$O$_3$/SiO$_2$ 和 CuO/SiO$_2$ 纳米粒子表面的自由基浓度是相应微米级粒子表面自由基浓度的 4 倍。然而，对于 573 K 时形成的 EPFRs，微米级 ZnO/SiO$_2$ 粒子表面 EPFRs 的浓度约为纳米粒子表面的 1.13 倍。ZnO/SiO$_2$ 颗粒表面的反应趋势表明，在实际热处理过程中，随着加热时间的延长和加热温度的升高，金属氧化物纳米颗粒的催化能力将比微米级颗粒更强。

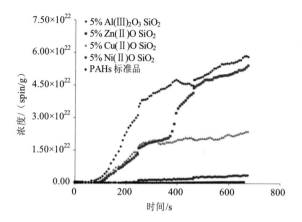

图 2-6　在 298～573 K 温度范围内，2,4-二氯-1-萘酚在不同金属氧化物表面形成的 EPFRs 浓度随时间的变化（Yang et al.，2017）

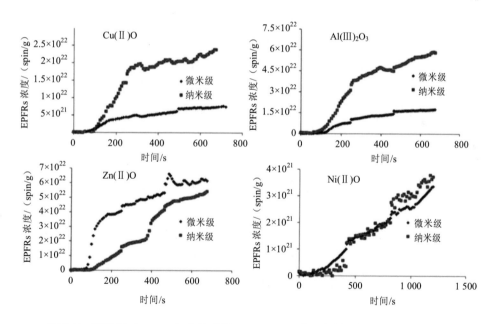

图 2-7　微米级（ϕ 5 μm）和纳米级（ϕ 30 nm）金属氧化物催化作用下产生的环境持久性自由基浓度（Yang et al.，2017）

飞灰颗粒物中 EPFRs 的稳定性不仅受到金属氧化物含量及类型的影响，还会受光照条件的影响。贾汉忠课题组把 11 种来源不同的飞灰样品放置在相对湿度为 60%的黑暗环境下进行老化实验，并检测不同老化时间下 EPFRs 的含量，结果发现随着老化时间的延长，11 种粉煤灰样品中 EPFRs 的浓度（Spins 值）呈现逐渐降低的趋势；老化 45 d 时，自由基浓度下降了 25%～50%，g-因子值由 2.003 2～2.003 8 略有下降至 2.002 9～2.003 2。粉煤灰中 EPFRs 的衰变可能是由于有机自由基与 O_2/H_2O 反应转化为含氧产物。通过对飞灰样品进行原位模拟太阳光的辐照，研究发现飞灰样品中 EPFRs 的浓度在 100 min 内迅速增加到最大值，并在 250 min 内保持恒定，随着光照时间的增加，EPFRs 的浓度呈现降低的趋势。EPFRs 浓度的增加可归因于光照增强了有机污染物与金属氧化物之间的电子转移。相似的报道指出，光照射下大气颗粒物中 EPFRs 的浓度比黑暗条件下增加了 1 倍以上（Paul et al.，2006）。

通过以上分析可以发现，取代芳香化合物、过渡金属氧化物和外界能量（光和热）的共同存在为飞灰界面形成 EPFRs 提供了必要条件。在燃烧条件下，取代芳香化合物与金属氧化物之间发生物理吸附、化学吸附和电子转移过程后形成 EPFRs。金属氧化物的类型、含量及其粒径的大小都会影响 EPFRs 的稳定性。不同金属氧化物界面 EPFRs 半衰期的显著差异与金属的标准还原电位有关。通过对比不同金属氧化物界面 EPFRs 的半衰期发现，EPFRs 在 ZnO/SiO_2 界面上的半衰期最长，可以达到一个月以上。在自然环境下，相对稳定的 EPFRs 具有较长的寿命，主要归因于金属氧化物表面生成的半醌类自由基，而 EPFRs 的衰减可能是它们与环境分子发生反应进一步氧化的结果。

2.3 飞灰颗粒中环境持久性自由基的环境效应

燃烧产生的颗粒物会被生物体通过呼吸的方式沉积在呼吸道，它们可能引起机体的氧化应激和炎症，对肺部造成损伤。早期有众多的学者证实焚烧飞灰是一种复杂的混合物，它含有大量有机和无机有毒化合物，且它们在水介质中具有很高的浸出潜力，例如可被水浸出的重金属（Cd、Pb、Cu、Zn 和 Cr 等）、二噁英和溶解盐等（Borm，1997；Iyer，2002；Su and Wong，2004）。何艳峰等（2005）研究上海垃圾焚烧飞灰的暴露风险时发现，飞灰对儿童和成人的非致癌危险指数分别为 84.79 和 38.76，远大于可接受的风险水平。经分析，飞灰样品中检测到较高浓度的重金属，其中 Hg 和 Pb 的质量浓度高达 0.15 mg/L 和 58.06 mg/L（最高允许质量浓度分别为 0.05 mg/L 和 3 mg/L），表明该地区飞灰样品的风险与重金属有关。粉煤灰颗粒物对生物体的暴露实验也有相应的报道。Ali 等（2004）研究了粉煤灰渗滤液对淡水鱼斑点鳕氧化应激的影响。将鱼暴露在粉煤灰渗滤液中 24 h 后，鱼的肝脏、肾脏和鳃中过氧化氢酶、谷胱甘肽转移酶和谷胱甘肽活性显著升高，表明粉煤灰渗滤液在鱼类组织中诱导了明显的氧化应激。然而，之前的有关于飞灰毒性的报道主要聚焦于重金属、有机污染物和溶解性盐类等传统的污染物。

近年来，焚烧飞灰样品中被检测到 EPFRs，而 EPFRs 同样对生物体具有一定的毒性作用。Dellinger 等（2000b）发现燃烧产生颗粒物对健康的影响是与颗粒物结合的有机物、金属和自由基的综合作用。在燃烧条件下，飞灰颗粒物中金属氧化物和有机碳成分诱导 EPFRs 的形成，而 EPFRs 可以进一步导致暴露的生物组织发生氧化应激效应；Balakrishna 等（Balakrishna et al.，2009；Balakrishna et al.，2011；Fahmy et al.，2010）通过研究燃料燃烧产生颗粒物上半醌类自由基对细胞的毒理作用，发现自由基的存在会加剧细胞的氧化应激和细胞毒性；暴露接触 EPFRs 还会对细胞色素活性造成影响，损害肺部细胞健康，造成呼吸系统的障碍等。Diabate 等（2011）研究粉煤灰颗粒对肺上皮细胞的抗氧化和炎症反应，以某城市生活垃圾焚烧厂收集的细粒粉煤灰颗粒为研究对象，探究 BEAS-2B 人肺上皮细胞的早期生物响应机制。结果发现，粉煤灰诱导 ROS 生成的同时增加细胞总谷胱甘肽（tGSH）的含量；粉煤灰诱导的氧化应激与抗氧化酶血红素加氧酶-1（HO-1）的诱导和氧化还原敏感转录因子 Nrf2 的增加有关。此外，通过进一步分析粉煤灰的水溶性和不溶性组分的活性发现，ROS 的生成、tGSH 的增加和 HO-1 的诱导作用仅受不溶性粉煤灰的影响，不受水溶性粉煤灰的影响。该研究还证实了粉煤灰固体不溶性基质中的过渡金属是造成细胞抗氧化和炎症反应的主要原因。贾汉忠等（2020）以正常人支气管上皮细胞系 16HBE 为模型，具体探究了煤烟灰 EPFRs 和 ROS 对人体健康的潜在影响。研究结果指出，携带 EPFRs 的煤烟灰颗粒物被 16HBE 细胞内化，诱导细胞毒性，且主要的毒性诱导剂被鉴定为活性 EPFRs 在人类细胞内诱导产生的 ROS 所致。Dellinger 等（2000a）发现焚化炉飞灰的提取物无论是对体外，还是细胞中的 DNA 都会造成损伤。通过添加超氧化物歧化酶和过氧化氢酶分别破坏超氧自由基和过氧化氢来阻止飞灰提取物对 DNA 的损伤。进一步分析发现，能够造成 DNA 损伤的物质是半醌自由基。在溶液中，半醌自由基会发生氧化还原循环过程，通过还原氧气生成超氧自由基和过氧化氢，最终形成羟基自由基，进而引发 DNA 损伤。该研究进一步明确了 EPFRs 中的半醌自由基对生物体具有较大的危害。

　　由于实际燃烧产生的颗粒物的组成和性质是复杂的、非均匀的，并且会随着时间发生衰变，研究者采用模拟飞灰颗粒物来分析飞灰中 EPFRs 的毒性。前期有研究已经证明，燃料和氯代芳烃燃烧产生的半醌型自由基能够在粒子表面稳定存在（即 EPFRs）。为了解燃烧副产物对肺部的不利影响，Balakrishna 等（2009）将人类支气管上皮细胞（BEAS-2B）暴露于 CuO/SiO_2 基质中，选择使用 2-氯苯酚作为 EPFRs 形成的母体有机污染物分析体系的毒性变化，研究发现，BEAS-2B 细胞暴露于燃烧产生的颗粒系统后显著增加了 ROS 的生成，减少了细胞抗氧化剂，导致细胞死亡。细胞暴露于 2-氯苯酚后，毒性的增强与产生更多的细胞氧化应激并同时降低上皮细胞的抗氧化能力有关。体系中 EPFRs 似乎也具有更大的生物学意义，因为它们具有诱导 ROS 生成的能力。这些结果与 CuO/SiO_2 超细颗粒的氧化能力、EPFRs 的还原性质，以及延长环境和生物寿命是一致的。随后，Thevenot 等（2013）使用幼鼠暴露实验来探究燃烧颗粒物中 EPFRs 的毒性，其中，含 1,2-二氯苯的 CuO/SiO_2 作为生成 EPFRs 的反应体系。体内暴露结果表明，该颗粒物能诱导幼鼠气道乙酰胆碱的高度反应，这是哮喘的标志。其中，高剂量（1,2-二氯苯，$200\ mg/cm^2$）引起大量细胞坏死；在低剂量（1,2-二氯苯，$20\ mg/cm^2$）下，燃烧颗粒物在暴露 24 h 内引起溶酶体膜通透性、氧化应激和脂质过氧化。在此期间，BEAS-2B 经历了上皮细胞-间质转化，包括上皮细胞形态丧失，E-cadherin 表达减少，平滑肌肌动蛋白和 I 型胶原生成增加。此外，Zhang 等（2020）研究了 ZnO/氯苯（MCB）表面形成 EPFRs 暴露对人支气管上皮细胞系 BEAS-2B 和 16HBE、小鼠巨噬细胞 Raw264.7 和 BALB/c 小鼠肺的毒性。研究发现，当 BEAS-2B、16HBE 和 Raw264.7 细胞暴露于 ZnO/MCB 粒子时，其细胞内 ROS 显著增加，从而扰乱了细胞内氧化还原条件，降低了细胞内 GSH 水平和胞质 SOD 活性，并刺激了 HO-1 和 Nrf2 等氧化应激。EPFRs 颗粒降低线粒体膜电位（MMP），诱导细胞凋亡，包括激活 Caspase-3、Bax 和 Bcl-2 凋亡信号通路。在两种细胞模型和小鼠模型中均观察到典型的炎症情况。该研究表明，颗粒中的 EPFRs 对肺细胞和机体组织有更大的毒性，对人体肺有潜在的健康危害。基于以上内容可以看出，飞灰颗粒物对生物体的细胞和健康危害不仅仅局限于颗粒物中的有机污染物和金属元素，还与芳香烃化合物与金属氧化物相互作用后形成的 EPFRs 有关。毒理学研究表明，含有 EPFRs 的飞灰颗粒物与生物体的各种心血管和呼吸功能障碍、细胞死亡和 DNA 损伤等疾病有着直接的相关性。EPFRs 的毒理学效应不仅来自 EPFRs 重组后转化的分子副产物，更重要的是来自 EPFRs 催化循环产生的 ROS。通过健康风险评价能够有效衡量具有环境风险的 EPFRs 对生态环境和人体健康造成的危害，它可以为评估和管理人类活动对环境造成的不良后果提供决策依据。

2.4　结论与展望

飞灰颗粒物作为 EPFRs 的主要载体之一，其组分中过渡金属氧化物和有机物的存在为 EPFRs 的形成提供了良好的前提条件。此外，飞灰中金属氧化物的种类和含量、有机污染物和燃烧副产物的类型以及环境因素（如温度、光照、水分）等亦会影响 EPFRs 的环境化学行为和归趋。通过监测实际飞灰和模拟飞灰体系中 EPFRs 含量、赋存特征和稳定性发现，飞灰的 EPR 光谱具有较强的信号峰，且 EPFRs 的丰度达到 $10^{15} \sim 10^{19}$；EPFRs 的环境寿命从几小时到几十天不等，主要以半醌自由基和苯氧自由基为主要类型；飞灰的 EPR 信号强度会受到吸附物、金属离子以及温度等因素的影响。虽然人们已经证实燃烧过程中存在 EPFRs 有半个多世纪了，但直到近几年才开始对 EPFRs 在飞灰介质中的存在和其对健康的影响进行研究。因此，关于飞灰颗粒物中 EPFRs 的赋存特征、影响因素和环境效应研究仍处于起步阶段，对飞灰颗粒物上 EPFRs 去除的方法还未有详细的探讨。

准确监测飞灰颗粒物中 EPFRs 的丰度和明确 EPFRs 的类型对于了解飞灰在土壤、水体以及大气介质中的环境迁移和转归具有重要的意义。以往有关实际飞灰样品中过渡金属离子/氧化物、有机污染物及其燃烧副产物的定性定量和毒理学研究居多，而有关飞灰颗粒物中 EPFRs 赋存特征的研究还较少，且样品的采集地点也仅限于个别地区的焚烧飞灰。为了更加明确地了解飞灰颗粒物中 EPFRs 的赋存特征和环境行为，还需进一步扩大飞灰的采样范围（如地域和周期）。

早期对飞灰中 EPFRs 的研究仅限于在 150℃ 以上过渡金属氧化物和取代芳香分子的相互作用。然而，除燃烧系统的高温燃烧、低温冷却过程以及大气颗粒物表面可以形成 EPFRs 外，在紫外光照的条件下，EPFRs 也会在含有过渡金属的颗粒物表面生成。如在邻苯二酚等污染物与 Fe 和 Cu 等过渡金属相互作用并发生电子转移的过程中产生。目前有关飞灰界面 EPFRs 形成的机理过程主要围绕燃烧后的阶段，还未有研究分析燃烧前垃圾废弃物在自然环境条件下是否有 EPFRs 的生成，该内容有待进一步探索。

截至目前，实际焚烧厂的飞灰主要以化学方式、固化方式和填埋方式处理。

当飞灰以填埋的方式进入土壤后，是否会对土壤的生物和微生物环境造成危害，有关这方面的研究还比较匮乏，亟须探究飞灰进入土壤和地下水等环境介质后所携带 EPFRs 的环境行为，这对于全面了解携带 EPFRs 的飞灰颗粒物对环境的危害具有重要意义。

参考文献

何艳峰，席北斗，王琪，等，2005. 垃圾焚烧飞灰熔渣的健康风险评价与豁免管理[J]. 环境科学研究，18：13-16.

王天娇，陈彤，詹明秀，等，2016. 废弃物焚烧飞灰中持久性自由基与二噁英及金属的关联探究[J]. 环境科学，37（3）：1163-1170.

ALI M，PARVEZ，S PANDEY，et al.，2004. Fly ash leachate induces oxidative stress in freshwater fish Channa punctata（Bloch）[J]. Environment International，30（7）：933-938.

BALAKRISHNA S，LOMNICKI S，MCAVEY K M，et al.，2009. Environmentally persistent free radicals amplify ultrafine particle mediated cellular oxidative stress，cytotoxicity[J]. Particle & Fibre Toxicology，6（1）：11.

BALAKRISHNA S，SARAVIA J，THEVENOT P et al.，2011. Environmentally persistent free radicals induce airway hyperresponsiveness in neonatal rat lungs[J]. Particle & Fibre Toxicology，8（1）：11.

BORM P J，1997. Toxicity，occupational health hazards of coal fly ash（CFA）. A review of data，comparison to coal mine dust[J]. Annuals of Occupational Hygiene，41（6）：659-676.

CORMIER S A，LOMNICKI S，BACKES W，et al.，2006. Origin，health impacts of emissions of toxic by-products，fine particles from combustion，thermal treatment of hazardous wastes，materials[J]. Environmental Health Perspectives，114（6）：810-817.

DELLINGER B，PRYOR W A，CUETO R，et al.，2000. The role of combustion generated radicals in the toxicitty of $PM_{2.5}$[J]. Proceedings of the Combustion Institute，28（2）：2675-2681.

DELLINGER R，PRYOR W A，CUETO R，et al.，2000. Combustion generated radicals，their role in the toxicity of fine particulate[J]. Organohalogen Compounds，46：302-305.

DIABATÉ S，BERGFELDT B PLAUMANN D，et al.，2011. Anti-oxidative，inflammatory responses induced by fly ash particles，carbon black in lung epithelial cells[J]. Analytical & Bioanalytical Chemistry，401（10）：3197-3212.

FAHMY B，DING L，YOU D，et al.，2009. In vitro，in vivo assessment of pulmonary risk associated with exposure to combustion generated fine particles[J]. Environmental Toxicology & Pharmacology，29（2）：173-182.

HAN Y, CAO J AN Z, et al., 2007. Evaluation of the thermal/optical reflectance method for quantification of elemental carbon in sediments[J]. Chemosphere, 69 (4): 526-533.

IYER R, 2002. The surface chemistry of leaching coal fly ash[J]. Journal of Hazardous Materials, 93 (3): 321-329.

JIA H, LI S, WU L, et al., 2020. Cytotoxic free radicals on air-borne soot particles generated by burning wood or low-maturity coals[J]. Environmental Science & Technology, 54 (9): 5608-5618.

KHACHATRYAN L, ADOUNKPE J, MASKOS Z, et al., 2006. Formation of cyclopentadienyl radical from the Gas-Phase pyrolysis of hydroquinone, catechol, and phenol[J]. Environmental Science & Technology, 40 (16): 5071-5076.

KIRURI L W, KHACHATRYAN L, DELLINGER B, et al., 2014. Effect of copper oxide concentration on the formation, persistency of environmentally persistent free radicals (EPFRs) in particulates[J]. Environmental Science & Technology, 48 (4): 2212-2217.

LOMNICKI S, TRUONG H, VEJERANO E, et al., 2008. Copper oxide-based model of persistent free radical formation on combustion-derived particulate matter[J]. Environmental Science & Technology, 42 (13): 4982-4988.

MIGUEL A H, KIRCHSTETTER T W, HARLEY R A, 1998. On-road emissions of particulate polycyclic aromatic hydrocarbons, black carbon from gasoline, diesel vehicles[J]. Environmental Science & Technology, 32 (4): 450-455.

OEN A, CORNELISSEN G, BREEDVELD G, 2006. Relation between PAH, black carbon contents in size fractions of Norwegian harbor sediments[J]. Environmental Pollution, 141 (2): 370-380.

PAUL A, STOSSER R, ZEHL A, 2006. Nature, abundance of organic radicals in natural organic matter: effect of pH, irradiation[J]. Environmental Science & Technology, 40 (18): 5897-5903.

PENG W, BO P, HAO L, et al., 2018. The overlooked occurrence of Environmentally Persistent Free radicals in an area with Low-Rank coal burning, Xuanwei, China[J]. Environmental Science & Technology, 52 (3): 1054-1061.

RICHTER H, BENISH T G, MAZYAR O A, et al., 2000. Formation of polycyclic aromatic hydrocarbons, their radicals in a nearly sooting premixed benzene flame[J]. Proceedings of the Combustion Institute, 28 (2): 2609-2618.

RICHTER H, HOWARD J B, 2000. Formation of polycyclic aromatic hydrocarbons, their growth to soot—a review of chemical reaction pathways[J]. Progress in Energy & Combustion Science, 26 (4): 565-608.

SU D C, WONG J, 2004. Chemical speciation, phytoavailability of Zn, Cu, Ni, Cd in soil amended with fly ash-stabilized sewage sludge[J]. Environment International, 29 (7): 895-900.

THEVENOT P T, SARAVIA J, JIN N, et al., 2013. Radical-containing ultrafine particulate matter initiates epithelial-to-mesenchymal transitions in airway epithelial cells[J]. American Journal of Respiratory Cell, Molecular Biology, 48 (2): 188-197.

VEJERANO E, LOMNICKI S, DELLINGER B, 2011. Formation, stabilization of combustion-generated environmentally persistent free radicals on an Fe_2O_3/silica surface[J]. Environmental Science & Technology, 45 (2): 589-594.

VEJERANO E, LOMNICKI S, DELLINGER B, 2012. Lifetime of combustion-generated environmentally persistent free radicals on Zn (II) O, other transition metal oxides[J]. Journal of Environmental Monitoring, 14 (10): 2803-2806.

VEJERANO E, LOMNICKI S M, DELLINGER B, 2012. Formation, stabilization of combustion-generated, environmentally persistent radicals on Ni (II) O supported on a silica surface[J]. Environmental Science & Technology, 46 (17): 9406-9411.

XIA G A, AG A, PMP B, et al., 2019. Role of Fe_2O_3 in fly ash surrogate on PCDD/Fs formation from 2-monochlorophenol[J]. Chemosphere, 226: 809-816.

YANG L, LIU G, ZHENG M, et al., 2017. Pivotal roles of metal oxides in the formation of environmentally persistent free radicals[J]. Environmental Science & Technology, 51 (21): 12329-12336.

ZHANG X, GU W, MA Z, et al., 2020. Short-term exposure to ZnO/MCB persistent free radical particles causes mouse lung lesions via inflammatory reactions, apoptosis pathways[J]. Environmental Pollution, 261: 114039.

ZHAO S, GAO P, MIAO D, et al., 2019. Formation, evolution of solvent-extracted, nonextractable environmentally persistent free radicals in fly Ash of municipal solid waste incinerators[J]. Environmental Science & Technology, 53 (17): 10120-10130.

第 **3** 章

大气颗粒物中环境
持久性自由基

随着工业发展和城市化进程，空气污染尤其是大气颗粒物污染日益严重，严重威胁人体健康。大气颗粒物（Atmospheric Particulate Matters，PM）是大气中存在的各种固态和液态颗粒状物质的总称。各种颗粒状物质均匀地分散在空气中，构成一个相对稳定的庞大的悬浮体系，即气溶胶体系，因此大气颗粒物也称为大气气溶胶（张晓勇等，2012）。PM 在学术界可分为一次颗粒物和二次颗粒物两种。一次颗粒物是由天然污染源和人为污染源释放到大气中直接造成污染的颗粒物，例如土壤粒子、海盐粒子、燃烧烟尘等。二次颗粒物是由大气中某些污染气体组分（如二氧化硫、氮氧化物、碳氢化合物等）之间，或这些组分与大气中的正常组分（如氧气）之间通过光化学氧化反应、催化氧化反应或其他化学反应转化生成的颗粒物。而根据空气动力学直径（D）的大小，可将 PM 分为：①总悬浮颗粒物（Total Suspended Particulate，TSP）：$D \leqslant 100\ \mu m$；②可吸入颗粒物（Inhalable Particles，PM_{10}）：$D \leqslant 10\ \mu m$；③细颗粒物（Fine Particles，$PM_{2.5}$）：$D \leqslant 2.5\ \mu m$。世界卫生组织（WHO）称，PM_{10} 为可进入胸部的颗粒物（Thoracic Particle）；Pooley 与 Gibbs（1996）定义的可入肺颗粒物（Respirable Particles）是指能够进入人体肺泡的颗粒，即指 $PM_{2.5}$（王帅等，2014）。

大气颗粒物来源众多，主要有自然源和人为源两种，后者危害较大。自然源包括自然界土壤飞尘、由于海水泡珠飞溅而形成的海盐、植物花粉、孢子、细菌等。往往在自然界中的灾害事件也是形成可吸入颗粒物的来源。例如，火山爆发喷发的大量的火山灰，森林大火或裸露的煤炭大火及沙尘暴都将会将大量细颗粒物输送到大气层中。人为源可分为固定燃烧源、工业过程源和流动源。固定源的主要来源是燃料的燃烧源，例如各种工业加工过程中（如工业发电、冶金制造、石油开发利用、化学品或纺织印染等）的供热以及餐厨烹饪过程中使用的燃煤、燃气或燃油排放的烟尘。流动源包括了各类交通工具在运行工程中使用燃料时向大气中排放的尾气。而工业过程源主要是指工业制造过程中，以对工业原料进行物理和化学转化为目的的工业设备（胡敏等，2011）。

由于大气颗粒物来源的复杂性，导致其成分也很复杂，已成为大气中污染物的"汇"。已有的研究证实，PM 的化学成分包括无机物、有机物和有生命物质。用 X-荧光光谱对 $PM_{2.5} \sim PM_{10}$ 气溶胶样品进行元素分析，目前已发现的化学元素主要有铝（Al）、硅（Si）、钙（Ca）、磷（P）、钾（K）、钒（V）、钛（Ti）、铁（Fe）、锰（Mn）、钡（Ba）、砷（As）、镉（Cd）、钪（Sc）、铜（Cu）、氟（F）、钴（Co）、镍（Ni）、铅（Pb）、锌（Zn）、锆（Zr）、硫（S）、氯（Cl）、溴（Br）、硒（Se）、镓（Ga）、锗（Ge）、铷（Rb）、锶（Sr）、钇（Y）、钼（Mo）、铑（Rh）、钯（Pd）、银（Ag）、锡（Sn）、锑（Sb）、碲（Te）、碘（I）、铯（Cs）、镧（La）、钨（W）、金（Au）、汞（Hg）、铬（Cr）、铀（U）、铪（Hf）、镱（Yb）、钍（Th）、铕（Eu）、铽（Tb）等。细颗粒物中还有各种化合物及离子、硫酸盐、硝酸盐等。研究表明，颗粒物的元素成分与其粒径有关。对 Cl、Br、I 等卤族元素，来自海盐的 Cl 主要在粗粒子中，而城市颗粒物的 Br 主要存在于细粒子中。来自地壳的 Si、Al、Fe、Ca、Mg、Na、K、Ti 和 Sc 等元素主要在粗粒子中，而 Zn、Cd、Ni、Cu、Pb 和 S 等元素大部分在细粒子中（刘永春和贺泓，2007）。

除一般的无机元素外，PM 中还有元素碳（EC）、有机碳（OC）、有机化合物[尤其是挥发性有机物（VOC）、多环芳烃（PAHs）和有毒物]、生物物质（细菌、病毒、霉菌等）。含有机物的 PM 粒径一般都比较小，多数在 0.1～5 μm 范围内，多数有机颗粒是在燃烧过程中产生的。颗粒物中的有机物种类很多，其中烃类是主要成分，如烷烃、烯烃、芳香烃和多环芳烃，此外还有亚硝胺、氮杂环、环酮、醌类、酚类和酸类等。大气中低环的多环芳烃主要集中在细粒子段，高环的多环芳烃主要集中在飘尘范围内。

由于大气中存在各种痕量气体物质，主要包括 H_2S、SO_2、NO、NO_2、N_2O_5、O_3、H_2O_2、CO 和挥发性有机化合物（VOCs）等，它们很容易与 PM 发生相互作用，包括物理吸附、化学吸附、化学转化等。其中 PM 表面发生的非均相化学反应对深入揭示大气中的各种物理化学过程有着深远的意义。PM 表面所发生的非均相化学反应，是指气相分子在颗粒物表面的化学过程，即气—液或气—固表面的化学反应，可分为以下几个步骤（以气—液反应为例）：①气相中的分子向液滴表面扩散；②扩散至液滴表面的气体分子被表面吸附或者通过传质过程扩散至液滴内部；③吸附在液体表面的分子在液滴表面与表面活性物质发生化学反应，生成物分子吸附在液滴表面，在液滴内部的气体分子同样发生化学反应生成产物分子；④表面产物分子脱附或扩散至液滴表面附近的气相中，液滴内部的产物分子可能存在一定的传质过程；⑤部分脱附了的产物分子通过扩散作用远离液滴表面至气相中。近年来，非均相化学反应已成为化学污染物在大气环境中迁移、转化规律和循环过程等问题的重要内容。在对流层大气中，人类活动和自然因素排放的污染物使得气溶胶颗粒物和气体成分都很复杂，例如炭黑、海盐气溶胶、有机物气溶胶、有机液膜颗粒等气溶胶颗粒物，还有臭氧、二氧化硫、氮氧化物等污染气体，这样一来，污染气体与颗粒物间极易发生非均相化学反应（阎杰等，2017）。

与此同时，温度、相对湿度、光照条件和污染气体的浓度等外界环境条件耦合在一起，也会影响非均相反应的发生。这些复杂的化学反应过程造就了颗粒物的众多活性基团，如酚羟基、羰基和羧基等。作为 PM 中的重要组分，有机物能够与大气中的臭氧、NO_3 自由基、羟基自由基等在不同大气温度及相对湿度发生非均相化学反应。最终，这一老化过程影响 PM 的化学组分、相态、粒径、吸湿性、密度和光学性质等一系列物理化学性质（何翔，2017）。

由于 PM 成分多样和环境过程复杂，不断有新的污染物在 PM 上被发现。最近，一种新型的环境污染物——环境持久性自由基（EPFRs）在 PM 中已被检测到，它是一种表面稳定的金属—自由基配合物。自由基含有未配对电子，孤对电子会对磁场产生轻微的吸引力（一种被称为顺磁性的特征），即材料中出现的未配对电子。基于这种特性，EPFRs 可以用 EPR 测量。EPFRs 就是 Dellinger 和他的同事们使用 EPR 在燃烧后产生的颗粒物中首次检测到的。EPFRs 可分为三类，即以氧为中心的自由基、以碳（氮或硫）为中心的自由基和氧化碳（氮或硫）为中心的自由基。这些自由基的形成机制主要是电子转移（Jia et al.，2016）。

目前，越来越多的研究开始关注 PM 上 EPFRs，对 EPFRs 的认识也越来越深入。大量研究发现，PM 表面的 EPFRs 具有很强的反应活性，可将电子传递给氧气，诱导各种 ROS 的产生（Khachatryan et al.，2011）。它们也被称为生物破坏物种或活化物种，是一种特殊类型的氧自由基，如 $\cdot OH$、H_2O_2 和 $\cdot O_2$，以及非自由基的氧的衍生物，如烷氧自由基、过氧化物、半醌自由基、过氧化氢等。当携带大量 EPFRs 的 PM 被人体吸入体内，EPFRs 可能会诱导 ROS 的产生，当 ROS 产生的水平超过了生物体的抗氧化防御能力，生物体会产生氧化应激效应，氧化应激是生物体 ROS 产生与抗氧化防御机制严重失衡的状态（Vejerano et al.，2018）。因此，在评价 PM 对人体健康影响，以及对其他生物的毒害作用时，必须要考虑到 EPFRs 的作用。

目前对大气颗粒物 EPFRs 的研究比较零散，不够系统，不能得出明确的结论。基于十多年来学者对大气中 PM—EPFRs 的重要研究成果，本章将从 PM 上 EPFRs 的形成过程、机制、特征，EPFRs 诱导 ROS 形成，以及 PM 上 EPFRs 的危害等几个方面进行介绍。

3.1 大气颗粒物中环境持久性自由基的形成过程

大气颗粒物是金属、无机和有机的液态和固态成分的复杂混合物。PM 来源广泛，不同来源的 PM 金属、有机和无机成分有较大的差异。根据空气动力学的大小，PM 可分为三种一般模式：粗糙模式、堆积模式和成核模式。粗糙模式 PM 来源于磨料物理事件，如风尘、风化、破碎和研磨。大量的成核和堆积模式的 PM 来源于燃烧源。过去的十多年中，研究人员强调了空气 PM 中的 EPFRs 主要与积累和成核方式有关。

PM 上的 EPFRs 主要可分为原生来源和次生来源。原生来源主要是指燃烧过程中排放的颗粒物上自带的 EPFRs，这些 EPFRs 主要是经过复杂的物理化学过程而产生的，它们进入大气环境后，成为 PM 上 EPFRs 的主要贡献者之一。目前大量研究已证实，在 PM 中，EPFRs 普遍存在，无论是在中国北方严重雾霾日，还是在美国清洁空气日，空气 PM 中都检测到了 EPFRs。2001 年，Dellinger 和他的同事在美国 8 个城市采集了超细的 PM，通过电子顺磁共振（EPR）检测到了 EPFRs 存在，其 g-因子范围在 2.003 1～2.004 3，线宽为 7.3～12.2 G，并确定了这些 EPFRs 主要为半醌类自由基（Giuseppe et al., 2001）。PM 中的醌类化合物被认为是 EPFRs 产生的前驱体物质。燃烧过程可以直接产生醌类物质，但多环芳烃和酚类化合物在大气中的转化也可能是 PM 中醌类的重要贡献者。此后，越来越多的研究人员开始关注大气颗粒物上 EPFRs。Shaltout 等（2015）分别采集了沙特阿拉伯塔伊夫市三个不同区域（住宅区、工业区和交通中心区）的大气颗粒物样品，通过 EPR 分析了 PM 上 EPFRs 的顺磁特征，结果表明，主要为半醌自由基，这些半醌自由基可能主要来源于 PM 中类腐殖质物质。而且工业区域 PM 上的 EPFRs 浓度在 3 月和 6 月升高得尤其明显，这与该区域的污染程度有很高的相关性。国内的研究人员也对大气颗粒物中 EPFRs 的来源进行了系统研究。杨莉莉等（2017）通过对北京地区 2016 年冬季大气颗粒物中 EPFRs 的研究，发现在轻度污染天气时，TSP 上的 EPFRs 的浓度范围在 8.9×10^{15}～3.9×10^{16} spin/m^3，在中度污染天气的时候，TSP 上的 EPFRs 的平均浓度为 3.4×10^{15}～2.5×10^{16} spin/m^3，而在严重的雾霾天时，TSP 上的 EPFRs 的平均浓度高达 1.6×10^{16}～4.5×10^{16} spin/m^3，这比之前报道的美国大气颗粒物的 EPFRs 高了 2 个数量级，因此大气颗粒物的 EPFRs 可能与人为污染源的排放有重大关系。通过对不同工厂收集的汽车尾气和飞灰 EPR 信号与空气颗粒物 EPR 信号的比较，探讨了大气颗粒物中 EPFRs 可能的主要来源，分析发现煤炭燃烧和交通源是 EPFRs 的一个重要来源。陈庆彩（2019a）团队重点研究了西安地区的 PM 上 EPFRs 的性质和来源，对比不同大气污染程度时 PM$_{2.5}$ 中 EPFRs 的平均信号发现中度污染＞严重污染＞轻度污染＞良，这说明实际大气颗粒物中的 EPFRs 并不是单一来源的。西安全年 PM$_{2.5}$ 中 EPFRs 的平均浓度为 2.16 × 10^{14} spin/m^3，且呈现出冬季＞秋季＞夏季＞春季的季节变化特征。进一步的研究发现 PM$_{2.5}$ 上 EPFRs 主要来源于无法被有机溶剂萃取出来的有机质，该组分中的 EPFRs 可以占 PM$_{2.5}$ 总量的 85%～90%，如一些黑炭物质。而黑炭的主要来源是化石燃料的不完全燃烧，因此黑炭成分可能是西安市实际大气气溶胶中持久性自由基的重要贡献者。相关性分析得到西安市 PM$_{2.5}$ 的 EPFRs 与 PM$_{2.5}$、CO$_2$ 等常规大气污染物都没有显著的相关性，但与 SO$_2$ 和 NO$_2$ 的相关性较为显著，这说明煤炭燃烧源和交通源是实际大气 PM$_{2.5}$ 中 EPFRs 的一个重要来源。据报道，煤炭燃烧和汽车尾气微粒中含有大量的 EPFRs。在燃烧过程中，一般含有金属氧化物和有机分子。当这些有机物质吸附在金属氧化物表面时，就有可能形成 EPFRs。也有研究发现，除了人为污染排放源是大气 PM$_{2.5}$-EPFRs 的重要贡献者以外，地表的尘土也是大气颗粒物 EPFRs 的重要来源。在中国北方，研究人员发现沙尘暴期间 PM$_{2.5}$ 浓度显著升高，大气颗粒物上 EPFRs 总浓度也显著升高。沙尘暴颗粒可以携带 EPFRs 长途运输，对途经之地的 PM-EPFRs 具有重要贡献作用。通过正定矩阵因子分解也可得到，相较于其他季节，尘土对西安春季大气颗粒物上的 EPFRs 贡献更高，这可能因为春季频发的沙尘暴天气（Chen et al.，2018a）。因此，大气中的 EPFRs 可能来自初次排放，例如长途运输（如亚洲沙尘暴）、灰尘来源（如土壤、道路和重燃灰尘）和燃烧过程（如涉及煤炭、石油、生物质和一些废弃物的燃烧过程）。

此外，大气中的 EPFRs 也可以由次生形成，因为气象条件也会影响其 EPFRs 的产生。有机芳香烃分子通过吸附和光化学反应形成的 EPFRs 可能是其重要的贡献者。例如，多环芳烃（PAHs）的光化学分解已被证明可在固体表面生成 EPFRs，而且夏季大气中的 EPFRs 浓度往往要比污染更严重的冬季高，引起这种现象的一个因素就是，夏季强日照有利于氮氧化物和汽车尾气等污染源排放的 VOCs 在大气中发生光化学反应，产生近地表臭氧等强氧化剂，无论是光化学氧化还是臭氧氧化，都可以使芳香烃化合物在大气颗粒表面产生大量 EPFRs。这也可能是夏季 EPFRs 浓度和 NO$_2$、O$_3$ 二者之间存在显著正相关的原因（Chen et al.，2019b）。

这些研究表明,次生化学过程可能在大气粒子 EPFRs 的形成中发挥不可忽视的作用。

为了探究大气颗粒物上 EPFRs 形成的内在机理,科学家们通过大量的实验室模拟进行了探究。Dellinger 等首次在燃烧系统产生的颗粒物中检测到了 EPFRs,并认为它们形成于垃圾焚烧过程中焰后冷却区。基于此发现,他们通过实验室模拟燃烧后冷却区的反应,发现这些 EPFRs 是吸附在金属氧化物颗粒表面的取代芳香族分子前驱体在温度为 100~400℃时形成的。而且前驱体分子、金属颗粒物和反应温度不同对大气颗粒物上 EPFRs 的形成都有影响。不同分子结构的芳香烃化合物前驱体(对苯二酚、邻苯二酚、苯酚、邻氯苯酚、一氯苯酚和 1,2-二氯苯)在氧化铜/二氧化硅颗粒表面经过不同反应温度(150~300℃)后,通过电子顺磁共振仪(EPR)检测到了不同特征的谱图,经过分析发现不同前驱体分子在不同温度下反应得到的 EPFRs 类型和数量均有差异(图 3-1)。其中苯酚形成的主要是 g 因子范围在 2.004 0~2.004 5 的酚氧自由基,而邻氯苯酚、一氯苯酚和 1,2-二氯苯均形成了多种类型的持久性自由基,包括碳中心和氧中心自由基的半醌自由基和苯氧基自由基。随后,该团队研究了二氧化硅上不同 CuO 负载量对苯酚、一氯苯酚和 1,2-二氯苯形成 EPFRs 的影响,发现在 230℃热处理下,不同负载量的 CuO 会造成 1,2-二氯苯形成的 EPFRs 类型的质变——从半醌自由基转变为氯酚氧自由基,而 CuO 负载量对苯酚和一氯苯酚形成的 EPFRs 类型并没有影响(Lomnicki et al.,2008)。为了进一步模拟实际环境,不同金属氧化物(Fe_2O_3、NiO 和 TiO_2)负载的二氧化硅上对苯二酚、邻苯二酚、苯酚、邻氯苯酚、一氯苯酚和 1,2-二氯苯在 150~450℃下均形成了 EPFRs。根据吸附质和温度的不同,形成了两种有机 EPFRs:一种是苯氧基型自由基,其 g 值较低,为 2.002 4~2.004 0;另一种是半醌型自由基,其 g 值为 2.005 0~2.006 5。尽管在 150~450℃下,不同的金属氧化物对相同前驱体的芳香烃分子所形成的 EPFRs 类型并没有影响,这可能主要是因为芳香烃分子在金属氧化物表面形成 EPFRs 的过程和机理相同,然而,不同前驱体分子在不同金属氧化物上形成 EPFRs 的丰度和持久性差异很大。如金属氧化物颗粒上的 2,4-二氯-1-萘酚等芳香烃污染物在 300℃也可以形成 EPFRs,但是不同金属氧化物颗粒上形成的 EPFRs 的类型差异很大,这可能归因于金属氧化物促进 EPFRs 形成能力的不同,其顺序为 Al_2O_3>ZnO>CuO>NiO。根据元素周期表中的顺序,金属氧化物促进 EPFRs 形成的能力取决于相应金属阳离子的氧化强度(Vejerano et al.,2018;Vejerano et al.,2012;Vejerano et al.,2011)。

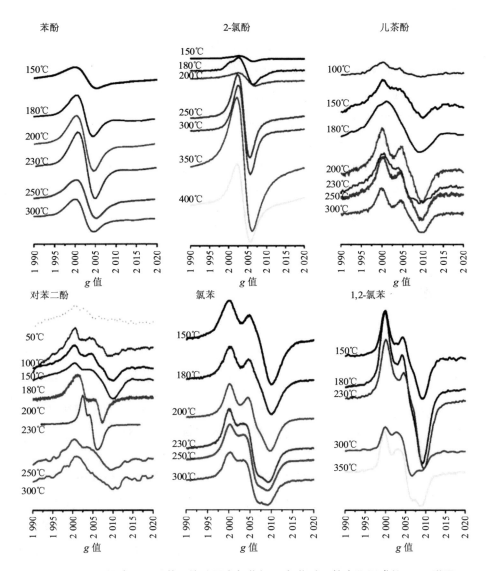

图 3-1 不同温度下不同前驱体分子在氧化铜/二氧化硅颗粒表面形成的 EPR 谱图

（Lomnicki et al.，2008）

目前关于 EPFRs 形成的概念模型表明，EPFRs 通过三个重要步骤组成（图 3-2）：首先芳香族分子与金属氧化物发生物理吸附，通过其中羟基和/或氯取代基与过渡金属氧化物表面相互作用；其次，有机分子前驱体通过与表面羟基和化学粒子反应，产生氯化氢、水或两者均有，这取决于取代基的类型和数量，进而在表面发生化学吸附；最后，电子从富电子的氧原子转移到金属表面，形成 EPFRs。

从此机理可以看出，EPFRs 的形成需要羟基化金属氧化物。因此 EPFRs 形成的潜力应与羟基化程度相关，正如在 α-Al$_2$O$_3$ 上观察到了酚氧自由基等物种的形成。已有研究证明，金属氧化物促进 2,4-二氯-1-萘酚形成 EPFRs 的能力依次为 Al$_2$O$_3$＞ZnO＞CuO＞NiO，Al$_2$O$_3$ 上形成 EPFRs 能力最强，进一步证明该机理。同时，Cu$_2$O（110）表面 2-氯酚形成 EPFRs 的计算研究表明：CuO 表面，氢氧基上的氢原子与氧原子解离，可以形成氯苯氧自由基或氯苯氧基结构。Cu（100）和 Cu$_2$O（110）：CuO 形式的 2-氯苯氧部分达到相似的程度，可由相似的能量表示。此外，分子前体的取向决定了 EPFRs 形成的程度：一个取向几乎垂直于 α-Al$_2$O$_3$ 表面的苯酚分子更有可能形成物理吸附并形成 EPFRs（Vejerano et al.，2018；Assaf et al.，2016）。

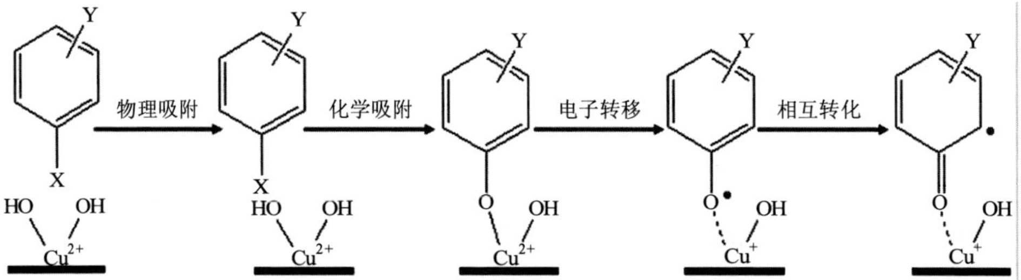

图 3-2　不同前驱体芳香烃分子在金属氧化物（以氧化铜为例）/二氧化硅颗粒上形成 EPFRs 的一般机制（Lomnicki et al.，2008）

科学家们通过大量的实验室模拟实验，深入地了解了颗粒物上 EPFRs 的来源、形成过程和形成机制，为认识实际大气颗粒物上 EPFRs 的特性提供了重要参考。然而实际的大气颗粒物的成分和涉及的反应过程都更加复杂。陈庆彩（2018b）团队通过多次溶剂（包括有机试剂和超纯水）萃取大气颗粒物发现，PM$_{2.5}$ 中的 EPFRs 主要来源于耐溶剂萃取的有机物。这一发现进一步加深了对大气颗粒物中 EPFRs 的可能来源和形成机制以及这些成分的潜在环境影响的了解。大气 EPFRs 可能主要不是由金属氧化物形成的，而是由不可提取的有机物形成的。如果以前的研究只关注溶剂可提取的或金属氧化形成的 EPFRs，那么可能就严重低估了大气颗粒物中 EPFRs 丰度。因此，大气颗粒物上 EPFRs 的来源和形成值得深入研究。

3.2　大气颗粒物中环境持久性自由基的丰度与寿命

大气颗粒物上 EPFRs 的存在被广泛报道，但是不同地区、不同季节和不同粒径的大气颗粒物上所携带 EPFRs 的量差异很大。在不同的三个城市对大气颗粒物中 EPFRs 浓度的测量表明，EPFRs 的浓度为 $10^{16} \sim 10^{17}$ spin/g。Gehling 和 Dellinger 测量了 EPFRs 在路易斯安那州巴吞鲁日密西西比河附近 PM 上的浓度，平均值为 $\sim 4 \times 10^{17}$ spin/g（Gehling et al.，2014）。Shaltout 和他的同事（2015）测量了沙特阿拉伯塔伊夫地区 PM 上 EPFRs 的浓度，平均值为约 4×10^{16} spin/g。Arangio 和他的同事们（2016）测量了在德国马克斯普朗克屋顶收集的 PM 上 EPFRs 浓度，其数值为约 2×10^{17} spin/g。而在北京雾霾时期，PM 上的 EPFRs 平均浓度高达 2.18×10^{20} spin/g（范围为 $3.06 \times 10^{19} \sim 6.23 \times 10^{20}$ spin/g），这比美国地区检测到的浓度高了 2 个数量级以上（Yang et al.，2017）。在云南宣威采集的烟灰和总悬浮颗粒（TSP）中分别检测出 1.78×10^{19} spin/g 和 3.33×10^{18} spin/g 的强 EPR 信号（Wang et al.，2018）。而 2017 年和 2018 年，西安全年 $PM_{2.5}$ 上 EPFRs 的浓度为 $9.8 \times 10^{15} \sim 1.82 \times 10^{19}$ spin/g。同一地区，不同季节的大气颗粒物上 EPFRs 的丰度也具有很大差异。在西安的冬季，$PM_{2.5}$ 上 EPFRs 平均浓度最高，其数值为 1.79×10^{14} spin/m^3，比春季（1.65×10^{14} spin/m^3）、秋季（1.04×10^{14} spin/m^3）和夏季（9.52×10^{13} spin/m^3）的平均值分别高 0.08 倍、0.72 倍和 0.88 倍。这可能是因为冬季集中供暖时大规模燃煤，贡献了大量的原生 EPFRs。而归一到单位质量的 $PM_{2.5}$，对应的 EPFRs 丰度分别为春季（3.71×10^{18} spin/g）、夏季（3.19×10^{18} spin/g）、秋季（1.92×10^{18} spin/g）和冬季（1.84×10^{18} spin/g），这可能是因为寒暖交替和沙尘暴等气候变化会造成春季 PM 上 EPFRs 丰度较高。通过这些 EPFRs 丰度的比较发现，西安 $PM_{2.5}$ 上 EPFRs 丰度比美国路易斯安那州巴吞鲁日大气颗粒物上 EPFRs（$2.46 \times 10^{16} \sim 2.79 \times 10^{17}$ spin/g）丰度大约高 10 倍（Chen et al.，2018b）。

根据大气颗粒物的空气动力学直径，可将其分为不同粒径。不同粒径的大气颗粒物所携带的 EPFRs 也各不相同，一般粒径越小，颗粒物上 EPFRs 浓度越大。德国研究者首次比较了不同粒径的大气颗粒物上 EPFRs 的量，发现 56～320 nm 的颗粒物上有明显的单一的且杂乱的 EPR 信号，而粒径小于 56 nm 和大于 560 nm 的颗粒没有明显 EPR 信号，说明 EPFRs 在这些尺寸范围内数量大大减少。不同粒径的颗粒自由基含量不同，小于 100 nm 的大气颗粒上 EPFRs 浓度最高，高达 $(7.0 \pm 0.7) \times 10^{17}$ spin/g。在北京，当大气中小于 1 μm 的 PM 浓度低于 50 μg/m^3 时（空气质量为优），TSP、PM$_{<1\mu m}$、PM$_{1.0 \sim 2.5\mu m}$ 和 PM$_{2.5 \sim 10\mu m}$ 中未检测到 EPFRs 的信号。在轻度污染天气，TSP、PM$_{<1\mu m}$、PM$_{1.0 \sim 2.5\mu m}$ 和 PM$_{2.5 \sim 10\mu m}$ 上 EPFRs 的浓度范围分别为 $8.9 \times 10^{15} \sim 3.9 \times 10^{16}$ spin/m^3、$1.1 \times 10^{16} \sim 1.9 \times 10^{16}$ spin/m^3、$1.0 \times 10^{15} \sim 1.7 \times 10^{15}$ spin/m^3 和 $0 \sim 9.8 \times 10^{13}$ spin/m^3。中度污染时，TSP、PM$_{<1\mu m}$、PM$_{1.0 \sim 2.5\mu m}$ 和 PM$_{2.5 \sim 10\mu m}$ 上 EPFRs 的浓度范围分别为 $8.9 \times 10^{15} \sim 3.9 \times 10^{16}$ spin/m^3、$2.5 \times 10^{15} \sim 3.9 \times 10^{16}$ spin/m^3、$1.8 \times 10^{15} \sim 6.7 \times 10^{15}$ spin/m^3 和 $0 \sim 7.8 \times 10^{14}$ spin/m^3。而在雾霾严重的天气，其浓度分别为 $1.6 \times 10^{16} \sim 4.5 \times 10^{16}$ spin/m^3、$2.7 \times 10^{15} \sim 3.5 \times 10^{15}$ spin/m^3、$2.9 \times 10^{15} \sim 1.4 \times 10^{15}$ spin/m^3 和 $5.1 \times 10^{14} \sim 2.2 \times 10^{15}$ spin/m^3。对应 TSP、PM$_{<1\mu m}$、PM$_{1.0 \sim 2.5\mu m}$ 和 PM$_{2.5 \sim 10\mu m}$ 中 EPFRs 的质量浓度为 $7.4 \times 10^{19} \sim 3.9 \times 10^{20}$ spin/g、$4.7 \times 10^{19} \sim 6.5 \times 10^{20}$ spin/g、$0 \sim 8.2 \times 10^{19}$ spin/g 和 $3.1 \times 10^{19} \sim 6.2 \times 10^{20}$ spin/g。其中，PM$_{<1\mu m}$ 和 PM$_{1.0 \sim 2.5\mu m}$ 的 EPFRs 丰度在同一个数量级上，但是比 PM$_{2.5 \sim 10\mu m}$ 高大约 10 倍，说明 EPFRs 更容易在细小颗粒物上形成（Yang et al.，2017；Arangio et al.，2016）。大气颗粒物上 EPFRs 的丰度不仅受其粒径影响，也受环境条件的影响。雨水和太阳光辐射也会影响颗粒物上 EPFRs 的丰度。降雨时，单位质量大气颗粒物的 EPFRs 明显低于其他天气中大气颗粒物上 EPFRs 的丰度，这可能是雨水对 EPFRs 的淬灭作用。而大气颗粒物在可见光照射下，单位质量的 EPFRs 丰度会上升 15%～65%，光照诱导了更多的 EPFRs 的形成。这可能也是造成夏季大气颗粒物上 EPFRs 浓度升高的原因。

实验室合成的颗粒物上 EPFRs 的丰度也各不相同，主要受前驱体有机分子、金属氧化物种类和反应温度等因素影响。如在氧化铜表面上，150℃下，苯酚形成的 EPFRs 丰度高，其次是邻苯二酚和单氯酚，1,2-二氯苯形成的 EPFRs 丰度最低。相同的前驱体分子，在氧化物表面随着反应温度升高，生成的 EPFRs 越多，温度继续升高，EPFRs 反而会减少。相同的前驱体在相同反应温度下，金属氧化物促进 2,4-二氯-1-萘酚形成 EPFRs 的能力依次为 Al$_2$O$_3$＞ZnO＞CuO＞NiO（Vejerano et al.，2018）。

与实际大气颗粒物上 EPFRs 的丰度相比，发现实验室合成的颗粒物 EPFRs 浓度比在环境 PM 中高出 1～2 个数量级，有学者认为可能因为大气中一些 EPFRs 已经衰减了。EPFRs 的衰减主要是由 EPFRs 与大气中的空气和水蒸气等物质反应以及自由基之间的相互反应导致的。大气颗粒 EPFRs 的衰减速率影响其寿命。

不同前驱体分子在金属氧化物颗粒表面形成的 EPFRs 的寿命各不相同。例如，化学吸附在氧化铜和 Fe_2O_3 上的有机前体（如苯酚、对苯二酚、邻苯二酚、邻氯苯酚、一氯苯和二氯苯酚）形成的 EPFRs 表现出衰减趋势。其中苯酚在氧化铜上产生的 EPFRs 表现出最长的寿命（约 74 min），对苯二酚在氧化铜上形成的 EPFRs 的寿命仅有 27 min。而同样的前驱体分子在 Fe_2O_3 上形成的 EPFRs 寿命要长得多，寿命最长的是由二氯苯形成的 EPFRs（约 4.6 d），最短的也有 1 d 的寿命（Lomnicki et al.，2008；Vejerano et al.，2012）。因此，EPFRs 的衰减速率与其前驱体分子和化学吸附的金属氧化物的性质有重要关系。而当苯酚化学吸附在氧化镍和氧化锌上时，观察到形成的 EPFRs 经历了两次衰变，即快速衰减（0.56 d）和缓慢衰减（5.2 d）。快速的衰变是由于苯氧基在高反应表面上分解成环戊二烯基。氯代芳环分子吸附在 Ni（Ⅱ）O/二氧化硅表面形成 EPFRs 的半衰期比 Cu（Ⅱ）O/二氧化硅上对应的自由基寿命长得多。自由基在 Ni（Ⅱ）O 表面的寿命较其在氧化铜表面的寿命高出 2 个数量级。但是这些观察到的半衰期是表面上所有的自由基的半衰期。而且在大多数情况下，苯氧基和半醌型的混合物存在，很难评估单个 EPFRs 物种的持久性。

　　实际大气颗粒物上 EPFRs 的衰减与实验室模拟颗粒物上的衰减亦不相同。William Gehling 和 Barry Dellinger（2013）系统地研究了 $PM_{2.5}$ 上 EPFRs 的衰减规律，发现 EPFRs 具有三种衰变：快速衰减、缓慢衰减和无衰减。快速衰减速率常数为 $0.05 \sim 0.002 \, h^{-1}$，相当于寿命为 1～21 d；缓慢衰减速率常数为 $0.002 \sim 8.00 \times 10^{-6} \, h^{-1}$，相当于寿命为 21～5 028 d。其中快速衰减可能是由苯氧基分解产生的快速衰变。而这种缓慢的衰变是由半醌自由基引起的，没有衰变是由限制在固体基质中的内自由基引起的（Gehling and Dellinger，2013）。而北京 $PM_{<1 \, \mu m}$ 样品被萃取后，EPFRs 萃取液的缓慢衰减的平均寿命为 59.2 d（范围 24.3～114.9 d）（Yang et al.，2017）。固体样品 EPFRs 衰减与液体样品不同，这个结果质疑了在三种类型的 EPFRs 衰变中是否只有半醌自由基能够在溶液和肺环境中持续存在并有害。对于见光照射下诱导 PM 产生的次生 EPFRs，其半衰期仅为 30 min 至 1 d，远短于 PM 上原有的 EPFRs。这说明太阳光诱导产生的次生 EPFRs 可能不稳定，有可能具有更大的环境风险（Chen et al.，2019b）。为了澄清大气 PM 中"持久性"自由基的性质，陈庆彩团队基于对大量样本（超过 130 个）的 EPFRs 测量，系统地评估了 EPFRs 在燃烧源和环境 $PM_{2.5}$ 中的衰变特征。EPFRs 含量随时间变化的时间最长为 2 年。研究发现，中国西安地区燃烧源和 $PM_{2.5}$ 中，寿命较长的 EPFRs（数年）是 EPFRs

的主要贡献者（80%）。EPFRs 在燃烧源颗粒中的衰减特征与 $PM_{2.5}$ 中的衰减特征高度相似，但与金属氧化物与芳烃相互作用产生的 EPFRs 中的衰减特征不同。且大气颗粒物的 EPFRs 在 N_2 中衰变速率，明显低于暴露在空气中的情况，空气湿度也会影响 EPFRs 的衰减，一般湿度的增加会加速 EPFRs 的衰减，这说明 EPFRs 容易与空气中的活性物质发生反应，如氧气等（Chen et al.，2019a；Wang et al.，2019）。因此，EPFRs 的衰减可能会诱导一些新的物质的生成，如 ROS 和自由基重组的有机化合物。

总之，大气颗粒物上 EPFRs 的丰度和衰减均是 EPFRs 的重要特征，对认识大气颗粒物 EPFRs 的环境归趋和环境行为具有重要意义，为评估其环境风险提供基础数据。

3.3 大气颗粒物中环境持久性自由基诱导活性氧的形成

大气颗粒物的 EPFRs 在空气中的衰减可能会诱导 ROS 的形成，这已经被学者大量研究证实。常见的 ROS 包括羟基自由基（·OH）、超氧自由基（·O_2^-）、过氧化氢（H_2O_2）、烷氧自由基（RO·）、过氧化物自由基（RO_2·）和半醌自由基等。Lavrent Khachatryan 等通过将一氯苯酚与氧化铜/二氧化硅颗粒反应后得到的 EPFR-颗粒物加入 5,5-二甲基吡啶 N-氧化物（DMPO）的捕获剂中，通过 EPR 检测到了 ·OH 和 O_2^- 的信号，首次证实了颗粒物上 EPFRs 可诱导 ROS 的形成，并提出了 ROS 的形成机理（图 3-3）。O_2 通过得到 EPFRs 的自由电子形成 ·O_2^-，·O_2^- 通过歧化作用形成 H_2O_2，在 EPFRs 或者重金属离子的作用下，H_2O_2 发生类芬顿反应生成 ·OH。且在酸性条件下，更易发生该反应（Lavrent et al.，2011）。该团队采用燃烧产生的颗粒物模型物质（如一氯酚/氧化铜），再次证明含有 EPFRs 的 PM 能够在颗粒表面进行氧化还原循环，导致持续产生 ROS。同时通过生物探针方法进一步确认了产生 ROS 的种类和丰度，并且发现在生物系统中大气颗粒物上 EPFRs 同样可以持续性地产生 ROS，尤其在肺泡上皮细胞表面液中 ·OH 产生得更多。这些为自由基在燃烧产生的 PM 毒性机制中的潜在作用提供了有价值的见解。基于实验室合成的模拟大气颗粒物上 ROS 的形成过程，该团队进一步提出了 $PM_{2.5}$ 上 EPFRs 通过氧化还原循环反应诱导 ROS 形成的过程（图 3-4），在这个循环中，大气颗粒物表面结合的 EPFR 在水中被去质子化，将氧还原为超氧阴离子。这个循环反应很好地解释了大气颗粒物上 EPFRs 与其诱导 ROS 的关系（Giuseppe et al.，2001）。其他研究者发现不同粒径的 PM 上 EPFRs 丰度不同，所产生的 ROS 也不相同。例如，大于 $1.0\ \mu m$ 的粒子的光谱主要由四个峰组成，这是典型的羟基自由基，而那些较小的粒子包含更多的信号峰，表明更多类型的自由基的存在。在小于 $1.0\ \mu m$ 的大气颗粒上，碳中心自由基占所产生 ROS 的主要比例：羟基自由基占 11%～31%，而超氧自由基所占比例最少。大量研究表明，$PM_{2.5}$ 上 EPFRs 诱导的 ROS 最多，所占比例最大，所造成的危害可能更大。随后，研究者在大气颗粒物的主要组分——二次气溶胶上也检测到了 EPFRs 和 ROS 的存在，进一步阐述了 EPFRs 对 ROS 产生的重要贡献（Arangio et al.，2016）。环境条件也会影响大气颗粒物上 ROS 的产生，例如，太阳光光照可使大气颗粒物上产生二级 EPFRs，它们极其不稳定，提示次生的 EPFRs 可能具有较高的化学反应活性。但是次生的 EPFRs 产生 $^1O_2$ 的能力与原始样品和原始样品的水溶性物质产生 $^1O_2$ 能力相似，并没有明显区别。同时，原始样品和被光照处理的样品产生较弱的 ·OH 信号，明显低于由 PM 中水溶性物质产生的 ·OH 的信号强度。可能是由于 PM 中某些还原性有机物等水不溶性物质可淬灭 ·OH 的（Chen et al.，2019b）。但是研究者并没比较光照前后样品产生超氧的能力，因此这个结果对于次生 EPFRs 产生 ROS 的能力并没有系统和科学的分析。

在氧化还原循环过程中，大气颗粒物上 EPFRs 在还原状态下可以还原氧气，产生超氧自由基，最终生成羟基自由基。而 ROS 是引起机体氧化应激的主要因素。这为认识大气颗粒物的环境风险提供了新的视角，有可能重新解释 PM 对人体健康影响的机制。

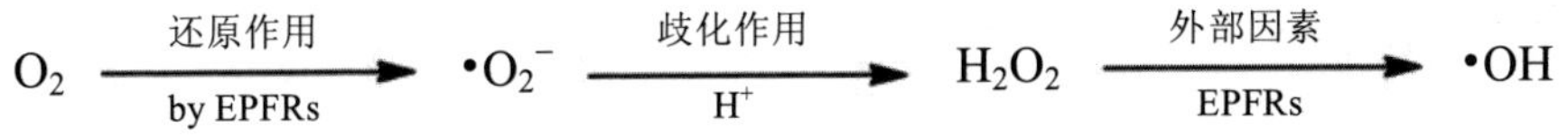

$$O_2 \xrightarrow[\text{by EPFRs}]{\text{还原作用}} \cdot O_2^- \xrightarrow[\text{H}^+]{\text{歧化作用}} H_2O_2 \xrightarrow[\text{EPFRs}]{\text{外部因素}} \cdot OH$$

图 3-3　EPFRs 诱导 ROS 形成过程

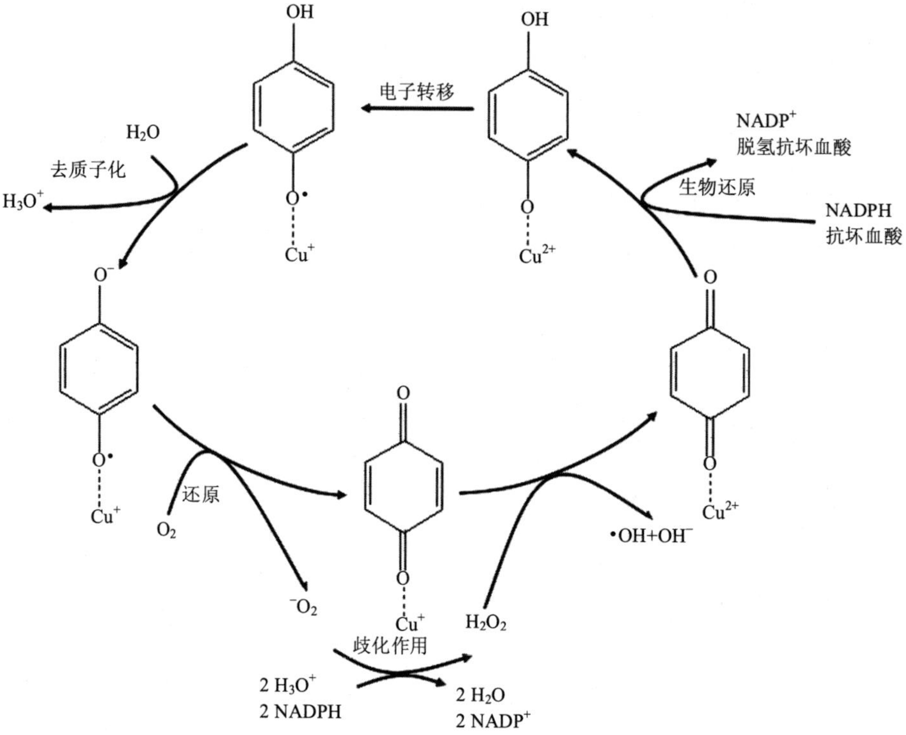

图 3-4　PM$_{2.5}$ 上半醌自由基产生 ROS 的机制（Giuseppe et al.，2001）

3.4　大气颗粒物中环境持久性自由基的危害

在过去的几十年里，世界各国在关于城市地区大气污染方面已经开展了相当规模的研究，主要涉及质量密度的时空分布、排放特征谱、来源解析环境转化和迁移以及人体暴露等方面，而对于大气颗粒物和新型有机污染物的环境行为以及人体健康效应的研究还有待进一步的完善和提高。2004 年世界卫生组织（WHO）评估了包括细粒子在内的大气颗粒物对人体健康的影响，指出 PM 与死亡率以及心肺疾病住院率等密切相关。关于大气颗粒物对人体健康的影响已有很多的研究报道，流行病学的调查和研究表明，可吸入颗粒物（PM$_{10}$）的浓度水平与人体的发病率、死亡率存在显著的相关关系，尤其与儿童、老年人和易感人群有极好的正相关性。2013 年 10 月，国际癌症研究机构综述了 1 000 余篇研究论文，正式认定 PM 为人类致癌物。2014 年，Barren 在流行病学研究证据的基础上对 PM 暴露的肺癌风险进行了估算，结果表明 $PM_{2.5}$ 每升高 10 μg/m³，肺癌的风险增加 9%。而 PM_{10} 每升高 10 μg/m³，肺癌的风险增加 8%。此外，超细颗粒物（$D<100$ nm）由于粒径小、数量多、表面积大、化学成分复杂，毒性强，且比细颗粒物更容易通过呼吸进入人体肺部而导致呼吸道疾病，对人体健康会产生更严重的危害，成为备受关注的重点大气污染物。人群流行病学和动物实验结果表明，大气超细颗粒物进入呼吸系统后会引起一系列如氧化应激损伤、呼吸系统炎症反应和肺纤维化反应等生物学反应。尽管研究已经证明，大气颗粒物的大小、形状和组成是决定毒性的重要因素，但是毒理学研究到目前为止还不能确定 PM 相关毒性的确切机制。目前主导的毒性假设是大气颗粒物可诱导其表面 ROS 的产生，进而对生物体造成氧化应激效应。那么能够诱导 ROS 的 EPFRs 可能与 PM 的毒性有关系。

2001 年，Squadrito 等首先提出了一个新的假设来解释 $PM_{2.5}$ 对肺的毒害机制。当 $PM_{2.5}$ 沉积在肺中时，$PM_{2.5}$ 可持续产生大量 ROS，它们可以通过氧化生物分子和/或触发促炎介质的释放而引起氧化损伤。ROS 的持续产生能力与 $PM_{2.5}$ 半醌类物质的氧化还原循环能力有关。这些半醌类物质可在 $PM_{2.5}$ 上形成大量稳定的自由基，进入体内后稳定的自由基可还原氧气产生 $·O_2^-$，从而进一步产生过氧化氢和羟基自由基。生物还原剂［如 AA、NAD（P）H、谷胱甘肽等］将被氧化的半醌类物质还原到还原状态，使其再次产生超氧化物自由基。增加超氧自由基的产生可促进超氧自由基与细胞一氧化氮的反应，导致过氧亚硝酸盐等相关活性物质的形成。这个过程可以在生物体内重复很多次，造成持久性伤害（Giuseppe et al.，2001）。随后，Dellinger 团队系统研究了 EPFRs 的生物毒性（Thevenot et al.，2013）。他们将带有 EPFRs 的燃烧产生的模型颗粒物进行幼鼠体内暴露，在低浓度暴露 24 h，大气颗粒物造成了溶酶细胞膜透性、氧化应激和脂质过氧化物。在此期间，小鼠经历了上皮细胞向间充质细胞的转变，包括上皮细胞形态的丧失、E-钙黏蛋白表达的降低、α-平滑肌肌动蛋白和胶原蛋白的增加。急性暴露时，也会造成幼鼠上皮细胞向间充质细胞的转变（EMT）。EPFRs 暴露于新生小鼠，造成其肺部 EMT，这可能为支持脓毒症和哮喘风险增加的流行病学证据提供解释。Fahmy 等同样采用 230℃热处理得到的一氯酚/CuO/SiO₂（MCP230）的细颗粒物，通过生物体内和体外暴露实验，进一步确认了颗粒物上 EPFRs 对肺的毒害作用（Fahmy et al.，2010）。体外研究表明，与不含 EPFRs 的对照颗粒物相比，含有 EPFRs 的颗粒会对细胞产生更大的氧化应激效应，造成更低的细胞存活率，这可能是 EPFRs 诱导了更多 ROS 引起的。进一步研究发现超细 MCP230 的确具有很强的细胞毒性，可在细胞内诱导大量的 ROS 产生，造成细胞内超氧歧化酶和过氧化氢酶的消耗，最终造成细胞死亡（Thevenot et al.，2013）。DCB230 也可以直接诱导培养的小鼠的心肌细胞氧化应激，导致线粒体去极化，启动一种固有的凋亡途径，导致细胞死亡。暴露于 DCB230 后 1～2 h，细胞线粒体膜电位显著降低，半胱氨酸天冬氨酸蛋白酶裂解显著增加，但 DNA 损伤和细胞死亡没有显著增加。暴露 8 h 后，胱天蛋白酶-3 和胱天蛋白酶-9 显著增加，DNA 损伤和 PARP 裂解，并伴有明显的细胞死亡。这些数据表明，与 PM 相关的 EPFRs 可能是与接触 PM 相关的生物效应产生的原因，至少是部分原因（Chuang et al.，2017）。但是，生物体内暴露实验表明，沉积在幼鼠肺部的 PM-EPFRs 并没有对肺造成显著伤害，未能改变暴露大鼠肺部的氧化还原平衡和引起肺部炎症。这可能与颗粒物的大小有关。与之相反，Balakrishna 等将新生大鼠暴露于含有 EPFRs 的 PM（DCB230）环境中，发现显著的肺部炎症，包括气道高反应性增加、白细胞总数增加以及肺细胞上皮细胞液中氧化应激标记物和各种细胞因子的增加（Balakrishna et al.，2009）。在他们的另一项研究中，经气管内灌注暴露于 DCB230 的成年大鼠，其体内细胞因子水平也会升高。最新的研究证明，燃烧衍生的 PM 相关的 EPFRs 会导致肺部免疫反应，表现为早期 Th17 细胞因子表达和随后的肺中性粒细胞炎症。EPFRs 诱导的肺中性粒细胞炎症依赖于 Th17 和 IL17A（Jaligama et al.，2018）。体外数据表明，EPFRs 诱导的气道高反应性（AHR）激活在一定程度上是由颗粒物产生氧化应激的能力介导的。大气颗粒物所携带的 EPFRs 被摄入生物体内后，在生物体内仍可持久存在，并且诱导 ROS 产生，造成生物体氧化应激效应，这些信息对今后评估大气颗粒物的危害提供了有效参考，对认识大气颗粒物对生物体的毒害机制提供了新的思路。

总之，大气颗粒物上 EPFRs 可诱导大量 ROS 的产生，对暴露的生物体具有较强的毒性，包括诱发肺部病变和哮喘、DNA 损伤，乃至细胞癌变，引发这些的机制也各不相同。但是，大气颗粒物上 EPFRs 对生物体的毒性机制仍需要大量研究，尤其是 EPFRs 在生物体内的转化以及与生物体之间的相互作用方式。

3.5　结论与展望

大气颗粒物来源广、移动性强、组成复杂、影响范围大，它也是环境持久性自由基的主要载体，决定了环境持久性自由基的环境化学行为和归趋。但目前对于大气颗粒物上 EPFRs 的丰度、生成机制、影响因素和健康效应等研究还处于起步阶段，对大气颗粒物上 EPFRs 的控制和清除还处于空白。

大气颗粒物上 EPFRs 丰度的调查具有重要意义，因为 EPFRs 丰度往往与空气污染状况有直接联系，是否能将大气颗粒物 EPFRs 的丰度作为今后环境空气质量标准考察目标之一，首先需要对大气颗粒物 EPFRs 丰度有一个清晰的认识。这需要更加全面、更加深入地对大气颗粒物 EPFRs 丰度进行监测，包括更多地区和更大范围等。

大气颗粒物上 EPFRs 的产生机制还不够明确。大气颗粒物组分复杂，大气环境条件多样，这些都会影响大气颗粒物 EPFRs 种类和形成途径。目前关于大气颗粒物上产生 EPFRs 的研究众多，但是对于 EPFRs 的形成机理还停留在统一的模型，也就是上述讲到的重金属对自由基的稳定作用机理。然而通过这一机理形成的 EPFRs 与实际大气颗粒物上 EPFRs 相比，不论是丰度，还是寿命均有很大不同；同时有研究者发现颗粒物上的黑炭类物质才是 EPFRs 的主要贡献者，而大量研究仍将碳质材料上 EPFRs 形成机理套用了这个统一的模型，这并不适用于黑炭上 EPFRs，因此，对大气颗粒物上 EPFRs 的形成机理需要做进一步的探究。之前的研究通过理论计算推算出有机污染土壤中可能产生的持久性自由基种类以及可能的形成途径。因此，有必要将持久性自由基的结构（微观尺度）与其产生条件和性质（宏观现象）联系起来，才能更好地认识持久性自由基的形成机制，为进一步研究持久性自由基的环境行为提供理论支持。

大气颗粒物 EPFRs 的环境特性之间的关系需要进一步的明确。EPFRs 具稳定性、持久性和反应性，三者相互关联、相互区分。结构的稳定性和存在状态的持久性影响其反应性，反之亦成立。三者由持久性自由基的结构性质决定，然而对外表现出环境特性，其中影响最为重要的是反应性。研究环境持久性自由基的危害与环境应用都源于其反应活性。Gehling 等根据空间分布将 $PM_{2.5}$ 表面存在的 EPFRs 分为内部自由基和外部自由基（Gehling et al.，2014）。内部自由基很稳定，基本不会衰减，也不会诱导 ROS 的形成，表现出反应惰性，而外部自由基衰减较快，可诱导 ROS 的形成，表现出反应活性，这说明了持久性自由基的反应活性受限于其在颗粒物上的存在位置。因此，考虑大气颗粒物上 EPFRs 的危害，不能仅仅考虑其丰度，而更应该考虑其稳定性和反应活性。

此外，EPFRs 会影响细胞的分子机理和信号通路。未来可以借鉴分子生物学的手段来探讨 EPFRs 对细胞膜、脂质和蛋白质等的作用，这将有助于了解控制相应疾病的发生和治疗。同时，EPFRs 对生物的直接影响仍需深入研究，如 EPFRs 是否可以直接损伤肺部等。最后，需要建立标准化的模型和分析方法量化风险，使得 EPFRs 毒性结果具有可比性。

参考文献

何翔，2017. 大气颗粒物表面非均相化学反应动力学的显微红外研究[D]. 北京：北京理工大学.

胡敏，唐倩，彭剑飞，等，2011. 我国大气颗粒物来源及特征分析[J]. 环境与可持续发展，36（5）：15-19.

刘永春，贺泓，2007. 大气颗粒物化学组成分析[J]. 化学进展，19（10）：1620-1631.

王帅，丁俊男，王瑞斌，等，2014. 我国环境空气中颗粒物达标统计要求研究[J]. 环境科学，35（2）：401-410.

阎杰，谢军，宋丽华，等，2017. 大气复合污染物及颗粒物间的多相反应对雾霾影响的研究进展[J]. 应用化工，46（9）：1779-1782.

张晓勇，吴建会，徐虹，等，2012. 城市大气颗粒物背景值涵义及定值方法[J]. 环境科学与管理，37（1）：80-84.

ARANGIO A M, TONG H, SOCORRO J, et al., 2016. Quantification of environmentally persistent free radicals，reactive oxygen species in atmospheric aerosol particles[J]. Atmospheric Chemistry, Physics，16（20）：13105-13119.

ASSAF N W, ALTARAWNEH M, OLUWOYE I, et al., 2016. Formation of environmentally persistent free radicals on α-Al_2O_3[J]. Environmental Science & Technology，50（20）：11094-11102.

BALAKRISHNA S, LOMNICKI S, MCAVEY K M, et al.，2009. Environmentally persistent free radicals amplify ultrafine particle mediated cellular oxidative stress，cytotoxicity[J]. Particle, Fibre Toxicology，6（1）：1-14.

CHEN Q，SUN H，MU Z, et al.，2019a. Characteristics of environmentally persistent free radicals in $PM_{2.5}$: Concentrations，species，sources in Xi'an，Northwestern China[J]. Environmental Pollution，247：18-26.

CHEN Q，SUN H，WANG M, et al.，2019b. Environmentally persistent free radical（EPFR）formation by visible-light illumination of the organic matter in atmospheric particles[J]. Environmental Science & Technology，53（17）：10053-10061.

CHEN Q，WANG M，SUN H, et al.，2018a. Enhanced health risks from exposure to environmentally persistent free radicals，the oxidative stress of $PM_{2.5}$ from Asian dust storms in Erenhot，Zhangbei，Jinan，China[J]. Environment International，121（1）：260-268.

CHEN Q，SUN H，WANG M，et al.，2018b. Dominant fraction of EPFRs from nonsolvent-extractable organic matter in fine particulates over Xi'an，China[J]. Environmental Science & Technology，52（17）：9646-9655.

CHUANG G C，XIA H，MAHNE S E，et al.，2017. Environmentally persistent free radicals cause apoptosis in HL-1 cardiomyocytes[J]. Cardiovascular Toxicology，17（2）：140-149.

FAHMY B，DING L，YOU D，et al.，2010. In vitro，in vivo assessment of pulmonary risk associated with exposure to combustion generated fine particles[J]. Environmental Toxicology，Pharmacology，29（2）：173-182.

GEHLING W，DELLINGER B，2013. Environmentally persistent free radicals and their lifetimes in $PM_{2.5}$[J]. Environmental Science & Technology，47（15）：8172-8178.

Gehling W，Khachatryan L，Dellinger B，2014. Hydroxyl radical generation from environmentally persistent free radicals（EPFRs）in $PM_{2.5}$[J]. Environmental Science & Technology，48（8）：4266-4272.

GIUSEPPE L SQUADRITO R C，BARRY DELLINGER，et al.，2001. Quinoid redox cycling as a mechanism for sustained free radical generation by inhaled airborne particulate matter[J]. Free Radical Biology，Medicine，31（9）：1132-1138.

JALIGAMA S，PATEL V S，WANG P，et al.，2018. Radical containing combustion derived particulate matter enhances pulmonary Th17 inflammation via the aryl hydrocarbon receptor[J]. Particle，Fibre Toxicology，15（1）：1-15.

JIA H，NULAJI G，GAO H，et al.，2016. Formation，stabilization of environmentally persistent free radicals induced by the interaction of anthracene with Fe（III）-modified clays[J]. Environmental Science and Technology，50（12）：6310-6319.

KHACHATRYAN L，VEJERANO E，LOMNICKI S，et al.，2011. Environmentally persistent free radicals（EPFRs）. 1. Generation of reactive oxygen species in aqueous solutions[J]. Environmental Science and Technology，45（19）：8559-8566.

LAVRENT K，ERIC V，SLAWO L，et al.，2011. Environmentally persistent free radicals（EPFRs）. 1. Generation of reactive oxygen species in aqueous solutions[J]. Environmental Science and Technology，45（19）：8559-8566.

LOMNICKI S，TRUONG H，VEJERANO E，et al.，2008. Copper oxide-based model of persistent free radical formation on combustion-derived particulate matter[J]. Environmental Science and Technology，42（13）：4982-4988.

SHALTOUT A A，BOMAN J，SHEHADEH Z F，et al.，2015. Spectroscopic investigation of $PM_{2.5}$ collected at industrial，residential，traffic sites in Taif，Saudi Arabia[J]. Journal of Aerosol Science，79：97-108.

THEVENOT P T, SARAVIA J, JIN N, et al., 2013. Radical-containing ultrafine particulate matter initiates epithelial-to-mesenchymal transitions in airway epithelial cells[J]. American Journal of Respiratory Cell, Molecular Biology, 48 (2): 188-197.

VEJERANO E, LOMNICKI S, DELLINGER B, 2011. Formation, stabilization of combustion-generated environmentally persistent free radicals on an Fe$_2$O$_3$/silica surface[J]. Environmental Science and Technology, 45 (2): 589-594.

VEJERANO E, LOMNICKI S M, DELLINGER B, 2012. Formation, stabilization of combustion-generated, environmentally persistent radicals on NiO (II) supported on a silica surface[J]. Environmental Science and Technology, 46 (17): 9406-9411.

VEJERANO E P, RAO G, KHACHATRYAN L, et al., 2018. Environmentally persistent free radicals: Insights on a new class of pollutants[J]. Environmental Science and Technology, 52 (5): 2468-2481.

WANG P, PAN B, LI H, et al., 2018. The Overlooked Occurrence of Environmentally Persistent Free Radicals in an Area with Low-Rank Coal Burning, Xuanwei, China[J]. Environmental Science and Technology, 52 (3): 1054-1061.

WANG Y, LI S, WANG M, et al., 2019. Source apportionment of environmentally persistent free radicals (EPFRs) in PM (2.5) over Xi'an, China[J]. Environmental Science and Technology, 53 (1): 193-202.

YANG L, LIU G, ZHENG M, et al., 2017. Highly elevated levels, particle-size distributions of environmentally persistent free radicals in haze-associated atmosphere[J]. Environmental Science and Technology, 51 (14): 7936-7944.

第 **4** 章

生物炭中环境
持久性自由基

4.1 生物炭及其应用领域

4.1.1 生物炭的制备及其理化性质

我国是种植业和畜牧业大国，随着农、林、牧、渔业的发展，产生了大量以农作物秸秆、畜禽粪便、壳类和污泥为代表的有机生物质，这些废弃物随意丢弃会占用大量土地，而焚烧更会造成严重的二次污染。生物炭的制备是近年来发展成熟的一种资源化方法，是将这些废弃生物质在缺氧条件下经高温热处理（如热解、气化、水热和闪蒸炭化）后所制得的固态物质，具有丰富的孔隙结构、较大的比表面积、较好的持水性、丰富的官能团和较强的吸附力，使其广泛应用于土壤改良和固碳、污染土壤和水体修复、能源和环境功能材料制备等方面。生物炭性质稳定、可溶性低、颗粒细、呈黑色蓬松状，主要元素由碳、氢、氧、氮及其他矿质元素组成，其中碳含量常在 30%～90%，平均碳含量为 64%。生物炭常呈碱性，这主要归因于它含有大量的碱性灰分和丰富的离域 π 电子，并且碱性随制备温度的升高而增强（Harvey et al.，2011），当然其表面含氧官能团（如羧基和羟基）也可能对 pH 有一定的影响。此外，与纤维素基生物炭相比，动物粪肥基生物炭的无机灰分总量较高（陶思源等，2013）。原料不同，碳含量也有差异，一般呈现为木质＞秸秆＞壳类＞粪污＞污泥。就木质碳而言，会随着裂解温度的升高，依次分解为半纤维素、纤维素和木质素，温度越高，原材料的分解越彻底，生物炭的产率越低。

除了原始的生物炭，还可通过改性技术来提升生物炭的功能，改性方法可以分为物理法、化学法和生物法，常见的方法主要包括球磨、酸碱/有机溶剂浸渍法、金属（或氧化物）负载法、紫外辐射法和生物方法等（张倩茹，2021）。球磨可增加生物炭比表面积和孔容积，使生物炭具有更负的 Zeta 电位、更丰富的含氧官能团和更强的污染物吸附能力；强酸强碱处理可以改变生物炭的比表面积和孔容等性质；通过金属负载法将金属单质或金属氧化物微纳米颗粒负载于生物炭，兼具金属颗粒和生物炭的优势，使生物炭具备磁性、催化性和特定吸附性等；等离子体产生的高能电子、离子和活性基团能够改善生物炭的孔隙结构，增大生物炭的比表面积；生物改性法是将某些具有特定功能的微生物与生物炭结合，可提高其降解污染物的能力。总之，通过改性技术可以增加生物炭的比表面积、孔体积、含氧官能团、Zeta 电位以及吸附能力，进而改变或提升原始生物炭的吸附、催化、分离和反应性能。

由于原材料、裂解温度、保温时间以及生产工艺的不同，生物炭的 pH、阳离子交换量、吸附性能、元素组成与含量、比表面积、孔隙结构以及表面电荷特性等结构和理化性质存在较大差异。如在同一热解温度下，不同原材料制得生物炭的 pH、元素含量以及表面官能团等差异明显，如表 4-1 所示（Singh et al.，2010；李明等，2015；周丹丹等，2016）。侯建伟等（2020）比较了不同作物秸秆加工制成生物质炭的理化性质，研究发现玉米、水稻和油菜的秸秆生物质炭均为多孔结构，但孔隙大小和形状各异，水稻秸秆炭的比表面积最大、油菜秸秆炭次之、玉米秸秆炭最小，而水稻秸秆炭的孔体积最小、玉米秸秆炭的则最大，油菜秸秆炭则具有更强的芳香性、亲水性和极性。

表 4-1　不同生物炭的基本性质（Singh et al.，2010；李明等，2015；周丹丹等，2016）

原材料	生物炭处理	pH	C 含量/%	K/(g/kg)	P/(g/kg)	CEC (cmol/kg)	酸性官能团	碱性官能团
水稻秸秆	400℃	9.9	55.7	53.1	3.05	19.6	315.6	168.9
	500℃	10.2	56.9	64.5	3.64	12.8	350.1	215.9
玉米秸秆	400℃	8.7	63.4	29.9	5.64	17.0	143.1	98.0
	500℃	9.7	65.1	29.6	6.22	3.98	40.6	166.1
柳桉木	550℃	8.82	94.7	2.36	0.22	9.12	—	—
	550℃活化	9.49	94.5	19.1	0.16	27.2	—	—
花生壳	400℃	9.48	73.8	—	—	—	—	—
家禽垃圾	400℃	9.20	48.3	24.85	5.76	14.51	—	—
牛粪	400℃	9.03	17.6	26.43	4.36	22.19	—	—
造纸污泥	550℃	9.22	32.5	0.52	0.38	22.7	—	—

注："—"暂无相应数据。

热解温度是影响生物炭理化性质的关键因素，李慧冉等（2019）研究了果树枝条在不同热解温度下制得生物炭的理化性质。研究结果表明，当热解温度由300℃逐步升高到900℃，生物炭的产率会由61%降低到24%。同时，生物炭的物理构造也会发生变化，随着热解温度升高，生物炭孔隙度和孔数量均有显著增加，相应的比表面积及孔体积也随温度的升高而增加，其吸附性增强。对于化学性质，随着热解温度由 300℃升高到 900℃，生物炭的 pH 由 7.3 显著升高到＞11.5；生物炭中碳含量会增加，氮、氧含量显著降低，而镁、硼、钾、钙、铜、铁等元素则呈现先升高后保持稳定的趋势；随热解温度的升高，阳离子交换量则表现为先下降后稳定的趋势（李慧冉等，2019）。进一步通过红外光谱分析表明，不同温度制得生物炭的主要官能团也有较大差异，在相对较低温度下，低温生物炭（＜500℃）表面主要的官能团包括脂肪 C—H、酯类 C＝O、O—H、—COOH、芳香 C＝O、芳香 C＝C、芳香 C—H 等官能团。当热解温度为 500℃时，生物炭表面官能团种类最多，醌类 C＝O 及酚类 O—H 基团红外信号强度最强，且不同的生物质原料所含有的官能团也存在一定的差异，例如水稻生物炭含有 C—O—C 基团，粪便生物炭则含有醌类 C＝O 和酚类 O—H 基团。随着热解温度的进一步升高，生物炭发生脱水、脱甲基、脱甲氧基等反应，脂肪类 O—H 和 C—H 官能团相对含量下降乃至消失，同时芳香类基团含量升高，也进一步证实了高温下芳香化程度的增大。随着热解温度的进一步上升，生物炭石墨化程度的增强，芳香 C 被消耗，芳香类含碳官能团如芳香 C＝C 基团减少甚至消失。

此外，生物炭具有一定的氧化还原活性，当电子供体或受体出现时，可进行得电子或失电子反应，其电子得失反应活性与表面官能团（如醌基、酚基、氢醌等）、自由电荷（电子）丰度、芳香性、导电性以及过渡金属含量等理化性质密不可分。其中生物炭表面酚、醌、氢醌等含氧官能团及自由电荷的类型和含量直接决定生物炭的潜在氧化还原性能，芳香性和导电性则影响生物炭基质介导电子传递的能力，而 Fe、Mn、Cu 等过渡金属含量和存在形态也对其氧化还原性有较大的影响。生物炭氧化还原活性同样会随热解温度等制备条件的变化而变化，在 200～600℃的温度范围，低温热解产生的松木生物炭主要表现为还原能力，由失电子能力强的酚类基团起主要贡献；中高温热解后主要表现为氧化能力，与得电子能力强的醌类基团及与共轭 π 电子结构相关联的芳香结构有关（Kluepeel，2014）。总体来说，松木生物炭的得失电子能力一般会随热解温度的升高而先增大后减小，这是由于在中温区间（400～500℃）热解时木质素和纤维素的转化产物带有大量的氧化还原活性基团，从而贡献了主要的电子得失能力。

生物炭的电子传递能力不仅与其氧化还原基团有关，而且与基质电导结构有关。基质电导结构包括与共轭 π 电子结构相关联的聚缩芳香结构，该结构可允许电子在共轭 π 电子体系中快速传递。一般来说，生物炭的 H/C 及 O/C 值随热解温度的升高而降低，也就是碳化程度随温度升高而增强，形成聚缩的芳香化程度（指数）随热处理温度的升高而增大，反映了高温下基质电导结构的大量形成，对高温热解所获生物炭的得电子能力起了主要贡献。例如，水稻秸秆生物炭在 500～900℃的中高温热解过程中，随着温度的升高，其得电子能力持续升高，这与松木生物炭相反，可能由于其高温时会产生更强的芳香性结构，从而得电子能力增强，氧化活性增强。此外，生物炭还可作为电子传递的媒介，介导或加速氧化还原反应的发生，该机制被称为"电子穿梭"作用。生物炭表面离域 π 电子结构的这种"电子穿梭"作用可促进土壤中脱氮微生物与 N_2O 之间的电子传递，也可促进微生物与有机物之间的电子传递，还可加速氧化剂（或还原剂）与有机/无机污染物之间的电子传递，促进其转化或降解。生物炭的电子传递能力与其 π 电子共轭结构和石墨化结构有关（马超然，2019）。

4.1.2　生物炭的应用

基于其低廉的生产成本、易得的原料来源、特殊的理化性质和丰富的官能团，生物炭广泛应用于各个领域，并被冠以"黑色黄金"之美誉，在保障农业安全生产、减少碳排放和减缓温室效应、解决能源匮乏问题，以及环境污染修复与控制等方面有着极大的应用潜力与价值。

生物炭在农业方面的应用可追溯到古老的印第安人，他们在亚马孙盆地将生物炭和有机物掺入土壤中改造成了肥沃的黑土，这种黑土可实现作物的增产和持续的稳产（Tenenbaum et al.，2009）。在亚洲的国家（如日本），采用相同的方式将生物炭应用于农业生产中也有长久的历史。近年来研究发现，生物炭对土壤的改良作用主要基于其优良的理化性质，生物炭的添加可改善土壤的孔隙度、阳离子交换能力、土壤肥力、蓄水能力、有机质含量、速效养分含量，以及微生物群落，从而可提升农作物抗逆能力、产量和质量。在结构上，生物炭疏松多孔，官能团丰富，比表面积绝大多数在 0～520 m^2/g，这些性质让生物炭具有高吸附容量，能有效提高土壤阳离子交换量，减少矿质元素流失，增加利用效率。若将生物炭施入土壤中，能提高土壤持水能力、改善土壤孔隙结构、降低土壤容重、增强土壤微生物的活性，从而提升土壤肥力；若施入的是酸性土壤，它还能消耗 H^+，提高 pH，从而改良酸性土壤，使养分的有效性增强。

当然，生物炭对农作物的影响也与生物炭的来源、土壤的类型、气候环境条件，以及作物类型有着较大的关系。刘园等将不同含量的生物炭以高、中、低量施加于北方潮土中，结果显示，经中量（6.75 t/hm²）和高量（11.3 t/hm²）生物炭处理后土壤容重降低 2.99%～10.4%，最大持水量提高 14.5%～15.0%，含水量增加 10.3%～20.2%，作物总产量最终提高 4.54%～4.92%（刘园等，2015）。Lehmann 等将 68 t/hm^2 和 135 t/hm^2 的生物炭分别施加于土壤中，结果显示，豇豆和水稻的产量分别提高了 17%和 43%（Lehmann et al.，1999）。此外，生物炭对土壤养分（如磷酸盐、K^+ 和 NH_4^+）具有较强的吸附和滞留性能，这有利于减少养分流失、提高养分利用、降低面源污染。陈温福等研究发现，将 50 t/hm^2 和 100 t/hm^2 的生物炭施加于紫色土和黑钙土后，紫色土中氮素淋失分别降低了 41%和 78%，而黑钙土中也有 29%和 74%的下降（陈温福等，2014）。此外，生物炭对磷酸根离子也有较强的滞留作用，且在酸性和砂质土壤中表现更为明显。当然，生物炭的施加对作物产量和养分循环的影响并非完全是正面效应，不同类型的土壤或不同的施加量往往表现出不同的结果，特别是施入量过大会降低作物的产量和品质。

除了粮食安全问题，温室效应也是当前人类面临的另一重大挑战。由于工业革命以来化石燃料的大量使用，大气中 CO_2 的浓度量已经从 18 世纪 60 年代的 280×10^{-6} 攀升到了当前的 410×10^{-6}，自然碳汇过程已经难以平衡人类的排放，由此造成的温室效应正在不断加剧，全球气温呈现总体升高的态势。据专家预测，21 世纪末大气 CO_2 的浓度可能达到 590×10^{-6}，全球平均气温将上升 1.9℃（Zhang et al.，2019）。陆地生态系统是最大的碳库，有报道指出，全球土壤每年向大气释放的碳量为 68 亿～100 亿 t，大约是化石燃料燃烧碳排放量的 10 倍以上（Watson et al.，2000；Lichter et al.，2005），因此，增加陆地生态系统碳汇、减少土壤中 CO_2 向大气的排放已经迫在眉睫。生物质的高效利用与还田是土壤固碳的主要途径，但进入土壤的生物质面临着被再次分解的可能性，有报道指出，70%～90%的碳最终还会排放到外界环境中。然而，如将生物质热解制成生物炭施加到土壤，不但可避免生物质直接燃烧排放 CO_2，而且生物炭的芳香环结构和活性官能团能够很大程度上抵抗来自外界的物理、化学和生物影响，使得其具有较高的惰性和抗降解性，可以长时间稳定存在，大大降低微生物对其矿化作用，从而减少了 CO_2 的排放（徐敏等，2018）。有报道称，一般生物炭在土壤中可以停留 1 000 年，甚至长达 10 000 年，从而减少大气中 CO_2 含量，增加土壤碳库储量，增加全球土壤碳库储量、减少温室气体排放、缓解温室效应造成的全球气候变化。除了 CO_2 的减排，引起温室效应的 N_2O 和 CH_4 也因生物炭的利用而减少。有报道指出，生物炭的施用还可通过改变土壤理化性质，提高与 C、N 循环相关的微生物细胞多样性，导致土壤微生物群落的变化，从而调节土壤 N 循环和 N_2O 排放（Xu et al.，2014）。Dong 等在稻田研究了生物炭对 CH_4 排放的影响，结果显示，与秸秆直接还田相比，在水稻生长周期内，将秸秆生物炭施入稻田可减少 47.30%～86.43%的 CH_4 排放（Dong et al.，2013）。也有研究发现在生物炭—土壤—水体系统中，CO_2、N_2O 和 CH_4 的减排总量与生物炭的质量呈显著正相关，这在一定程度上验证了生物炭有可能是通过降低土壤有机质矿化速率来实现增汇减排的假设（Spokas et al.，2009）。此外，掺杂钾的生物炭还增加了 45%的碳封存潜力（Mašek et al.，2019）。

生物炭作为生物质的转化产物，同样可应用于能源和建筑领域。传统使用的木炭便是生物质碳材料的一种类型，具有较高的热值固体燃料。同时，生物炭制备过程可产出焦油、裂解气等副产品，这些产物同样可以作为气体或液体燃料提升生物炭的附加价值，将其应用于生物炭的制备过程还可实现能源的高效循环利用（王欣等，2015）。此外，生物炭被认为是一种环保再生型的功能材料，因其独特的理化性质被广泛应用于建筑材料领域，包括替代水泥作掺合料、沥青改性剂、保水性介质、墙体功能材料和植被基质等方面（谭康豪，2021）。例如，生物炭可以作为一种掺合料添加剂，添加适当的生物炭可以改善的水泥基材中的孔隙结构，不仅能提高水泥、混凝土的综合性能，还能将无定形碳永久封存在水泥产品中，对减缓温室效应意义重大。生物炭可以作为一种改性剂，在沥青中适当添加可以改善其抗老化性能，延长路面服役寿命。

在环境污染控制领域，生物质碳材料可应用于水污染控制、土壤污染修复乃至有毒有害气体的净化，特别是在土壤污染方面有着广阔的应用前景。生物炭及改性生物炭对土壤中有机和无机污染物具有较大的去除潜力。有研究表明，生物炭对有机污染物的吸附能力是普通土壤的 400～2 500 倍，施用少量的生物炭即可大幅提高土壤对有机污染物的吸附容量（Yang et al.，2003），并表现出较强的剂量效应（Chen et al.，2011）。王廷廷等将质量比为 0.5%的生物炭施用于红壤、紫色土、黑土、黄壤和潮土等不同类型土壤中，发现生物炭的添加明显提高了土壤中氯虫苯甲酰胺的吸附能力（王廷廷等，2012），且吸附过程符合 Langmuir 模型和 Freundlich 模型。同时，生物炭的原料类型、制备条件和热解时间等因素都会影响生物炭对污染物的吸附效率和机理。土壤理化性质（如 pH、温度、有机物和氧化还原电位）可能会对生物炭与污染物的反应产生干扰，因此，改性生物炭可以优化生物炭理化性质和功能，能够在一定程度上提高其对土壤污染物的修复效果。

　　生物炭对土壤中无机物的吸附对象主要包括镉、铬、铅、汞、铜等重金属和氮、磷等营养元素。Chintala 等证实玉米秸秆生物炭可实现对 P 的吸附（Chintala et al.，2014）；Fan 等则报道了竹材生物炭在稀水溶液中可以有效吸附 NH_4^+（Fan et al.，2019）。Xu 等比较了动物粪肥基生物炭和木质纤维素基生物炭对土壤中镉的吸附性能，发现猪饲料生物炭最大吸附能力是麦秸生物炭的 10～15 倍（Xu et al.，2014）；这种差异主要由于原理类型对生物炭理化性质的影响。生物炭对无机污染物的吸附机理主要包括以下几个方面：①生物炭为碱性物质，施用于土壤后可提高 pH，对金属离子起到稳定/固定性能；②生物炭的多孔结构和大的比表面积可为无机污染物提供更多的吸附位点；③生物炭表面的官能团特别是含氧的羟基、羧基和酚类官能团对无机污染物的表面络合作用；④表面的 K^+、Na^+ 等阳离子与无机污染物发生离子交换、静电吸引作用；⑤生物炭原料所携带的 CO_3^{2-} 和 PO_4^{3-} 等阴离子可与重金属离子形成碳酸盐和磷酸盐，促使金属离子在生物炭表面的吸附和共沉淀（Chintala et al.，2014；易鹏等，2020）。生物炭对有机污染物的研究主要聚焦于抗生素、除草剂、杀虫剂、多环芳烃、多氯联苯、邻苯二甲酸酯等土壤环境中常见的污染物。生物炭对有机化合物的吸附与其表面性质有较大的相关性，且吸附能力与微孔表面积成正比（Han et al.，2013）。涉及的作用机理主要包括：①极性分配作用：生物炭表面含氧官能团基团和碳化部分与极性和非极性有机污染物之间的作用；②表面疏水作用：生物炭表面疏水基团与疏水有机污染物相结合；③电子供受作用：生物炭表面芳香结构与芳香物质之间的 π-π 电子供受体作用；④界面氢键作用：生物炭与有机物之间的氢键作用促进了其吸附作用；⑤微孔填充作用：污染物可吸附填充于生物炭的空隙结构，且膨胀作用可抑制有机物的解吸（Gu et al.，2016；Chen et al.，2017；Ren et al.，2016；Zhang et al.，2019）。由此可以看出，生物炭的理化性质与有机污染物的类型共同决定了其吸附机制。以抗生素（如磺胺甲嗪）为例，Teixidó 研究了生物炭对土壤中磺胺甲嗪的吸附作用，结果表明，高表面积的生物炭具有较强的稳定磺胺甲嗪的能力（Teixidó et al.，2011）；Zhang 等认为生物炭对磺胺甲嗪的吸附机理主要包括范德华力引起的分配作用和氢键相互作用引起的吸附（Zhang et al.，2016）。此外，生物炭还可作为有机废弃物堆肥中的添加剂，将生物炭作为堆肥添加剂能够丰富微生物群落的多样性，加快有机物的降解，使有机态养分转化为可溶性养分，提升土壤质量。生物炭堆肥施入土壤后还能够增加土壤含水量、pH、孔隙度、阳离子交换量及养分水平,并且降低土壤容重,为土壤有益微生物提供了适宜的生存环境和充足的食物来源,减少土传病害发生。

如上所述,生物炭可广泛应用于人们生产和生活的多个领域,但是生物炭的大规模生产和应用仍存在较多不确定性,有关生物炭负面影响的报道也屡见不鲜。有学者认为,在农业应用领域,生物炭的施加也可能会抑制农作物的生长发育,最终会影响作物产量;在固碳减排方面,生物炭的施加可能会影响碳氮循环,增加甲烷或氧化亚氮等温室效应更强的物质的排放,加剧温室效应;在环境污染控制方面,生物炭本身所带有的多环芳烃和重金属会引起环境污染和生态风险;在能源方面,生物炭制备过程中产生的副产物难以获得充分循环利用,仍需消耗大量的电、煤、气等化石能源,同时集约化、产业化、清洁化制备生物炭的技术还需进一步发展(Zhang et al., 2014)。生物炭的应用及环境化学行为如图 4-1 所示。

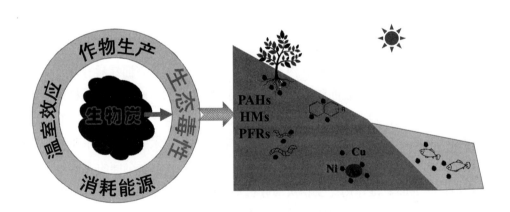

图 4-1　生物炭的应用及环境化学行为示意图

4.2　生物炭中环境持久性自由基的形成过程

除常规的理化性质外,近年来有关科研人员在生物炭表面检出多种环境持久性自由基(EPFRs),这一现象引起了生物炭研究人员和生产企业的极大兴趣。大量研究指出,生物炭在热解制备及储存使用过程中往往伴随着 EPFRs 的形成、衰减和次生自由基的产生,生物质类型和组成、热处理过程参数、后处理和储存环境等均对生物炭 EPFRs 形成过程影响显著。目前对于生物炭上 EPFRs 的形成过程、产生机制、理化特性和潜在风险有了深入的了解，清晰了生物炭制备条件（如原料类型、热解温度和反应时间）和外源物质（酚类化合物和过渡金属）对 EPFRs 特性的影响，同时探索了生物炭 EPFRs 在重金属离子吸附转化和有机污染物氧化降解中的应用。然而，目前已有的检测技术、所获研究进展和实施应用结果尚不能完全了解生物炭上 EPFRs 的存在形态和转化过程，但可以确定的是生物炭中的 EPFRs 是一把"双刃剑"。一方面，EPFRs 能够激活 $S_2O_8^{2-}$、H_2O_2 等强氧化剂，诱导高反应性的 ROS 生成，同时 EPFRs 还可作为电子穿梭体协助生物炭增强土壤微生物与污染物之间的电子传递，从而在土壤治理、污水处理中促进有机污染物的降解和无机污染物的转化。另一方面，生物炭上 EPFRs 诱导产生的 ROS 也可促使生物体产生氧化应激反应，可损伤 DNA 等生物大分子，从而引起生物体的病变，甚至导致癌症的发生。因此，深入探索生物炭中 EPFRs 的形成过程、稳定机制、与污染物的相互作用及其潜在环境健康威胁具有重要理论意义和现实价值。

4.2.1　生物炭中环境持久性自由基的丰度和类型

无论是利用生物炭上的 EPFRs 去除污染物，还是规避相关的环境健康风险，都不可避免地涉及 EPFRs 的丰度，它是 EPFRs 检测中一个必不可少的参数。环境介质中 EPFRs 的丰度通常使用电子顺磁共振波谱（EPR）进行测量。目前有关生物炭上 EPFRs 丰度的报道差异较大，一般处于 $10^{17} \sim 10^{19}$ spin/g（Fang et al.，2014；Qin et al.，2016）。这主要是由于不同原材料种类、制备温度、停留时间等参数都会影响到 EPFRs 的丰度。例如，与纯纤维素炭相比，纯木质素制备的生物炭具有更高的 EPFRs 丰度，这也进一步说明了生物质前驱体的芳香性是重要的影响因素（Yang et al.，2017；Liao et al.，2014）。

生物炭上 EPFRs 的环境效应除考虑其绝对量（丰度）外，还需要认识其类型，不同类型的 EPFRs 的反应活性（或环境稳定性）均不同。目前有关生物炭上 EPFRs 的分类方法较多，其中 EPR 通常被用于自由基信号的检测，因此 EPFRs 最常见的分类是根据 EPR 的信号参数，特别是 g-因子值（Trubetskaya et al.，2012；Liao et al.，2014）。具体而言，g-因子是电子的磁矩与角动量之比，未成对电子在不同的环境中表现出独特的 g-因子，故而 g-因子表明了顺磁性物种的性质（Vejerano et al.，2018），能够用来确定 EPFRs 是以碳为中心还是以氧为中心的自由基。一般来说，

当 g-因子值小于 2.003 0 时，EPFRs 是以碳原子为中心的自由基，如芳烃类自由基（D'Arienz et al.，2017）。当 g-因子值为 2.003 0～2.004 0 时，EPFRs 以碳原子和氧原子为中心自由基的混合物或是以孤电子附近有含氧官能团的碳原子为中心，例如苯氧自由基，当 g-因子值大于 2.004 0 时，EPFRs 是以氧原子为中心的自由基，例如半醌自由基（阮秀秀等，2007），也就是说，未成对电子越接近氧原子，g-值越大；氧中心自由基在大气环境中更稳定，而碳中心的自由基比氧中心的自由基更具活性，在空气中更易氧化（Ruan et al.，2019）。此外，自由基的类型还可按照基团的种类进行划分，包括芳香烃类、苯氧基类、半醌类等；也可根据生物炭上自由基所处的空间位置分为内部自由基和外部自由基；根据自由基的生成机制又可分为原生自由基和次生自由基；若在生物质前驱体中加入酚类化合物可提高氧碳自由基比率，加入过渡金属盐，则会降低氧碳自由基比率（Fang et al.，2015）。需要注意的是，EPFRs 的结构和类型还可以通过与表面基体或取代基作用而相互转变（图 4-2），以苯氧型自由基为例，未配对电子可以在该分子的不同原子上转移，从而形成不同类型的自由基，且在自然老化及应用过程中会随着生物炭结构和表面官能团的变化而发生相互转变（Dellinger et al.，2007）。同样，生物炭 EPFRs 类型与生物质类别、制备反应条件、过渡金属浓度及其种类等密切相关，特别是热解温度对生物炭有着重要的影响，在不同的温度下会生成不同类型的 EPFRs。有研究报道，空气中的 O_2 对 EPFRs 的存在具有显著影响，而其丰度和类型会随着酚羟基、苯氧基和半醌基等基团的反应和转化而发生转变。

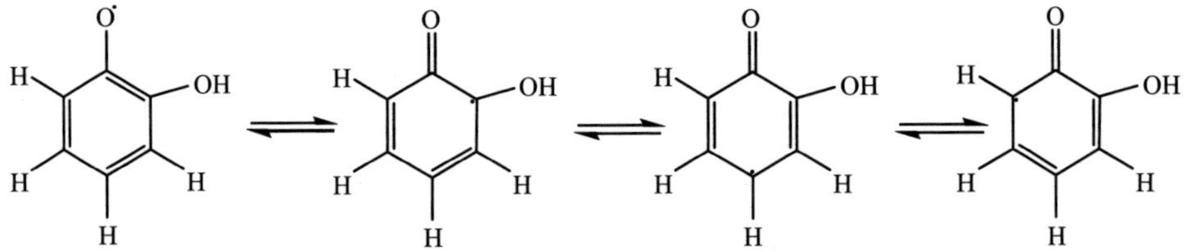

图 4-2 苯氧型自由基的相互转化（Dellinger et al.，2007）

4.2.2 生物炭中环境持久性自由基的形成过程与机制

生物炭中的 EPFRs 主要由热裂解过程中官能团化学键的断裂产生（马超然，2019）。按照热解温度，一般将生物炭热解过程分为三个阶段，第一阶段（≤300℃）首先出现水分的脱除和质量的减轻，伴随着部分化学键的断裂，羰基羧基的形成，同时有少量自由基的产生；第二阶段（300～500℃）的生物炭通常由耐热脂肪族和（聚）芳碳结构无序组成，它包括解聚、破碎和二次反应，在这一阶段生物质原料质量损失最多，以氧为中心和含氧碳为中心的 EPFRs 也会在这个阶段产生；第三阶段（500～700℃）为成碳阶段，产生以碳为中心和含氧碳为中心的 EPFRs 剧烈减少，当热解温度≥700℃时，生物炭以石墨化结构堆叠为主，固体残留物的分解归因于芳香化结构的缩合，随着温度的持续增加，这些多环结构变为主体，几乎没有 EPFRs 的存在（Emmanuel et al.，2020）。从热解的时间维度变化来看，在热解的初始阶段，生物炭上的自由基由羟基、苯氧基等基团所在的苯环侧链断裂产生，这些自由基分子量较小且易挥发，会迅速与外界分子反应而消失，引发自由基信号强度的快速下降；随着热裂解程度的进一步推进，大量自由基生成，并聚集在有限的生物炭表面，部分自由基相互反应而终止，但由于大分子的聚合结构或空间位阻作用，部分自由基较难与其他物质（或自由基）反应，从而稳定于生物炭；在冷却阶段，由于断裂的 C—C 键与氧气相结合，引发大量含氧自由基生成，EPFRs 信号强度大幅升高，这些自由基也可以认为是热解后的次生自由基，并由于空间位阻难以在分子链上移动，难以与其他自由基及分子反应，故而稳定下来。为认识生物炭中 EPFRs 的产生过程，Liao 等对水稻、玉米秸秆和小麦秸秆产生的 EPR 信号进行了原位观察（Liao et al.，2014）。研究发现，存在两个 EPR 信号强度下降的阶段，第一阶段是在 30 min 之前，其中可能涉及侧链断裂产生的自由基，这些自由基可能会迅速反应和消散；第二阶段是在 60～120 min，由于连续热解导致在有限的表面积上积累了大量的自由基，这些自由基之间的相互作用可能导致 EPR 信号明显降低。研究还发现，在 120～150 min 的冷却过程中，EPR 信号急剧增加，这可能是因为生物炭冷却时可以在不同方向收缩大分子结构，破坏化学键并产生额外的自由基。热解过程中 g-因子也发生了变化，从 2.005 0 以上下降到 2.004 3，在冷却过程中（120～150 min），g-因子会突然增加，同时 EPR 信号增加，这些自由基可能是由于断裂的 C—C 键与氧反应形成氧中心自由基而引起的，冷却一段时间后，EPR 强度和 g-因子都趋于稳定（Liao et al.，2014）。总之，当新鲜的生物炭被冷却并暴露在空气中时，许多以碳为中心的悬空键会与 O_2 结合，产生自由基产物。虽然许多自由基很快就被湮灭，然而，一些自由基由于广泛的 π 离域或存在于生物炭内部难以接触而持续很长时间，即形成 EPFRs（Pignatello et al.，2017）。

除了热解温度，生物炭原料的理化特性将直接影响生物炭的最终组成以及

EPFRs 的形成。不同原料中有机组分相差较大，就植物基生物炭而言，植物细胞壁中通常含有 40%～45%的纤维素、25%～35%的半纤维素、15%～30%的木质素和高达 10%的果胶等其他化合物（Kibet et al.，2012）。其中，半纤维素、纤维素、木质素在高温下发生一系列的脱羧、脱水、脱氢反应，使单键变为双键，饱和烃变为不饱和烃（杨芳，2007）。这些生物质组分的分解对温度有重要的依赖，半纤维素、纤维素和木质素的分解温度分别为 220～315℃、315～400℃和 160～900℃（Yang et al.，2007）。具体而言，半纤维素、纤维素在高温条件下通过解聚作用分解为低聚糖，纤维素链断裂成短纤维素链，然后其中 1,4-糖苷键均裂可能形成少量的自由基（Zhang et al.，2013）；同时 Liao 等的研究也再次证明，热解纤维素的 EPR 信号极弱，也就是说，纤维素对生物炭中 EPFRs 的生成起到的贡献较小（Liao et al.，2014）。相较而言，富含芳环结构及醌基等活性基团的木质素热解方式更为复杂，主要涉及以下 5 种模式：①C_α-苯环键的断裂；②C_β-醚键的断裂；③C_α-C_β键的断裂；④C_α-C_β脱氢反应；⑤去甲氧基化（Ken-ichi et al.，1994）。木质素通过这些反应模式可产生大量的自由基中间体，这些自由基中间体还可通过重组反应生成新的多环芳烃化合物，也可作为电子供体还原其他有机物分子生成其他类型自由基物质（Truong et al.，2008）。形成的 EPFRs 彼此之间相互作用、与生物炭颗粒相互作用，甚至与自由基反应中一些未配对电子形成大 π 键，这些作用都使得 EPFRs 更加持久稳定。简言之，热解是通过将较小的有机分子缩合成共轭芳香环，使生物质转化为生物炭，温度过高还会同时沿生物炭边界产生大量缺陷边缘，这将导致非自由基作用的增强（Keiluweit et al.，2010；Jeguirim et al.，2017）。

生物炭的无机组分中也常含有Fe、Cu等过渡金属，他们被认为是形成EPFRs的催化剂，通常在 EPFRs 形成过程中充当电子受体。半纤维素、纤维素、木质素产生的自由基直接/间接将电子转移给过渡金属，有利于EPFRs 的形成和稳定。此外，生物炭 EPFRs 的形成与一些特定的小分子有机物密切相关。这些有机物分子常常通过化学吸附过程附着于过渡金属氧化物颗粒表面，有机物分子基团上的电子转移至过渡金属原子上，其中有机物分子作为电子供体被氧化形成EPFRs，而过渡金属作为电子受体被还原。Fang 等认为生物炭由于热裂解作用产生大量醌类、酚类基团并向过渡金属传递电子，从而生成EPFRs 并稳定下来。Huang 等报道了生物质类型及其组成影响着生物炭中 EPFRs 的形成，他们发现，随着生物质中初始酚类化合物和金属含量的减少，生物炭中 EPFRs 含量急剧下降，且金属含量对 EPFRs 形成的影响远大于酚类化合物含量。

　　由此可见，通过界面过渡金属—有机分子电子转移途径形成 EPFRs 的过程中，有机分子前驱体是 EPFRs 形成的必要条件之一，通常包括醌、酚类化合物、氯代/羟基苯类化合物以及多环芳烃，常见的前驱体如图 4-3 所示（Pan et al.，2019）。芳香族前驱体需要一个容易给电子的质子，例如苯酚中的羟基上的氢（Nwosu et al.，2016），或者包含一个电负性原子，例如氯（Patterson et al.，2017）。除了取代苯能够形成 EPFRs 外，苯也能够形成稳定、持久的 EPFRs，即使苯环上的氢原子与过渡金属发生反应会干扰和削弱苯的芳香结构。D'Arienzo 及其同事运用密度泛函理论证明了苯可以在 CuO 上形成 EPFRs，他们注意到 Cu 共振强度发生了减弱，这表明 Cu^{2+} 接受了一个电子转化为 Cu^+。在形成过程中，O_2 首先激活 CuO，形成一个类似环氧化合物的结构，然后，苯与活化表面发生作用，苯的 C 原子与 CuO 中的氧原子相结合，继而苯提供氢原子形成酚类物质，最后通过电子转移形成酚氧基自由基。但是与取代苯相比，形成苯氧基自由基的可能性较小，因为它破坏了苯环的芳香性，苯只能形成低浓度的 EPFRs（D'Arienzo et al.，2017；Vejerano et al.，2018）。同时，富含电子的多环芳烃可能首先被氧化为酚类或醌类，从而形成半醌型或苯氧基 EPFRs（Wang et al.，2018）。现阶段的研究聚焦于 EPFRs 的表观生成，其前驱体影响的寿命、活性等也值得进一步研究。Song 等也研究了不同氯原子数的联苯，发现多氯联苯中氯原子数的增加可以提高相应半醌自由基的稳定性和持久性（Song et al.，2008）。探索前驱体与 EPFRs 之间的一般关系将有助于预测 EPFRs 的形成及其在环境中的行为，遗憾的是，目前还没有原位测量方法来研究 EPFRs 的类型和结构，更不用说根据前驱体的结构来预测 EPFRs 的性质了（Pan et al.，2019）。

苯酚　　　　对苯二酚　　　　邻苯二酚

氯苯　　　　2-氯苯酚　　　　1,2-二氯苯

图 4-3　常见 EPFRs 小分子前驱体

前驱体在 CuO、NiO、Fe$_2$O$_3$、TiO$_2$ 等过渡金属的作用下可以按图 4-4 所示形成 EPFRs，首先涉及前驱体的物理吸附，其中羟基或氯取代基与过渡金属氧化物表面相互作用；其次，过渡金属作为电子受体直接与前驱体发生化学吸附除去 H$_2$O 或 HCl，形成较强的化学键，傅里叶变换红外研究验证了这一步，当取代苯与金属表面化学结合时，3 600 cm^{-1} 处的 OH 延伸频率消失；最后则是氧原子上的一个电子转移到金属表面，在过渡金属发生还原反应的同时产生 EPFRs（Vejerano et al.，2011）。这种单电子转移成功地解释了大多数金属上 EPFRs 的形成，但是无法解释 ZnO 表面形成的 EPFRs，因为 Zn（Ⅱ）将被还原为不存在的氧化态 Zn（Ⅰ）。例如，在利用苯酚作为前驱体时，发现电子能够从 ZnO 表面向苯酚转移，但并不会形成金属锌（Thibodeaux et al.，2015），令人惊讶的是，ZnO 表面依然形成了 EPFRs，而且这些 EPFRs 的稳定性最强，但到目前为止，ZnO 表面形成 EPFRs 的机制仍属于未知，如此长寿命的 EPFRs 可能是因为不同的金属表面会产生不同的电场，影响电子的寿命，从而影响自由基的寿命（Vejerano et al.，2018）。进一步有研究指出，若上述过渡金属被有机质包裹而不直接与前驱体相接触，也不会阻止 EPFRs 的生产（阮秀秀等，2016；Dela Cruz et al.，2011），这是由于有机质能充当电子穿梭体。

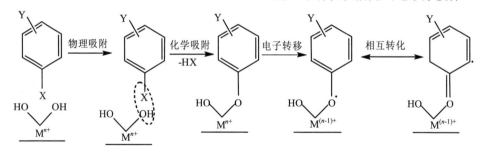

图 4-4　CuO、NiO、Fe$_2$O$_3$、TiO$_2$ 等过渡金属上 EPFRs 形成的过程（Vejerano et al.，2011）

由此可见，高温热解生物炭 EPFRs 的生成主要与以下两个因素密切相关：①生物质组分高温热解过程时发生化学键断裂形成 EPFRs；②生物质酚类和醌类等物质作为电子供体将电子传递给金属离子，从而形成 EPFRs。此外有机质还能作为电子受体，这可能与研究者发现无过渡金属时也能产生 EPFRs 有关，但与过渡金属相关的机理是目前的主流。因反应物的多样性，反应的复杂性以及合成方法的可变性，EPFRs 的形成机制尚未完全清楚，还需要系统的研究揭示其可能的形成机理。特别是在生物炭等复杂的环境介质中，生物质类型、组成、金属含量、热解条件等对生物质 EPFRs 的生成机制和过程均可能产生较大影响。

与高温热解相比，水热炭化的温度较低，且原料无须干燥，能耗相对较低，但同样会经历水解、脱水、脱羧、芳香化、缩聚等反应步骤，期间也伴随着去氧、脱氢、C—C 键等反应（王定美等，2013）。不同的是，半纤维素和纤维素的水解分别发生在 180℃和 200℃，但木质素的芳香族比纤维素和半纤维素具有更高的耐热性，在低温水热碳化过程中只有一小部分木质素可以分解（Qin et al.，2018），因此水热炭化的有机组分以半纤维素、纤维素为主。具体来说，在水热反应初期，半纤维素、纤维素的在亚临界水自电离生成的 H^+ 催化下开始发生水解反应，生成低聚糖，一些 C—C 等弱键断裂会产生一些单体自由基（Sabio et al.，2015；Sevilla et al.，2009），生物质组分在水热分解过程中形成的小分子产物（如酚类等）可通过化学吸附等作用结合于生物炭表面，然后通过电子转移形成自由基。随着反应进行，活性单体自由基能够捕获氢生成芳香族化合物，或通过脱水和碎片化反应生成其他中间产物和新的自由基。在较高水热温度条件下，甲氧基和乙醚基中的 C—O 键会发生断裂，而芳醚键等需要相对较高的温度才可能会断裂。由此可见，水热碳化反应温度和停留时间对自由基的形成具有重要影响。在水热碳化反应后期，生物质组分及其分解产物通过聚合、缩聚和芳构化等反应形成固体生物炭，而自由基反应中一些未配对电子在大 π 键作用下趋于稳定，形成 EPFRs。木质素通常是芳香环上的取代基发生反应，而芳香环本身不受影响，其转化主要通过碳氧键（如醚基、醌基）裂解产生低聚物残基，且碳氧键比碳碳键更容易断裂形成自由基。这些自由基通过提取氢生成芳香族化合物，或进行脱水和裂解反应以生成其他中间产物和自由基。而生物质组分及其分解产物通过聚合、缩聚和芳构化等反应形成生物炭（Barbier et al.，2012），产生的自由基通过化学作用附着于生物炭上，并形成 EPFRs。但总体来说，水热碳的 EPFRs 丰度远小于热解生物炭。

4.2.3　制备条件对环境持久性自由基形成的影响

炭化涉及复杂的物理化学转化，其中原材料组分、热解温度、反应时间都极大地影响着生物炭上 EPFRs 的类型和强度。反应停留时间对生物炭的炭化程度和 EPFRs 的产率有较大影响。

制备生物炭的原材料多种多样，从植物残体、动物粪便到生活垃圾都被广泛采用，这些原材料的有机、无机组分大相径庭。原材料的理化特性将直接影响所产生生物炭的最终组成，生物炭上所含芳香烃的种类、浓度、取代基的位置也都会存在巨大差异，原材料通过官能团的类型的差异影响着 EPFRs 的类型和丰度，同时不同原材料制备的生物炭在相同温度下显示出不同的 g 因子、谱线宽度和浓度，如表 4-2 所示。不同植物残体中有机组分含量的不同，影响着前驱体含量的高低，进而影响着 EPFRs 的浓度。植物组分（如半纤维素、纤维素、木质素等）的部分分解，可能形成苯氧基、环戊二烯基和半醌类自由基的前驱体化合物如对苯二酚、儿茶酚和苯酚（Odinga et al.，2019）。这些组分分解产生的 EPFRs 各不相同，例如，木质素的酚类前体可形成环戊二烯基、苯氧基和半醌类 EPFRs，其强度是由纤维素形成的生物炭的 5 倍（Pan et al.，2019）。与植物残体相比，动物粪便和生活垃圾中无机组分含量较高，在影响前驱体含量的同时，无机组分中过渡金属种类、浓度也都会影响也影响 EPFRs 的形成。

表 4-2　不同材料制得生物炭上 EPFRs 的特性（Singh et al.，2010；李明等，2015；周丹丹等，2016）

材料种类	g 因子	谱线宽度	浓度/（10^{18}spin/g）
松针	2.004 4±0.000 3	5.38±0.1	5.38±0.02
小麦秸秆	2.003 6±0.000 1	6.5±0.1	7.72±0.05
玉米秸秆	2.003 7±0.000 1	6.8±0.3	3.88±0.08
稻壳	2.004 1±0.000 1	2.77±0.05	6.9±0.1
牛粪	2.004 6±0.000 1	2.20±0.01	7.1±0.1

EPFRs 的生成需要一定的能量，现阶段研究较多的是热能、光能和等离子体，其中温度是热能的直接指标（韩林等，2017）。相较而言，热解温度不仅影响生物炭的结构特征和形态，而且影响原料有机组分的分解及官能团和芳香性的演变，进而将直接影响 EPFRs 的形成和种类。研究表明若温度小于 500℃，随着温度的升高，有机自由基前驱物易发生氢抽提等反应，生成 EPFRs（韩林等，2017），此时温度与自由基浓度呈正相关，与 g-值呈负相关；若温度大于 500℃，自由基浓度将降低，若进一步增加温度（700℃以上）不仅会显著地影响生物炭（石墨生物炭）的表面功能性、孔隙率和石墨碳骨架，而且大多数 EPFRs 会被分解，此时则以非自由基途径和单线态氧为主导发生反应，有机物的吸附成为决定反应速率的关键步骤，协同促进了电子转移和氧化降解。在 300～500℃的范围内，水稻秸秆生物炭上 EPFRs 信号强度随温度升高而增强，当温度高于 500℃时，自由基信号强度下降，松针生物炭和纤维素生物炭上 EPFRs 信号强度均呈现此规律（马超然，2019）。生物炭上自由基浓度和信号强度在 500℃时均达到峰值，这与生物炭

上醌类 C=O 及酚类 O—H 基团在热处理温度为 500℃时信号强度最高的现象一致。由此推测，由于热处理温度为 500℃时生物炭表面存在更多与 EPFRs 的生成有关的官能团，通过热解作用，发生化学键断裂从而生成自由基。热处理温度为 500℃时由于与 EPFRs 生成有关的芳香 C=C、醌类 C=O、酚类 O—H 基团较多，有利于 EPFRs 的生成。在 300～500℃的范围内，自由基的 g-值随温度上升而下降，表明由以氧中心自由基为主转化为以碳中心和氧中心的自由基组合，这个结果与生物炭的芳香性及芳香 C=C 基团信号强度随热处理温度的升高而增强的现象一致。通常情况下，热解温度和停留时间共同影响着生物炭上 EPFRs 的形成，Fang 及其同事在不同温度（300～700℃）、不同热解时间（1～12 h）下使用松针为原材料制备生物炭，他们发现当热解时间从 1 h 增长至 12 h，300℃和 400℃下生物炭上 EPFRs 的浓度呈显著增加，500℃和 600℃则迅速下降，700℃时 EPR 因信号太低而难以量化（Fang et al.，2014；Fang et al.，2015）。同时，随着热解温度和时间的增加，EPFRs 的 g 因子呈下降趋势。例如，300℃处理下 g 因子均大于 2.004 0，而 600℃处理下 g 因子均小于 2.004 0，这表明，在此过程中 EPFRs 的类型发生了变化，并呈现出以氧为中心的 EPFRs 向以碳为中心的 EPFRs 转变。在较低温度（300℃和 400℃）下形成 EPFRs 的最佳热解时间为 12 h，而在较高温度（≥500℃）下，热解时间为 1 h。对于上述结果，Fang 等解释为有机物分解产生 EPFRs 的前驱体（如酚类化合物等），这些前驱体会随着热解温度和时间的增加而分解，导致参与 EPFRs 形成的前驱体减少（Fang et al.，2014；Fang et al.，2015）。简而言之，在较低的热解温度和较短的热解时间下，以氧为中心的 EPFRs 是主要的组分，随着热解温度和时间增加，这些以氧为中心的 EPFRs 分解转化为以碳为中心的 EPFRs。随着热解时间和温度的增加，表面结合的半醌自由基（$g>2.004 0$）会分解为酚氧自由基（$g<2.004 0$），并且这些以氧为中心的 EPFRs 在相对高温下也会在没有 EPFRs 转化的情况下发生衰变。高温合成过程中 EPFRs 的形成也具有时间依赖性，EPFRs 信号的峰面积随停留时间的增加而显著减小，一方面，停留时间越长，EPFRs 形成过程中的活性部分降解越强烈；另一方面，形成的 EPFRs 分解和衰变的时间较长（Demirbaş et al.，2000；Ruan et al.，2019）。这些研究结果都表明温度和停留时间对于 EPFRs 的浓度和类型至关重要。不同温度下形成的 EPFRs 发挥作用的途径也有所不同，较低温度制备的生物炭是以 EPFRs 的氧化机制为主，而较高温度则是以非自由基途径和单线态氧为主导（Zhu et al.，2018）。

此外，过渡金属离子在生物质炭化过程中对 EPFRs 形成的有着双重影响。在相对较低的浓度下，过渡金属离子可以接受来自酚或醌部分的电子，并有利于生物炭中 EPFRs 的形成。但是过量的过渡金属离子也会消耗 EPFRs，因为 EPFRs 可以介导电子转移过程，加速 Fe^{3+}、Cr^{6+} 等过渡金属的还原，然后导致 EPFRs 的消耗（Qin et al.，2018）。

若采用水热炭化制备生物炭，固/液比也是生物质水热碳化的关键参数之一。若固/液比从 1∶2.5 降低到 1∶20，EPR 信号强度会明显降低，酚类 C—O 和 O—H 的峰值强度也相应减弱。换句话说，在生物质聚合物的断键中，更高的固体加入量可能会产生更多的 EPFRs。但是在较高的固体加入量下，需要较长的停留时间才能达到生物质转化的平衡，从而引起生物质量溶解在液相中的碎片较少，也就抑制了因溶解碎片再聚合而重新形成 EPFRs（Ruan et al.，2019）。

4.3 生物炭中环境持久性自由基的反应活性

如前所述，生物炭被广泛用于治理土壤、废水和沉积物中的污染物；大量的研究指出，生物炭对污染物的去除性能基于其较高的吸附率，然而，与活性炭相比，它的比表面积和孔隙率较低，研究者得出这种结论的原因很可能是因为污染物在生物炭表面直接降解，而表现出高吸附率的假象。这种直接降解或转化作用得益于生物炭中 EPFRs 的参与，这一假设从多名相关研究人员的结果中已经得到了证实（Yang et al.，2016）。EPFRs 对污染物的转化一般通过两种途径：一是生物炭上的 EPFRs 直接与污染物（如变价重金属离子和有机小分子）发生氧化还原反应；二是生物炭上的 EPFRs 可通过单电子转移反应将氧气分子活化为超氧阴离子，或通过双电子传递反应直接形成双氧水，进而通过类芬顿反应将双氧水活化为羟基自由基（图 4-5）。研究指出，ROS 的产量与生物炭中 EPFRs 的丰度呈线性正相关，随 EPFRs 丰度的增加而增加（Qin et al.，2018）。与瞬时自由基的高反应性相比，虽然 EPFRs 的反应性较弱，但是它仍然能在多个体系中发挥作用，如氧化还原体系、类 Fenton 体系、光催化体系等，以下将着重阐述 EPFRs 在上述三个系统中的反应活性（Wang et al.，2019）。

$$O_2 \xrightarrow[\text{EPFRs}]{\text{还原作用}} \cdot O_2^- \xrightarrow[H^+]{\text{歧化作用}} H_2O_2 \xrightarrow[\text{EPFRs}]{\text{外部因素}} \cdot OH$$

图 4-5 EPFRs 活化氧气产生 ROS 的反应路径

4.3.1 生物炭中环境持久性自由基的反应活性

现有研究表明生物炭的吸附过程只是将污染物从一种介质转移到另一种介质，无法达到消除污染物的目的，若将生物炭作为催化剂，污染物可以被矿化或还原为毒性较低、降解性更好的产物（Yu et al.，2018）。生物炭表面含有丰富的氧化还原活性部分，如醌、对苯二酚和共轭 π 电子系统，这些氧化还原活性部分可以同时作为电子供体和受体，提供丰富的氧化还原位点，促进 EPFRs 的电子转移以激活过硫酸盐、H_2O_2、O_2 等氧化剂，产生硫酸盐自由基和 ROS（Klüpfel et al.，2014；Qin et al.，2018；Chen et al.，2017）。以过硫酸盐为例，在用过硫酸盐为氧化剂除去污染物的过程中，生物炭上的 EPFRs 可直接激活过硫酸盐，且以氧为中心的 EPFRs 比以碳和氧为中心的 EPFRs 对过硫酸盐更具有反应性（Jia et al.，2018）。生物炭上的 EPFRs 将电子传递给过硫酸盐，诱导硫酸盐自由基（SO_4^-）的形成。生成的 SO_4^- 可与 H_2O 分子反应生成反应性极强的 ·OH。在有 O_2 存在时，EPFRs 还可将电子传递给 O_2，形成的 O_2^-，若 H^+ 也同时存在，则可通过歧化反应转化为 H_2O_2，最终 H_2O_2 在 EPFRs 的作用下分解为 ·OH。这些 ROS 与生物炭吸附的有机化合物相互作用，导致其氧化甚至完全矿化为 CO_2 和 H_2O，从而达到降解有机污染物的目的（Fang et al.，2015；Jia et al.，2018；Chiew et al.，2011）。EPFRs 激活 H_2O_2、O_2 的过程与过硫酸盐相类似，都会产生 O_2^-、·OH 等 ROS 来降解有机物。Fang 等研究了生物炭活化过硫酸盐对多氯联苯的降解作用，他们将 20 mg 生物炭分散在 19 mL 多氯联苯的水溶液中，结果表明，当 pH =7.4、温度为 25℃、过硫酸盐浓度为 8.0 mmol/L 时，反应 4 h，多氯联苯降解了 70%。生物炭中的 EPFRs 也可以在无外加氧化剂的情况下介导 ROS 的形成并降解污染物，但氧化剂的存在，能显著提高生物炭降解有机物的能力。Qin 等利用牛粪和稻壳在 300℃下制备生物炭，研究 1,3-二氯丙烯在生物炭溶液中的催化降解。即使生物炭浓度高达 333 g/L 和反应时间长达 384 h，1,3-二氯丙烯的去除效率（55%～95.5%）和反应速率（k_{obs}=0.35～1.47×10^{-4} min^{-1}）也显著低于使用氧化剂的例子（Fang et al.，2015）。

上述都是通过氧化还原活性产生自由基来达到降解污染的目的，但是自由基的产生并非污染物降解的全部原因。据报道，生物炭在高级氧化催化过程中还涉及到非自由基途径，例如 Yang 等指出生物炭上的 EPFRs 可以通过脱硝过程直接降解吸附在生物炭表面的对硝基苯酚，降解程度与 EPFRs 信号强度有关，数据表明产生的 ROS 只导致约 20% 的对硝基苯酚降解，而 80% 的对硝基苯酚直接与生物炭的非自由基活性位点反应（Yang et al.，2015）。非自由基途径主要受生物炭结构缺陷、碳原子杂化方式、表面官能团等因素影响（Duan et al.，2016）。Zhu等利用生物炭激活过硫酸盐的实验也进一步证明了：在高热解温度（＞700℃）下，EPFRs消失，不再是刺激过硫酸盐产生自由基的内在催化中心；非自由基途径（单线态氧的产生和表面受限的过硫酸盐络合物）主导了催化氧化。此外，他们将生物炭的制备温度从400℃增加到900℃，发现随着温度的升高，产生了更多的缺陷，并且与原始生物炭（BC900）相比，N掺杂（N-BC900）的碳层发生畸变，缺陷进一步增加。在900℃下，缺陷更为丰富，高温也将导致高石墨碳晶格π电子转移速度加快，促进未配对电子的传输。与BC900相比，N-BC900使污染物的去除率提高了6.5倍，这可能是由于N-BC900的N掺杂促进了有机污染物的吸附，从而促进了从有机物到PDS碳络合物的直接电子转移。然而进一步升高温度（＞900℃），将导致N-掺杂剂的严重损失和碳骨架的塌陷而显著降低催化活性（Zhu et al.，2018）。

EPFRs也能充当电子穿梭体。它先作为电子受体接受其他物质转移的电子，然后又作为电子供体将电子转移至重金属，起到改变重金属价态而达到降低毒性的效果，这种机理在利用生物炭结合微生物处理重金属时更为普遍。在重金属还原过程中，外界环境中的O_2和pH也起着重要作用。当生物炭上EPFRs作为电子穿梭体时，可使用乳酸作为电子供体。在缺氧条件下，利用小麦秸秆生物炭和异化金属还原菌还原赤铁矿时，发现在含有生物炭而无乳酸的情况下，可忽略Fe（Ⅲ）的还原，这表明该种微生物不能利用生物炭作为电子供体，后续的电子顺磁共振分析表明，半醌型EPFRs参与了氧化还原反应，这说明生物炭上EPFRs作为电子穿梭体介导了电子从乳酸分子转移至Fe（Ⅲ）（Xu et al.，2016）。Van等也证实了在酸性条件下（pH=2），生物炭上EPFRs作为电子受体与乳酸分子之间进行电子转移，然后又作为电子供体将电子转移至Cr（Ⅵ）将其还原为Cr（Ⅲ）（Zee et al.，2009）。

为了提高生物炭的催化活性，不少学者将生物炭进行改性处理，常见的有N、P、S、B以及金属掺杂来引入新的活性点位和官能团，以期通过共轭作用提高π-电子迁移率，改变局部碳原子中的电子密度，从而提高生物炭的活性。例如与C原子相比，N原子具有更高的电负性（3.04比2.55），因此掺杂N原子能可通过破坏电子分布和自旋来调节惰性碳晶格的电子性质，有效地促进邻近C原子的电子转移，并导致碳原子的高电荷密度（Zhu et al.，2018；Ding et al.，2020）。掺杂的 N 可分为吡啶型氮、吡咯型氮和石墨氮。其中石墨氮具有热稳定性，并且在氧化还原反应和过硫酸盐等催化反应中的催化活性更强。在使用 N 掺杂生物炭激活过硫酸盐时，过硫酸盐分子与邻近 N 的碳原子之间的吸附能明显增加，这意味着过硫酸盐更容易被氮掺杂的碳材料吸附，更有利于催化降解（Ding et al.，2020）。改性生物炭中的磷与 Cu（Ⅱ）和 Cd（Ⅱ）形成沉淀或络合物，对 Cu（Ⅱ）和 Cd（Ⅱ）的固定化起着至关重要的作用。最近的研究也表明，改性还能影响生物炭中 EPFRs 的类型和浓度。Fang 等用 HNO_3 改性的活性炭来降解邻苯二甲酸二乙酯（DEP），并使用 EPR 和水杨酸自由基捕获法对活性炭和 ·OH 浓度进行了定量测定，他们发现 HNO_3 改变了活性炭的表面特性、EPFRs 的丰度和类型，进一步促进了 ·OH 的生成。且随着 HNO_3 改性时间的延长，DEP 的降解效率显著提高，这是因为 HNO_3 处理导致活性炭中酸性官能团的减少和 EPFRs 丰度的增加，其中酸性官能团只能催化 H_2O_2 的分解，而 EPFRs 能将 H_2O_2 转化为 ·OH，降解 DEP（Fang et al.，2014）。

4.3.2 生物炭中环境持久性自由基在 Fenton 体系中的活性

Fenton 试剂是指酸性条件下 Fe^{2+} 与 H_2O_2 组成的混合溶液，Fenton 反应的实质是 Fe^{2+} 和 H_2O_2 之间的链反应催化生成 ·OH，具有较强的氧化能力，其氧化电位仅次于氟。另外，·OH 具有很高的电负性或亲电性，其电子亲和能高达 569.3kJ，具有很强的加成反应特性，因而 Fenton 试剂能够将很多已知的有机化合物如羧酸、醇、酯类氧化为无机态，特别适用于生物难降解或一般化学氧化难以奏效的有机废水的氧化处理，在印染废水、含油废水、含酚废水、焦化废水、含硝基苯废水、二苯胺废水等废水处理中有很广泛的应用（张传君等，2005；伏广龙等，2006）。研究表明，利用 Fe^{3+}、Mn^{2+} 等均相催化剂和铁粉、石墨、Cu、Co、Cd、Ag、Mn、Ni 的氧化矿物非均相催化剂同样可使 H_2O_2 分解产生 ·OH，因其反应基本过程与 Fenton 试剂类似，故称之为类 Fenton 体系。EPFRs 可以诱导类 Fenton 过程中 ROS 生成（Wang et al.，2019），在 EPFRs 诱导下，过渡金属成分发生类 Fenton 反应生成 ROS。

生物炭本身富含的含氧官能团和 EPFRs，已经能有效地催化 H_2O_2 生成 ROS 或硫酸盐自由基，进而降解水溶液中的污染物。若将生物炭上负载金属，在类 Fenton 反应的作用下，将进一步促进 ·OH 等 ROS 生成。纳米级零价铁（nZVI）作为 Fenton 试剂中 Fe^{2+} 的替代物，已成功地用于激活 H_2O_2，降解各种污染物。例如 Xu 等以纳米颗粒零价铁（nZVI）为催化剂，研究了非均相类 Fenton 体系对杀菌剂 4-氯-3-甲基苯酚（CMP）的去除效果，实验结果表明，在较低的 pH 和 CMP 浓度下，nZVI 可以加快降解速率，其机理如下：首先大约 93% 的氯从芳环中释放出来，脱氯主要归因于酚环结构上的羟基取代，它将氯代苯酚转化为酚类或醌类，脱氯后生成甲基对苯二酚等苯衍生物，再与反应式（4-1）、式（4-2）、式（4-3）中生成的 ·OH 反应，生成甲基对苯醌，甲基对苯醌的 C—C 键在 ·OH 的作用下断裂，最终形成一些小分子有机酸如草酸、乙酸和甲酸（Xu et al.，2011）。

$$2Fe^0 + O_2 + 2H_2O \longrightarrow 2Fe^{2+} + 4OH^- \tag{4-1}$$

$$Fe^0 + 2H_2O \longrightarrow Fe^{2+} + 2OH^- + H_2 \tag{4-2}$$

$$Fe^{2+} + H_2O_2 \longrightarrow Fe^{3+} + OH^- + \cdot OH \tag{4-3}$$

但 nZVI 的表面能较高以及与强磁相互作用，容易自身团聚，导致反应活性降低，因此常将比表面积巨大且成本低廉的生物炭作为载体材料稳定 nZVI，提高其催化性能。在用 nZVI/生物炭复合材料激活 H_2O_2 时，在 30min 内，nZVI—生物炭—H_2O_2 体系对三氯乙烯的降解效率达到 99.4%，总有机碳去除率为 78.2%（Yan et al.，2017）。铜基生物炭催化剂由于其氧化还原性能与铁相似而备受关注。制备铜基生物炭以激活 H_2O_2 降解四环素（TC），结果显示吸附和降解共同作用于 TC 的去除，但降解对 TC 的去除起主导作用。在 6 h 内，铜基生物炭—H_2O_2 体系对 TC 和 TOC 的去除率分别为 97.8% 和 96.2%，TC 的降解归因于生物炭和 Cu^{2+}/Cu^+ 氧化还原体系中自由基的电子转移过程。Cu^{2+}/Cu^+ 氧化还原体系能与 H_2O_2 反应生成 ·OH，如反应式（4-4）和式（4-5），因此铜基生物炭能有效地活化 H_2O_2 生成 ·OH，用于降解污染物（Fu et al.，2000）。此外，钴基、混合金属基、杂原子掺杂生物炭催化剂等也已经被证明能够成功的催化降解有机物。

$$Cu^+ + H_2O_2 + H^+ \longrightarrow Cu^{2+} + \cdot OH + H_2O \tag{4-4}$$

$$Cu^+ + \cdot OH + H^+ \longrightarrow Cu^{2+} + H_2O \tag{4-5}$$

4.3.3 生物炭中环境持久性自由基在光催化体系中的反应活性

EPFRs 不仅可以诱导类 Fenton 体系中 ROS 和硫酸盐自由基的生成，也有助于光催化体系中 ROS 的形成，同时研究表明光照下生物炭产生的 ROS 远高于黑暗中产生的 ROS。Chen 等系统地比较了生物炭和氢炭在黑暗和太阳光照射下对磺胺嘧啶的去除效果，他们认为，黑暗中 ROS 的形成很大程度上依赖于 EPFRs，而含氧官能团则是光照下 ROS 产生的主要原因。由于生物炭中 EPFRs 的含量远高于氢炭，而氢炭中含有更多的含氧官能团，因此，生物炭在黑暗条件下对磺胺嘧啶的去除率明显高于氢炭，但在日光照射下，生物炭的过氧化氢和氢氧化物的产率以及磺胺嘧啶的降解率明显低于氢炭（Chen et al.，2017）。当然，生物炭上的 EPFRs 也可实现 ROS 的光生。Fang 等研究了生物炭悬浮液中 ROS 的详细光生，他们发现在紫外光和模拟太阳光下，邻苯二甲酸二乙酯能被以 ·OH 和 $^1O_2$（单线态氧）为主的 ROS 有效降解并部分矿化。具体数据表明，生物炭炭基质（BCM）占 ·OH 生成量的 63.6%～74.6%，$^1O_2$ 生成量的 10%～44.7%，而由生物炭衍生的溶解有机物则生成了 46.7%～86.3%的 $^1O_2$ 和 3.7%～12.5%的 ·OH。他们认为 BCM 结合的持久性自由基（BCM-EPFRs）和 BCM 的醌样结构（BCM-Q）是影响 BCM 在光照下生成 ·OH 和 $^1O_2$ 的主要因素，ROS 的生成途径如下：①生物炭衍生的溶解有机物通过光诱导的能量和电子转移过程促进 ·OH 和 $^1O_2$ 的形成；②BCM-Q 在光照下形成激发的三重态（3[BCM-Q]*），并诱导 $^1O_2$ 的形成；③紫外光（UV）促进 BCM-PFRs 的形成，它们将电子转移到氧气中形成 ·O_2^-，进一步生成 H_2O_2，H_2O_2 则通过 BCM-PFRs 活化和光 Fenton 反应产生 ·OH，上述具体途径见图 4-6（Fang et al.，2017）。

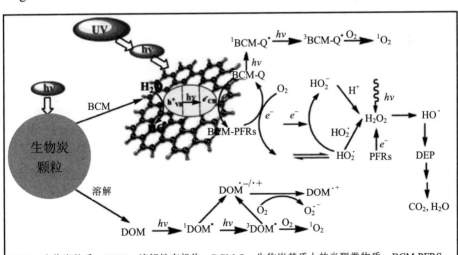

BCM：生物炭基质；DOM：溶解性有机物；BCM-Q：生物炭基质上的半醌类物质；BCM-PFRS：生物炭基质中的持久性自由基；PFRS：持久性自由基；DEP：邻苯二甲酸二乙酯；hv：模拟太阳光照；UV：紫外光；^{1}BCM-Q*：激发单重态生物炭基质上的半醌类物质；^{3}DOM*：激发三重态溶解性有机物

图 4-6　光照下生物炭悬浮液生成活性氧（Fang et al.，2017）

除上述利用生物炭上的 EPFRs 去除污染物外，生物炭还可作为一种很好的光催化剂载体，在光催化剂中引入生物炭具备如下优势：①由于高吸附容量而促进光降解过程；②扩大光吸收范围；③提供有效的电子转移通道和受体，以加强光生电子—空穴对的分离（Wang et al.，2019）。例如 TiO_2 的光催化性能受限于电子和空穴的快速复合，其相对较宽的带隙和团聚，可通过引入生物炭缓解这些问题。Zhang 等也成功合成了用于降解磺胺甲恶唑的 TiO_2—生物炭复合材料，该材料分散性好，团聚少，光催化降解效率高（Zhang et al.，2017）。此外，杂原子掺杂生物炭催化剂除在类 Fenton 体系中的应用外，也可应用于光催化系统。在800℃下，将生物炭暴露于 H_2S 中处理 3 h 后，其光催化活性是 TiO_2 的 30 倍，在人工太阳光照射下，S 掺杂的生物炭在 300 min 内去除了 100% 的亚甲蓝（Matos et al.，2016）。

4.4 生物炭中环境持久性自由基的寿命与稳定性

与高反应性的瞬时自由基（如羟基自由基、苯基自由基、乙烯基自由基和甲基自由基）不同，EPFRs 是一种稳定（抗衰减）、低反应（与其他分子或自由基反应的能力小）的自由基，可在环境中稳定存在数分钟、数月，甚至数年之久。这种稳定性可归因于其复杂的芳香族结构或有效的空间位阻。对于生物炭而言，除表面键合的芳香结构携带 EPFRs 外，其颗粒或空隙内部亦存在大量的 EPFRs，而这类结构存在阻止氧分子进入和反应的局域微环境，使得 EPFRs 能够抵抗氧化或自由基之间的反应（Vejerano et al.，2018）。即使附着于生物炭表面的 EPFRs，由于其以化学键的方式结合在表面基团或碳结构，与生物炭颗粒发生强烈的相互作用，同样增加其自身的稳定性（Gehling et al.，2013）。

4.4.1 生物炭中环境持久性自由基的寿命

一般来说，环境介质中 EPFRs 的衰减可分为快速衰减、缓慢衰减和无可测量衰减，后两种衰减模式证明了 EPFRs 的极端持久性，快速衰减和缓慢衰减分别对应于苯氧基型自由基和半醌型自由基的分解，而无可测量衰减则可能因为自由基限制在固体基质（内部自由基）中（Ruan et al.，2019；Vejerano et al.，2011；Gehling et al.，2013）。为了明确碳质颗粒上 EPFRs 的稳定性，我们研究了不同温度制得生物炭在浸水处理前后 EPFRs 的峰值变化，用以证实生物炭在空气和水体中的寿命。如图 4-7 所示，新鲜制备的生物炭在空气中前 20 d 内衰减的较快，在后期衰减速度减慢，到达 45 d 时衰减大致停止，随后趋于稳定［如图 4-7（h）］。同时表明，随着裂解温度的增高，EPFRs 衰减周期变小。550℃制备生物炭的 EPFRs 在 40 d 左右衰减完全，600℃制备生物炭的 EPFRs 在 14 d 左右快速衰减完全。该结果表明，生物炭制备温度越高，其内部 EPFRs 衰减速率越快，其主要原因在于高温下制备的生物炭内大分子分解成大量的小分子，小分子易在分子链上移动与其他自由基或不同类型的分子发生反应。如图 4-7（i）所示，浸水处理后的生物炭上的 EPFRs 较为稳定，前 10 d 内有所衰减，35 d 后达到稳定状态。

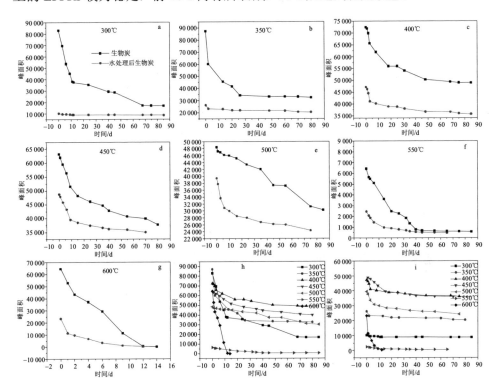

图 4-7　不同温度生物炭上 EPFRs 峰面积随衰减时间的演化

如上所述，不同类型 EPFRs 的稳定性不同，生物炭上存在的不同类型 EPFRs 的寿命也存在较大差异。我们研究了浸水处理前后生物炭上各类 EPFRs 呈现不同的衰减趋势。浸水处理前，含氧碳自由基衰减速率最快，以碳为中心的自由基衰减速率其次，以氧为中心的自由基衰减速率最慢。浸水处理后的生物炭上四类 EPFRs 衰减速率则表现为，以碳为中心的自由基衰减速率最快，以氧为中心的自由基衰减速率最慢。通过对比发现，以碳为中心的自由基在浸水处理前后的衰减速率接近，表明浸水处理并不影响生物炭上以碳为中心的 EPFRs 的衰减，这解释了水处理前后生物炭在前期老化中 EPFRs 浓度持续下降的现象。同时，我们发现浸水处理前后的生物炭上以氧为中心的自由基衰减速率最小，因此，以氧为中心的 EPFRs 可能就是生物炭上最为稳定的自由基，这一结论也解释了随老化时间延长生物炭上 EPFRs 的持续稳定存在的现象。新鲜制备的生物炭上含氧碳自由基衰减速率远远大于浸水处理后衰减速率，表明新鲜制备的生物炭上含氧碳自由基易于衰减，浸水处理后生物炭上以氧为中心的碳自由基衰减较为缓慢。总体来说，以上结果表明，生物炭上以氧为中心的 EPFRs 最为稳定，寿命最长，以碳为中心的 EPFRs 衰减速率较快，含氧碳自由基易发生反应导致衰减速率减弱。

同时，Liao 等研究了玉米秸秆、水稻秸秆和小麦秸秆制备生物炭上 EPFRs 的寿命，研究发现，空气自然老化一个月后这些 EPFRs 信号的衰减不到 10%，这表明这些检测到的 EPFRs 具有持久性，他们将其归因于在相邻的固体颗粒表面产生的 EPFRs 能够与颗粒强烈相互作用，并通过空间位阻稳定下来（Liao et al.，2014）。而且 EPFRs 之间的结合和协同作用还可进一步强化了这些基团的稳定性（Dellinger et al.，2007）。Chen 等将生物炭在土壤中老化 30 d 后，其上的 EPR 信号未发生衰减，他们认为这种持久性得益于 EPFRs 与生物炭固体表面的相互作用，从而赋予了自由基额外的稳定性；并且他们还发现生物炭中水溶性组分和有机溶性组分的去除对生物炭中 EPR 信号强度的影响较弱，而与生物炭的芳香性呈正相关，这进一步证实了 EPFRs 的产生很大程度上依赖于生物质的芳构化作用（Chen et al.，2017）。

4.4.2　生物炭中环境持久性自由基的演变过程

生物炭运用于环境后，在不断变化的水热条件下，多种生物与非生物共同作用使生物炭被降解，至少其表面会迅速氧化，从而导致生物炭物理结构、化学性质发生变化，上述过程称为"老化"（吴文卫等，2019；阴文敏等，2019）。老化进程中，生物炭逐渐从外部到内部进行降解，生物炭的芳香簇不断变小（易鹏等，2020），形成的氧化生物炭将越来越稳定、越来越难以降解（Bird et al.，1999）。此外，老化生物炭的特性还会因原料种类和热解温度而表现出多元性。在稳定性方面，不同原料制备的生物炭在环境中的稳定性各不相同，由秸秆制备的生物炭在环境中的平均停留时间只有 39 年（Hamer et al.，2004），而黑麦草制备的却可以达到 2 000 多年（Kuzyakov et al.，2009）；与老化的秸秆炭相比，老化的粪便炭极性基团丰度的变化较秸秆炭更为敏感，造成这种现象的原因可能是因为粪便炭中非芳香族碳含量较高而芳香族缩合度较低，从而使其稳定性相对较低（Jin et al.，2017；Andrew et al.，2013）。在热解温度方面，老化过程中低温生物炭与高温生物炭相比其 CEC 含量高，同时老化生物炭表面酸性官能团含量随热解温度的升高而降低，生物炭对空气的敏感性也随热解温度的升高而降低，并形成更加稳定的芳香族结构（Carrier et al.，2012；Harry et al.，2006）。前面详细阐述了制备过程中 EPFRs 与热解温度的关系，然而在老化过程中，EPFRs 与热解温度的联系有待进一步探究。

　　当生物炭施用于环境后，相关的生物地球化学反应过程可能发生在环境小分子（如氧气）与生物炭、土壤与生物炭、水相与生物炭、生物体与生物炭之间的界面，抑或是它们共同的相互作用中，这些反应使得次生 EPFRs 的形成成为可能（Rex et al.，1960；Dela Cruz et al.，2013）。同时，生物炭氧化速度虽然较慢，但老化前后生物炭表面的官能团发生了一定的变化，生物炭表面不稳定的碳可能由于温度、水分或微生物的作用发生分解而流失，导致碳元素的下降；同时，在外界环境的作用下土壤元素生物炭表面发生氧化，芳香族结构逐渐被破坏，边缘的苯环由于与中心芳香簇相连的化学键少，形成更多含氧官能团，导致氧元素增加，O/C 比增加，这一过程可能会在短时间内增加生物炭上 EPFRs 的丰度，以碳为中心的 EPFRs 可能逐渐转化为以氧为中心的 EPFRs（陈昱等，2016）。随着老化的进行，生物炭表面含氧官能团如羧基、羰基及 EPFRs 等（Joseph et al.，2010；Guo et al.，2014）的增加提高了生物炭表面的活性，有利于增强了生物炭的吸附和反应能力（Mia et al.，2018）。与此同时，生物炭也可能因为老化而导致稳定性降低，使其自身更容易降解（Mia et al.，2017），导致一系列生物炭的组分（溶解性有机质和溶解性炭黑）和生物炭内源污染物的释放，包括碳颗粒内部 EPFRs 的重新暴露，这些活性物质同样能够增强其吸附反应能力（Chen et al.，2018；Chen et al.，2019）。也有研究指出，由于生物炭在老化过程中与土壤以及水分的接触、挤压造成了生物炭孔道破碎，导致孔道连通性增强、平均孔径变大，此外在老化过程中生物炭中大部分可溶活性成分经田间干湿交替作用后淋失，使得生物炭表面点位变多，可能会增大孔道内 EPFRs 暴露的可能性（轩盼盼等，2017）。此外，生物炭的老化也促进了生物炭与矿物质、腐殖质之间的相互作用，形成有机无机复合体；随着时间的推移，这些生物炭—土壤有机质复合体会不断形成并逐渐趋于稳定，屏蔽了表面或结构中的 EPFRs，降低了其表面的活性（或反应性）（陈颖等，2018）。然而，随着老化时间的延长，生物炭发生降解，表面碳层随着氧化逐渐剥离，生物炭随之变小，土壤中生物炭老化时间达到上千年时，生物炭的降解逐渐从表面转移到内部，颗粒将变得越来越小，甚至变为只有 6 个共轭苯环的芳香簇（易鹏等，2020），在此阶段中，EPFRs 是否仍然存在尚不为人知。综上所述，生物炭老化过程极其复杂，在此过程中 EPFRs 演变过程与机制也是由多种因素所决定，需要进行更为深入的研究。

除了生物炭自身携带的有机物能在环境中形成次生 EPFRs 外，在生物炭降解有机物的过程中，由于生物炭具有与腐殖质类似的氧化还原能力，以及其自身常含有过渡金属元素，生物炭可能与有机污染物甚至降解产物相结合，生成新的更加稳定的 EPFRs。例如在将生物炭加入溶液的初期，会有大量的 EPFRs 存在于溶液中，虽然自由基在溶液中反应时活化能降低，但仍能进行相关的反应，EPFRs 可以分解形成环戊二烯自由基，然后与金属氧化物表面重新结合形成萘的衍生物，进而可能形成次生 EPFRs（Vejerano et al.，2011；Vejerano et al.，2018）。而 EPFRs 在与生物体相互作用时，除了通过体内体外产生 ROS 外，是否会形成次生 EPFRs 以及其形成机制目前尚不清楚，有待进一步研究。

4.4.3 环境条件对环境持久性自由基演变趋势的影响

尽管EPFRs 具有相对持久的稳定性，但其结构和寿命也会受外界因素的影响，如温度、湿度、氧气等（Dellinger et al.，2007）。自由水的存在不但会影响 EPFRs 的形成，而且会促使 EPFRs 的衰减。有研究指出，水分能够在生物炭表面形成水化膜，与有机自由基或路易斯酸活性中心反应或络合（Jia et al.，2016，Ruan et al.，2019），破坏电子共享系统（Li et al.，2016），从而减少 EPFRs 的生成或消除已经存在的 EPFRs。在我们之前的工作中观察到，多环芳烃基阳离子与水的反应比与 O_2 的反应更容易发生，通过电子与水分子的反应可以生成 ·OH 自由基，因此在湿润的条件下会比在干燥的环境中生成更多的 ·OH 自由基，但湿度过高会抑制 EPFRs 的形成或导致 EPFRs 快速衰减。在空气中亦是如此，据报道，在较低范围内湿度的增加能够使 EPFRs 丰度少量提升，当空气相对湿度增长到 75% 时，EPFRs 的衰减速度比相对湿度在 22%～38% 的空气中快 5 倍，比绝对干燥条件下快 71 倍（Ugwumsinachi et al.，2016）。将生物炭施入有机质含量高的土壤中，当相对湿度较高时，EPFRs 更容易衰减，因为不仅生物炭具有亲水性，土壤矿物质和有机质也具有亲水性，容易吸收水分，抑制 EPFRs 的形成。高湿度条件下，EPFRs 的形成在受抑制的同时，EPFRs 也因诱导着 ROS 的生成而被消耗，导致 EPFRs 浓度显著下降（Jia et al.，2017；Jia et al.，2019）。

除了水分外，氧气也直接参与了 EPFRs 的进一步转化过程。EPFRs 在厌氧条件下更加容易生成和稳定，随着氧气含量的增加，EPFRs 累积量逐渐减少，这是由于产生的 EPFRs 不稳定，更容易与氧气分子反应并转化。但这一转化过程可能会形成稳定性更强的氧中心自由基，这也印证了生物炭在接触氧气后 EPFRs 的 g-值呈现增加趋势的现象。以碳为中心的自由基通常比以氧为中心的自由基反应活性更强，前者会结合其周围环境中的氧、含氧官能团，又或者结合其他物质如水分子、阴离子和有机分子，转化为更加稳定的以氧和碳为中心的自由基（Li et al.，2016）。我们在无氧的条件下研究了土壤中蒽的转化，发现无氧并不影响蒽的转化率，说明氧气可能没有直接参与氧化反应，而是其他物质提供氧源，例如氢氧根离子或水分子。因此缺氧条件下 EPFRs 的增加可归因于利用土壤本身携带的氢氧根离子或水分子进行转化，而导致 EPFRs 的形成，如含氧的碳中心自由基（Dellinger et al.，2007）。

众所周知，金属的存在是催化 EPFRs 形成、影响 EPFRs 类型和产率的重要因素。虽然 EPFRs 在无金属时也能生成，但存在金属能使 EPFRs 的浓度显著增加（郭溪等，2018）。在生物炭上 EPFRs 的形成过程中，金属常充当电子受体，参与生成 EPFRs，还能大大提高生物炭上 EPFRs 的稳定性。金属的种类、浓度以及颗粒大小都会影响 EPFRs 的稳定。在生物炭 EPFRs 寿命与稳定性的研究中更多关注于金属的种类和浓度，与这二者相比，金属的形态、存在位置及颗粒大小对 EPFRs 的影响研究较少。已有研究表明，纳米颗粒比微米颗粒更有利于 EPFRs，例如，CuO 纳米颗粒（$\phi 30$ nm）形成 EPFRs 的浓度显著大于微米尺寸的 CuO（$\phi 5$ μm），这可能是由于纳米颗粒能够防止自由基耦合且具有更大的表面积能更好地与前驱体结合（Yang et al.，2017）。同样的原理可能也适用于生物炭的表面，因此，我们通过控制生物炭上金属种类、浓度和颗粒大小能有效控制 EPFRs 的产生、浓度和稳定持久性。

除生物质炭化过程中温度会影响 EPFRs 以外，生物炭使用过程中温度的影响也不容忽视。在不同温度条件下，EPFRs 与其他物质反应的速率不同，EPFRs 的衰减及次生 EPFRs 的产生速率也自然不同。同时，光照也发挥着重要影响。生物炭结合的 EPFRs 及其醌类结构在紫外光辐照下能够促进生物炭 EPFRs 的电子传递，产生更多的 EPFRs。光照也为新生 EPFRs 的产生提供能量，光照下的生物炭产生的 ROS 远高于黑暗中产生的 ROS。环境中的 pH 也影响 EPFRs 的生成和稳定，当溶液 pH 升高时，前驱物更易发生抽氢反应，产生 EPFRs，因此 EPFRs 的信号强度随 pH 的升高而增强（Zang et al.，1995）。

4.5　生物炭中环境持久性自由基的环境效应

如上所述，EPFRs 的环境效应是一把"双刃剑"，一方面，携带 EPFRs 的环境介质对生物体的暴露会引起氧化应激、胞内大分子物质的损伤、器官的病变，从而对人类及生态环境构成威胁；另一方面，带有 EPFRs 的物质具有较强的氧化还原活性，并可能会诱导 ROS 的形成，并促使水体、土壤和大气中有机污染物的降解和无机元素的转化。

4.5.1　在污染物转化降解过程中的应用

如上所述，生物炭上 EPFRs 可以作为电子供体激发活化 O_2、H_2O_2、过硫酸盐产生 $\cdot OH$、$\cdot O_2^-$、$^1O_2$、$SO_4^- \cdot$ 等 ROS，从而达到有效转化或降解有机污染物的目标。贾汉忠课题组的研究发现，碳质材料上的 EPFRs 能够有效活化过硫酸盐产生 $\cdot OH$，促进多环芳烃的高效降解，且在反应过程中，ROS 的生成伴随着生物炭上 EPFRs 丰度的下降，这一结果表明生物炭上 EPFRs 在活化氧化剂过程中起着主要的作用（Jia et al.，2018）。具体来说，生物炭上 EPFRs 可作为电子供体活化 H_2O_2 和过硫酸盐产生 ROS，这一机制与传统类 Fenton 反应相似。因此，氧化剂与生物炭复合体系具有降解和转化水体和土壤中有机污染的潜能，而生物炭上 EPFRs 的浓度和类型是影响 ROS 产生和污染物降解效率的关键因素。生物炭制备条件的不同对其活化降解水中有机污染物的过程机制影响也会很大。Zhu 等研究发现，采用氮掺杂石墨生物炭活化过硫酸盐降解水中染料和 PPCPs 等污染物，在相对较低温度（400℃）条件下制备所得的生物炭主要是基于 EPFRs 氧化机制，而在较高温度（900℃）条件下获得的生物炭则是以单线态氧和非自由基途径为主导的氧化机制。

EPFRs 除了具有活化氧化剂的能力外，其自身与污染物的接触也可能会直接参与有机污染物的转化，而非通过自由基反应。Yang 等在研究生物炭对硝基酚降解过程时发现，生物炭 EPFRs 信号强弱与对硝基酚降解程度显著相关，而 $\cdot OH$

捕获剂叔丁醇的加入并未完全抑制对硝基酚的降解，表明对硝基酚与生物炭EPFRs 之间的直接接触反应、进而通过电子传递过程（氧化还原）可能是其降解的主要原因。这一过程不但与生物炭 EPFRs 的还原能力和污染物分子的可降解性有较大的关系，而且需要污染物与生物炭之间形成较好的界面作用（或吸附）。由以上分析可知，生物炭对有机污染物的转化和降解是一个多因素影响的复杂过程：一方面，生物炭 EPFRs 能够活化氧化剂产生 ROS 实现对有机污染物的氧化降解；另一方面，生物炭 EPFRs 也可能会直接与污染物分子接触进行电子转移，发生氧化还原反应。此外，生物炭本身具有良好的吸附性能和丰富的活性反应位点，同时也能够直接催化 H_2O_2 和过硫酸盐等产生 ROS 对污染物进行降解。

生物炭上 EPFRs 除了具有活化氧化剂的作用，而且还具有光催化或/和光敏化的作用。在光照条件下，生物炭上 EPFRs 能够促进 ROS 生成，从而实现对水体中有机污染物的有效降解。有研究指出，生物炭悬浮液在紫外光和模拟太阳光照条件下均可以产生 ·OH 和 $^1O_2$ 等 ROS，使水中的邻苯二甲酸二乙酯得到有效降解（唐正，2019）。进一步研究发现，生物炭携带的 EPFRs 及醌类结构对光促使 ROS起了关键的作用，光照能够促进生物炭上 EPFRs 与吸附态氧气分子之间的电子传递，从而形成 ·O_2^-，并进一步分解形成 H_2O_2，紫外光和 EPFRs 还可活化 H_2O_2 促使 ·OH 的产生，这些 ROS 共同导致水体中有机污染物的降解，也就是说，生物炭具有作为水处理过程中光催化剂的作用。

4.5.2　生物炭中环境持久性自由基的毒性

尽管目前大部分相关研究主要关注生物炭 EPFRs 的形成过程及其有益效果，但由于 EPFRs 本身独特的物化性质及较长的寿命时间，增大了其对生物体的暴露风险，由此对生物体的毒性作用也不容忽视。Lieke 等研究发现，生物炭上 EPFRs对秀丽线虫具有神经毒性，低剂量对其运动行为具有刺激作用，但高剂量会削弱其对化学物质的识别和反应能力，并证实将生物炭应用于土壤可能对微生物具有潜在的神经毒性作用（Lieke et al.，2018）。潘波课题组同样发现，生物炭 EPFRs能够显著抑制玉米、小麦和水稻种子的发芽、根茎生长，且呈现出明显的剂量-效应关系。此外，有也研究发现生物炭上的 EPFRs 能够促进 ROS 的产生，从而对番茄幼苗产生植物毒性作用，造成其叶片和根部质膜损伤。这些研究结果说明，在生物炭的应用过程中，特别是将其用于土壤改良时，不仅应关注其对污染物去除行为及土壤结构改善等良好效果，还应同时关注其负面毒性效应，需要综合评估其可能的生态风险。

4.6　结论与展望

生物炭在土壤改良、固碳、废弃物利用、能源、材料及环境保护等领域的广泛应用使其成为关注的焦点。在生物炭的众多特性和功能中，其携带的 EPFRs 是目前研究的热点，它不但作为电子载体直接和间接参与环境污染物的转化和降解过程，而且对作物生长和人体健康的潜在负面效应也引起较大的担忧，从而对其更大范围的应用敲响警钟。但总体来说，目前针对生物炭 EPFRs 的相关研究尚处于发展阶段，虽然已有十多年的相关研究报道，但缺乏系统性、全面性、深入性的人生 EPFRs 正负面效应。

目前我们对于生物炭 EPFRs 的形成、稳定和反应活性有了一定的了解。我们已经在以下方面达成共识：①不同原料、不同的制备条件对生物炭上 EPFRs 的形成过程具有显著影响；②生物炭上 EPFRs 的含量、类型以及反应活性与其表面官能团、过渡金属含量、芳香性、导电性等理化性质相关，而这些理化性质同样取决于生物炭的原料类型、制备条件和热处理温度等制备条件；③生物炭上 EPFRs 的环境效应体现于正负两个方面，这些过程直接受制于其表面性质，特别是氧化还原反应活性。

我们目前还存在较多理解上的偏差和认识上的缺失：①生物炭原料的成分组成、热处理方法和检测方法对生物炭理化性质影响较大，造成个别原料生物炭理化性质与普遍性质不同；②大部分研究报道主要通过 EPFRs 浓度的减少、ROS 的产生和环境污染物的转化、降解程度进行相关分析，以此作为 EPFRs 参与污染物转化的证据，并推导相关反应机制；③已有研究报道 EPFRs 在污染物降解过程中的直接反应和非活性氧作用往往是通过间接的证据来说明，还需进一步深入研究生物炭 EPFRs 对环境污染物的转化和降解过程机制；④生物炭环境应用体系（如土壤、废水等）本身成分复杂多变，对 EPFRs 的反应行为影响较大，这为生物炭 EPFRs 的转化过程和反应机制的研究造成了难度。

因此，后期还需在以下方面开展进一步研究：①进一步探究生物炭 EPFRs 在环境应用过程中的消长特征、转化行为和影响参数；②生物炭上 EPFRs 的生成与原生质的理化性质以及热处理条件和方法的关系应得到重视，通过研究实现对 EPFRs 生成的调控；③对于生物炭的氧化还原的机理的研究多集中于其"电子穿梭"媒介作用，其自身直接与污染物相互作用的氧化还原机理亟待研究；④目前对于 EPFRs 活性与氧化还原活性的研究仅限于单独讨论，二者是否存在相关性？是否相互影响？在反应中二者的贡献如何？这些问题需要进一步研究；⑤生物炭上 EPFRs 的环境行为应得到系统的预测，由此带来的环境风险应结合其反应活性以及与环境的相互作用，进行更为科学的评估；⑥生物炭的反应活性对污染物的去除起到积极作用，具有较优的应用前景，生物炭的使用安全性仍需进一步的研究，更为系统的风险评估刻不容缓（唐正，2020；马超然，2019）。

参考文献

陈温福，张伟明，孟军，2014. 生物炭与农业环境研究回顾与展望[J]. 农业环境科学学报，30
　　（5）：821-828.

陈颖，刘玉学，陈重军，等，2018. 生物炭对土壤有机碳矿化的激发效应及其机理研究进展[J].
　　应用生态学报，29（1）：314-320.

陈昱，梁媛，郑章琪，等，2016. 老化作用对水稻秸秆生物炭吸附 Cd（Ⅱ）能力的影响[J]. 环
　　境化学，35（11）：2337-2343.

伏广龙，徐国想，祝春水，等，2006. 芬顿试剂在废水处理中的应用[J]. 环境科学与管理，31
　　（8）：133-135.

轩盼盼，唐翔宇，鲜青松，等，2017. 生物炭对紫色土中氟喹诺酮吸附-解吸的影响[J]. 中国环
　　境科学，37（6）：2222-2231.

郭溪，张瑛，孟甜甜，等，2018. 实验室模拟制备环境持久性自由基及其生物毒性研究[J]. 环
　　境化学，37（10）：5-12.

韩林，陈宝梁，2017. 环境持久性自由基的产生机理及环境化学行为[J]. 化学进展，29（9）：
　　1008-1020.

何丽芝，张小凯，吴慧明，等，2015. 生物质炭及老化过程对土壤吸附吡虫啉的影响[J]. 环境
　　科学学报，35（2）：535-540.

侯建伟，邢存芳，邓小梅，等，2020. 不同作物秸秆加工制成生物质炭的理化性质比较研究[J].
　　土壤通报，51（1）：130-135.

李明，李忠佩，刘明，等，2015. 不同秸秆生物炭对红壤性水稻土养分及微生物群落结构的影
　　响[J]. 中国农业科学，48（7）：1361-1369.

刘慧冉，谢昶琰，康亚龙，等，2019. 不同裂解温度对梨树枝条生物炭理化性质的影响[J]. 南
　　京农业大学学报，42（5）：895-902.

刘园，M Jamal Khan，靳海洋，等，2015. 秸秆生物炭对潮土作物产量和土壤性状的影响[J]. 土

壤学报，52（4）：849-858.

马超然，张绪超，王朋，等，2019. 生物炭理化性质对其反应活性的影响[J]. 环境化学，38（11）：2425-2434.

阮秀秀，杜巍萌，郭凡可，等，2018. 环境持久性自由基的环境化学行为[J]. 环境化学，37（8）：1780-1788.

阮秀秀，孙万雪，程玲，等，2016. 环境持久性自由基的研究进展[J]. 上海大学学报（自然科学版），22（2）：114-121.

陶思源，2013. 关于我国农业废弃物资源化问题的思考[J]. 理论界，2013（5）：28-30.

谭康豪，邹亚，吴维，等，2021. 生物炭的理化特性及在建筑材料领域的研究进展[J]. 建筑科学，37（2）：154-162.

唐正，赵松，钱雅洁，等，2020. 生物炭持久性自由基形成机制及环境应用研究进展[J]. 化工进展，39（04）：1521-1527.

王定美，王跃强，袁浩然，等，2013. 水热炭化制备污泥生物炭的碳固定[J]. 化工学报，（7）：2625-2632.

王欣，尹带霞，张凤，等，2015. 生物炭对土壤肥力与环境质量的影响机制与风险解析[J]. 农业工程学报，31（4）：248-257.

王廷廷，余向阳，沈燕，等，2012. 生物质炭施用对土壤中氯虫苯甲酰胺吸附及消解行为的影响[J]. 环境科学，33（4）：1339-1345.

吴文卫，周丹丹，2019. 生物炭老化及其对重金属吸附的影响机制[J]. 农业环境科学学报，38（1）.

徐敏，伍钧，张小洪，等，2018. 生物炭施用的固碳减排潜力及农田效应[J]. 生态学报，38（2）：393-404.

杨芳，2016. 生物质热解过程中持久性自由基的产生过程及机理[D]. 昆明理工大学.

易鹏，吴国娟，段文焱，等，2020. 生物炭的改性和老化及环境效应的研究进展[J]. 材料导报，34（3）.

阴文敏，关卓，刘琛，等，2019. 生物炭施用及老化对紫色土中抗生素吸附特征的影响[J]. 环境科学，40（6）：430-439.

袁帅，赵立欣，孟海波，等，2016. 生物炭主要类型、理化性质及其研究展望[J]. 植物营养与肥料学报，22（5）：1402-1417.

张传君，李泽琴，程温莹，等，2005. Fenton 试剂的发展及在废水处理中的应用[J]. 世界科技研究与发展，27（6）：64-68.

张若瑄，王朋，张绪超，等，2020. 土壤中环境持久性自由基的形成与稳定及其影响因素[J]. 化工进展，39（4）：1528-1538.

张倩茹，冀琳宇，高程程，等，2021. 改性生物炭的制备及其在环境修复中的应用[J]. 农业环境科学学报，40（5）：913-925.

周丹丹，吴文卫，赵婧，等，2016. 花生壳和松木屑制备的生物炭对 Cu^{2+} 的吸附研究[J]. 生态环境学报，25（3）：523-530.

AESCHBACHER M，SANDER M，SCHWARZENBACH R P，2010. Novel electrochemical approach to assess the redox properties of humic substances.[J]. Environmental Science & Technology，44（1）：87-93.

ANDREW，SOHI S P，2013. A method for screening the relative long-term stability of biochar[J]. Global Change Biology Bioenergy，5（2）：215-220.

BARBIER J，CHARON N，DUPASSIEUX N，et al.，2012. Hydrothermal conversion of lignin compounds. A detailed study of fragmentation，condensation reaction pathways[J]. Biomass & Bioenergy，46：479-491.

BOYD S A，MORTLAND M M，1985. Dioxin radical formation，polymerization on Cu（Ⅱ）-smectite[J]. Nature，316（6028）：532-535.

BIRD M I，MOYO C，VEENENDAAL E M，et al.，1999. Stability of elemental carbon in a savanna soil[J]. Global Biogeochemical Cycles，13（4）：923-932.

BRAADBAART F，POOLE I，BRUSSEL A A V，2009. Preservation potential of charcoal in alkaline environments：an experimental approach，implications for the archaeological record[J]. Journal of Archaeological Science，36（8）：1672-1679.

CHEN Q C，SUN H Y，WANG M，et al.，2019. environmentally persistent free radical（EPFR）formation by visible-light illumination of the organic matter in atmospheric particles [J]. Environmental Science & Technology，53（17）：10053-10061.

CHEN B L，YUAN M X，2011. Enhanced sorption of polycyclic aromatic hydrocarbons by soil amended with biochar[J]. Journal of Soils，Sediments，1（11）：62-71.

CHINTALA T E，SCHUMACHER L M，MCDONALD，et al.，2014. Phosphorus sorption，availability from biochars，soil/biochar mixtures[J]. Clean – Soil Air Water，41：626-634.

CHUAN X Y，ZHENG Z，CHEN J，2003. Fullerence in charcoal of Mawangdui Chinese Handynasty tomb[J]. J Inorg. Mater. 18：917-922.

CHAN K Y，VAN ZWIETEN L，MESZAROS I，et al.，2007. Agronomic values of green waste biochar as a soil amendment[J]. Soil Research，45：629-634.

CHEN N，HUANG Y，HOU X，et al.，2017. Photochemistry of hydrochar：Reactive oxygen species generation，sulfadimidine degradation[J]. Environmental Science & Technology，51（19）：11278-11287.

CHIEW L，GAN S，HOON K，2011. Fenton based remediation of polycyclic aromatic hydrocarbons-contaminated soils[J]. Chemosphere，83（11）：1414-1430.

CRUZ A L N D，COOK R L，DELLINGER B，et al.，2013. Assessment of environmentally persistent free radicals in soils, sediments from three Superfund sites[J]. Environmental Science: Processes & Impacts, 16 (1): 44-52.

CRUZ A L N D, COOK R L, LOMNICKI S M, et al., 2012. Effect of low temperature thermal treatment on soils contaminated with pentachlorophenol, environmentally persistent free radicals[J]. Environmental Science & Technology, 46 (11): 5971- 5978.

CZECHOWSKI F, JEZIERSKI A, 1997. EPR studies on petrographic constituents of bituminous coals, chars of brown coals group components, and humic acids 600℃ char upon oxygen, solvent action[J]. Energy & Fuels, 11 (5): 951-964.

CARRIER M, HARDIE A G, URAS U, et al., 2012. Production of char from vacuum pyrolysis of South-African sugar cane bagasse, its characterization as activated carbon, biochar[J]. Journal of Analytical & Applied Pyrolysis, 96: 24-32.

CHEN Q, ZHENG J W, ZHENG L C, et al., 2018. Classical theory, electron-scale view of exceptional Cd (II) adsorption onto mesoporous cellulose biochar via experimental analysis coupled with DFT calculations[J]. Chemical Engineering Journal, 350: 1000-1009.

CHEN Q, ZHENG J, XU J, et al., 2019. Insights into sulfamethazine adsorption interfacial interaction mechanism on mesoporous cellulose biochar: Coupling DFT/FOT simulations with experiments[J]. Chemical Engineering Journal, 356: 341-349.

CHENG C H, LEHMANN J, 2009. Ageing of black carbon along a temperature gradient[J]. Chemosphere, 75 (8): 1021-1027.

CHEN J, ZHANG D, ZHANG H, et al., 2017. Fast, slow adsorption of carbamazepine on biochar as affected by carbon structure, mineral composition[J]. Science of the Total Environment, 579: 598-605.

CHENG G, CUN L, HUI L, et al., 2011. Clay mediated route to natural formation of Polychlorodibenzo-p-dioxins[J]. Environmental Science & Technology, 45 (8): 3445-3451.

DONG D, YANG M, WANG C, et al., 2013. Responses of methaneemissions, rice yield to applications of biochar, straw in a paddy field[J]. Soils Sed. 13, 1-11.

DUAN X, AO Z, ZHOU L, et al., 2016. Occurrence of radical, nonradical pathways from carbocatalysts for aqueous, nonaqueous catalytic oxidation[J]. Applied Catalysis B Environmental, 188: 98-105.

DELA CRUZ A L N, GEHLING W, LOMNICKI S, et al., 2011. Detection of Environmentally persistent free radicals at a superfund wood treating site[J]. Environmental Science & Technology, 45 (15): 6356-6365.

D'ARIENZ M, GAMBA L, MORAZZONI F, et al., 2017. Experimental and theoretical investigation on the catalytic generation of environmentally persistent free radicals from benzene[J]. The

Journal of Physical Chemistry C，121（17）：9381-9393.

DELLINGER B，LOMNICKI S，KHACHATRYAN L，et al.，2007. Formation，stabilization of persistent free radicals[J]. Proceedings of the Combustion Institute International Symposium on Combustion，31（1）：521-528.

Demirbaş A，2000. Mechanisms of liquefaction，pyrolysis reactions of biomass[J]. Energy Conversion，Management，41（6）：633-646.

DZNG D H，YANG S J，QIAN X Y，et al.，2020. Nitrogen-doping positively whilst sulfur-doping negatively affect the catalytic activity of biochar for the degradation of organic contaminant[J]. Applied Catalysis B：Environmental，263：118348.

EMMANUEL S O，MICHAEL G W，FREDRICK O G，et al.，2020. Occurrence，formation，environmental fate，risks of environmentally persistent free radicals in biochars[J]. Environment International，134：105172.

FAN C，CHEN J，LIN J，et al.，2019. Adsorption characteristics of ammonium ion onto hydrous biochars in dilute aqueous solutions[J]. Bioresource Technology，272：465-472.

FANG G，ZHU C，DIONYSIOU D D，et al.，2015. Mechanism of hydroxyl radical generation from biochar suspensions：Implications to diethyl phthalate degradation[J]. Bioresource Technology，176：210-217.

FANG G，GAO J，LIU C，et al.，2014. Key role of persistent free radicals in hydrogen peroxide activation by biochar：Implications to organic contaminant degradation[J]. Environmental Science & Technology，48（3）：1902-1910.

FANG G，LIU C，WANG Y，et al.，2017. Photogeneration of reactive oxygen species from biochar suspension for diethyl phthalate degradation[J]. Applied Catalysis B：Environmental，214：34-45.

FANG G D，LIU C，GAO J，et al.，2014. Decomposition of hydrogen peroxide by activated carbon：Implications for degradation of diethyl phthalate[J]. Industrial & Engineering Chemistry Research，53（51）：19925-19933.

FU D，CHEN Z，XIA D，et al.，2017. A novel solid digestate-derived biochar-Cu NP composite activating H2O2 system for simultaneous adsorption，degradation of tetracycline[J]. Environmental Pollution，221（FEB）：301-310.

FANG G，LIU C，GAO J，et al.，2015. Manipulation of persistent free radicals in biochar to activate persulfate for contaminant degradation[J]. Environmental Science & Technology，49（9）：5645-5653.

GEHLING W，DELLINGER B，2013. Environmentally persistent free radicals，their lifetimes in $PM_{2.5}$[J]. Environmental Science & Technology，47（15）：8172-8178.

GU J，ZHOU W，JIANG B，et al.，2016. Effects of biochar on the transformation，earthworm bioaccumulation of organic pollutants in soil[J]. Chemosphere，145：431-437.

GUO Y，TANG W，WU J，et al.，2014. Mechanism of Cu（Ⅱ）adsorption inhibition on biochar by its aging process[J]. J Environ，26（10）：2123-2130.

HARVEY O R，HERBERT B E，RHUE R D，et al.，2011. Metal interactions at the biochar-water interface：Energetics，structuresorption relationships elucidated by flow adsorption microcalorimetry[J]. Environ Sci Technol，45：5550-5556.

HAN A A，BOATENG A A，QI P X，et al.，2013. Heavy metal，phenol adsorptive properties of biochars from pyrolyzed switchgrass，woody biomass in correlation with surface properties[J]. Journal of Environmental Management，118：196-204.

HARRY I D，SAHA B，CUMMING I W，2006. Effect of electrochemical oxidation of activated carbon fiber on competitive，noncompetitive sorption of trace toxic metal ions from aqueous solution[J]. J Colloid Interface，304（1）：9-20.

HUANG D，LUO H，ZHANG C，et al.，2019. Nonnegligible role of biomass types，its compositions on the formation of persistent free radicals in biochar：Insight into the influences on Fenton-like process[J]. Chemical Engineering Journal，361：353-363.

HAMER U，MARSCHNER B，BRODOWSKI S，et al.，2004. Interactive priming of black carbon，glucose mineralisation[J]. Organic Geochemistry，35（7）：823-830.

HOCKADAY W C，GRANNAS A M，KIM S，et al.，2007. The transformation，mobility of charcoal in a fire-impacted watershed[J]. Geochimica Et Cosmochimica Acta，71（14）：3432-3445.

JIA H，NULAJI G，GAO H，et al.，2016. Formation and stabilization of environmentally persistent free radicals induced by the interaction of anthracene with Fe（Ⅲ）-modified clays[J]. Environmental Science & Technology，50（12）：6310-6319.

JIA H，ZHAO J，FAN X，et al.，2012. Photodegradation of phenanthrene on cation-modified clays under visible light[J]. Applied Catalysis B Environmental，123-124：43-51.

JIA H，ZHAO S，ZHU K，et al.，2018. Activate persulfate for catalytic degradation of adsorbed anthracene on coking residues：Role of persistent free radicals[J]. Chemical Engineering Journal，351：631-640.

JIA H，ZHAO S，SHI Y，et al.，2018.Mechanisms for light-driven evolution of environmentally persistent free radicals，photolytic degradation of PAHs on Fe（Ⅲ）-montmorillonite surface [J]. Journal of Hazardous Materials，362：92-98.

JIA H，ZHAO J，LI L，et al.，2014. Transformation of polycyclic aromatic hydrocarbons（PAHs）on Fe（Ⅲ）-modified clay minerals：Role of molecular chemistry，clay surface properties[J]. Applied Catalysis B Environmental，154-155：238-245.

JIA H，ZHAO S，NULAJI G，et al.，2017. Environmentally persistent free radicals in soils of past coking sites: Distribution, stabilization[J]. Environmental Science & Technology, 51 (11): 6000-6008.

JIN J, SUN K, WANG Z Y, et al., 2017. Effects of chemical oxidation on phenanthrene sorption by grass-, manure-derived biochars[J]. The Science of the Total Environment, 598: 789-796.

JOSEPH S D, CAMPS-ARBESTAIN M, LIN Y, et al., 2010. An investigation into the reactions of biochar in soil[J]. Soil Research, 48 (7): 501-515.

JIA H Z, ZHAO S, SHI Y F, et al., 2019. Formation of environmentally persistent free radicals during the transformation of anthracene in different soils: roles of soil characteristics, ambient conditions[J]. Journal of Hazardous Materials, 362: 214-223.

JIA H Z, LI L, CHEN H X, et al., 2015. Exchangeable cations-mediated photodegradation of polycyclic aromatic hydrocarbons (PAHs) on smectite surface under visible light[J]. Journal of Hazardous Materials, 287: 16-23.

GUIZANI C, HADDAD K, LIMOUSY L, et al., 2017. New insights on the structural evolution of biomass char upon pyrolysis as revealed by the Raman spectroscopy, elemental analysis[J]. Carbon, 119: 519-521.

KORZH V, TEH C, KONDRYCHYN I, et al., 2011. Visualizing com-pound transgenic zebrafish in development: a tale of green fluorescent protein, Killerred[J]. Zebrafish, 8: 23-29.

KIBET J, KHACHATRYAN L, DELLINGER B, 2012. Molecular products, radicals from pyrolysis of lignin[J]. Environmental Science & Technology, 46 (23): 12994-13001.

KURODA K I, 1994. Pyrolysis of arylglycol-β-propylphenyl ether lignin model in the presence of borosilicate glass fibers.: I Pyrolysis reactions of β-ether compounds[J]. Journal of Analytical & Applied Pyrolysis, 30 (2): 173-182.

KIRURI L W, KHACHATRYAN L, DELLINGER B, et al., 2014. Effect of copper oxide concentration on the formation, persistency of environmentally persistent free radicals (EPFRs) in particulates[J]. Evironmental Science & Technology. 48, 2212-2217.

KLUPFEL L, KEILUWEIT M, KLEBER M, et al., 2014. Redox properties of plant biomass-derived black carbon (Biochar) [J]. Environmental Science & Technology, 48 (10): 5601-5611.

KUZYAKOV Y, SUBBOTINA I, CHEN H Q, et al., 2009. Black carbon decomposition, incorporation into soil microbial biomass estimated by ^{14}C labeling[J]. Soil Biology and Biochemistry, 45 (2): 210-219.

KOELMANS A A, JONKER M T O, CORNELISSEN G, et al., 2006. Black carbon: The reverse of its dark side[J]. Chemosphere, 63 (3): 365-377.

KEILUWEIT M, NICO P S, JOHNSON M G, et al., 2010. Dynamic molecular structure of plant biomass-derived black carbon (Biochar) [J]. Environmental Science & Technology, 44 (4):

1247-1253.

LICHTER J，BARRON S H，BEVACQUA C E，et al. 2005. Soil carbon sequestration and turnover in a pine forest after six years of atmospheric CO_2 enrichment[J]. Ecology，86（7）：1835-1847.

LEHMANN J，WEIGL D，PETER L，et al.，1999. Nutrient interactions of alley-cropped Sorghum bicolor，Acacia saligna in a run off irrigation system in Northern Kenya[J]. Plant，Soil，210：249-262.

LIAO S，PAN B，LI H，et al.，2014. Detecting free radicals in biochars，determining their ability to inhibit the germination，growth of corn，wheat，rice seedlings[J]. Environmetal Science & Technology，48：8581-8587.

LIEKE T，ZHANG X，STEINBERG C E W，et al.，2018. Overlooked risks of biochars：persistent free radicals trigger neurotoxicity in Caenorhabditis elegans[J]. Environmental Science & Technology，52（14）：7981-7987.

LI H，GUO H，PAN B，et al.，2016. Catechol degradation on hematite/silica–gas interface as affected by gas composition，the formation of environmentally persistent free radicals[J]. Abstracts of Papers of the American Chemical Society，252：73.

LI H，PAN B，LIAO S，et al.，2014. Formation of environmentally persistent free radicals as the mechanism for reduced catechol degradation on hematite-silica surface under UV irradiation[J]. Environmental Pollution，188：153-158.

LOMNICKI S，TRUONG H，VEJERANO E，et al.，2008. Copper oxide-based model of persistent free radical formation on combustion-derived particulate matter[J]. Environmental Science & Technology，42（13）：4982-4988.

LOVLEY D R，BLUNTHARRIS E L，EJP P，et al.，1996. Humic substances as electron acceptors for microbial respiration[J]. Nature，382：445-448.

MAŠEK O，BUSS W，BROWNSORT P，et al.，2019. Potassium doping increases biochar carbon sequestration potential by 45%，facilitating decoupling of carbon sequestration from soil improvement[J]. Scientific Reports，9：5514.

MATOS J，2016. Eco-friendly heterogeneous photocatalysis on biochar-based materials under solar irradiation[J]. Topics in Catalysis，59（2-4）：394-402.

MIA S，DIJKSTRA F A，SINGH B，2018. Enhanced biological nitrogen fixation，competitive advantage of legumes in mixed pastures diminish with biochar aging[J]. Plant，Soil，424（1-2）：639-651.

MIA S，DIJKSTRA F A，SINGH B，2017. Long-term aging of biochar：A molecular understanding with agricultural，environmental implications[M]. Advances in Agronomy，141：1-51.

NWOSU U G，ROY A，DELA CRUZ A L，et al.，2016a. Formation of environmentally persistent free radical（EPFR）in iron（III）cation-exchanged smectite clay[J]. Environmental Science-Processes & Impacts，18：42-50.

NWOSU U G，KHACHATRYAN L，YOUM S G，et al.，2016. Model system study of environmentally persistent free radicals formation in a semiconducting polymer modified copper clay system at ambient temperature[J]. Rsc Advances，6（49）：43453-43462.

ODINGA E S，WAIGI M G，GUDDA F O，et al.，2019. Occurrence，formation，environmental fate，risks of environmentally persistent free radicals in biochars[J]. Environment International，134（105172）：1-19.

PAN B，LI H，LANG D，et al.，2019. Environmentally persistent free radicals：Occurrence，formation mechanisms，implications[J]. Environmental Pollution，248：320-331.

PATTERSON M C，DITUSA M F，MCFERRIN C A，et al.，2017. Formation of environmentally persistent free radicals（EPFRs）on ZnO at room temperature：implications for the fundamental model of EPFR generation[J]. Chem. Phys. Lett，670：5-10.

PIGNATELLO J J，MITCH W A，XU W，2017. Activity and reactivity of pyrogenic carbonaceous matter toward organic compounds[J]. Environmental Science & Technology，51（16）：8893-8908.

QIN Y，LI G，GAO Y，et al.，2018. Persistent free radicals in carbon-based materials on transformation of refractory organic contaminants（ROCs）in water：A critical review[J]. Water Research：A Journal of the International Water Association，137：130-143.

QIN J，CHENG Y，SUN M，et al.，2016. Catalytic degradation of the soil fumigant 1,3-dichloropropene in aqueous biochar slurry[J]. Science of the Total Environment. 569：1-8.

QIN Y，LI G，GAO Y，et al.，2018. Persistent free radicals in carbon-based materials on transformation of refractory organic contaminants（ROCs）in water：a critical review[J]. Water Research，137：130-143.

RUAN X，SUN Y，DU W，et al.，2019. Formation，characteristics，and applications of environmentally persistent free radicals in biochars：A Review[J]. Bioresource Technology，281：457-468.

REX R W，1960. Electron paramagnetic resonance studies of stable free radicals in Lignins，Humic Acids[J]. Nature，188：1185-1186.

REN X，SUN H，WANG F，et al.，2016. The changes in biochar properties，sorption capacities after being cultured with wheat for 3 months[J]. Chemosphere，144：2257-2263.

SINGH B，SINGH B P，COWIE A L，2010. Characterisation，evaluation of biochars for their application as a soil amendment[J]. Australian Journal of Soil Research，48（7）：516-525.

SPOKAS K A，KOSKINEN W C，BAKER J M，et al.，2009. Impacts of woodchip biochar additions on greenhouse gas production, sorption/degradation of two herbicides in a Minnesota soil[J]. Chemosphere, 77 (4): 574-581.

SONG Y, WAGNER B A, LEHMLER H J, et al., 2008. Semiquinone radicals from oxygenated polychlorinated biphenyls: Electron paramagnetic resonance studies[J]. Chemical Research in Toxicology, 21 (7): 1359-1367.

SABIO E, ÁLVAREZ-MURILLO A, ROMÁN S, et al., 2015. Conversion of tomato-peel waste into solid fuel by hydrothermal carbonization: Influence of the processing variables[J]. Waste Management, 47: 122-132.

SEVILLA M, FUERTES A B, 2009. The production of carbon materials by hydrothermal carbonization of cellulose[J]. Carbon, 47 (9): 2281-2289.

SENESIN, 1990. Application of electron spin resonance (ESR) spectroscopy in soil chemistry[J]. Advances in Soil Science, 14: 77-130.

STERN N, MEJIA J, HE S, et al., 2018. Dual role of humic substances as electron donor and shuttle for dissimilatory iron reduction[J]. Environmental Science & Technology, 52 (10): 5691-5699.

LIAO S H, PAN B, LI H, 2014. Detecting free radicals in biochars, determining their ability to inhibit the germination and growth of corn, wheat and rice seedlings[J]. Environmental Science & Technology, 48 (15): 8581-8587.

TEIXIDÓ M, PIGNATELLO J J, BELTRÁN J L, et al., 2011. Speciation of the ionizable antibiotic sulfamethazine on black carbon (biochar), Environment Science & Technology, 45: 10020-10027.

TENENBAUM D J, 2009. Biochar: Carbon mitigation from the ground Up[J]. Environmental Health Perspectives, 117 (2): A70-A73.

TRUONG H, LOMNICKI S, DELLINGER B, 2008. Mechanisms of molecular product, persistent radical formation from the pyrolysis of hydroquinone[J]. Chemosphere, 71 (1): 107-113.

TRUBETSKAYA A, JENSEN P A, JENSEN A D, et al., 2016. Characterization of free radicals by electron spin resonance spectroscopy in biochars from pyrolysis at high heating rates, at high temperatures[J]. Biomass Bioenergy, 94: 117-129.

THIBODEAUX C A, POLIAKOFF E D, KIZILKAYA O, et al., 2015. Probing environmentally significant surface radicals: Crystallographic, temperature dependent adsorption of phenol on ZnO Chem[J]. Chemical Physics Letters, 638: 56-60.

UGWUMSINACHI G, NWOSU, AMITAVA, et al., 2016. Formation of environmentally persistent free radical (EPFR) in iron (III) cation-exchanged smectite clay [J]. Environmental Science Processes & Impacts, 18 (1): 42-50.

VEJERANO E P, RAO G, KHACHATRYAN L, et al., 2018. Environmentally Persistent Free

Radicals: Insights on a new class of pollutants[J]. Environmental Science & Technology, 52(5): 2468-2481.

VEJERANO E, LOMNICKI E, DELLINGER B, 2011. Formation, stabilization of combustion-generated environmentally persistent free radicals on an Fe（III）$_2O_3$/silica surface [J]. Environmental Science & Technology, 45（2）: 589-594.

VEJERANO E, LOMNICKI S, DELLINGER B, 2012a. Lifetime of combustion-generated environmentally persistent free radicals on Zn（II）O, other transition metal oxides [J]. Environment Monitoring and Assessment, 14（10）: 2803-2806.

VEJERANO E, LOMNICKI S M, DELLINGER B, 2012b. Formation, Stabilization of Combustion-Generated, Environmentally Persistent Radicals on Ni（II）O Supported on a Silica Surface[J]. Environmental Science & Technology, 46（17）: 9406-9411.

WATSON R T, NOBLE I R, BOLIN B, et al., 2000. Land Use, Land-Use Change, and Forestry[J]. A Special Report of the Ipcc, （4）: 375.

WANG P, PAN B, LI H, et al., 2018. The overlooked occurrence of environmentally persistent free radicals in an area with low-rank coal burning, Xuanwei, China[J]. Environmental Science & Technology, 52, 1054-1061.

WANG R Z, HUANG D L, LIU Y G, et al., 2019. Recent advances in biochar-based catalysts: Properties, applications, mechanisms for pollution remediation[J]. Chemical Engineering Journal, 371: 380-403.

WATANABE A, MCPHAIL D B, MAIE N, et al., 2005. Electron spin resonance characteristics of humic acids from a wide range of soil types[J]. Organic Geochemistry, 36（7）: 981-990.

WILSON S A, WEBER J H, 1977. Electron spin resonance analysis of semiquinone free radicals of aquatic and soil fulvic and humic acids[J]. Analytical Letters, 10（1）: 75-84.

WANG H, FENG M, ZHOU F, et al., 2017. Effects of atmospheric ageing under different temperatures on surface properties of sludge-derived biochar, metal/metalloid stabilization[J]. Chemosphere, 184: 176-184.

WANG X, LI Y, DONG D, 2008. Sorption of pentachlorophenol on surficial sediments: The roles of metal oxides, organic materials with co-existed copper present[J]. Chemosphere, 73（1）: 1-6.

XU D Y, ZHAO Y, SUN K, et al., 2014. Cadmium adsorption on plant-, manure-derived biochar, biochar-amended sandy soils: impact of bulk, surface properties[J]. Chemosphere, 111: 320-326.

XU X J, WANG X H, LI H, et al., 2014. Biochar impacts soil microbial community composition, nitrogen cycling in an acidic soil planted with rape[J]. Environmental Science & Technology. 48, 9391-9399.

XU S, ADHIKARI D, HUANG R, et al., 2016. Biochar-facilitated microbial reduction of hematite[J]. Environmental Science & Technology, 50（5）: 2389-2395.

XU L, WANG J, 2011. A heterogeneous Fenton-like system with nanoparticulate zero-valent iron for removal of 4-chloro-3-methyl phenol[J]. Journal of Hazardous Materials, 186（1）: 256-264.

YANG Y, SHENG G, 2003. Enhanced pesticide sorption by soils containing particulate matter from crop residue burns[J]. Environmental Science & Technology, 37（16）: 3635-3639.

YANG H, YAN R, CHEN H, et al., 2007. Characteristics of hemicellulose, cellulose, lignin pyrolysis[J]. Fuel Guildford, 86（12-13）: 1781-1788.

YANG L, LIU G, ZHENG M, et al., 2017. Pivotal Roles of Metal Oxides in the Formation of Environmentally Persistent Free Radicals[J]. Environmental Science & Technology, 51（21）: 12329-12336.

YANG J, PAN B, LI H, et al., 2015. Degradation of p-nitrophenol on biochars: role of persistent free radicals[J]. Environmental Science & Technology, 50（2）: 694-700.

YU H, HUANG B C, JIANG J, et al., 2018. Sludge biochar-based catalyst for improved pollutant degradation by activating peroxymonosulfate[J]. Journal of Materials Chemistry A, 6（19）: 8978-8985.

YANG J, PAN B, LI H, et al., 2015. Degradation of p-nitrophenol on biochars: role of persistent free radicals[J]. Environmental Science & Technology, 50（2）: 694-700.

YAN J, QIAN L, GAO W, et al., 2017. Enhanced fenton-like de-gradation of trichloroethylene by hydrogen peroxide activated with nanoscalezero valent iron loaded on biochar[J]. Scientific Reports, 7: 43051.

YOUBIN S I, WANG S, ZHOU D, et al., 2004. Adsorption and photo-reactivity of bensulfuron-methyl on homoionic clays[J]. Clays & Clay Minerals, 52（6）: 742-748.

YANG J, PIGNATELLO J J, PAN B, et al., 2017. Degradation of p-Nitrophenol by Lignin, Cellulose Chars: H_2O_2-Mediated Reaction, Direct Reaction with the Solids[J]. Environmental Science & Technology, 51（16）: 8972-8980.

YANG J, PAN B, LI H, et al., 2016. Degradation of p-Nitrophenol on Biochars: Role of Persistent Free Radicals[J]. Environmental Science & Technology, 50（6）: 694-700.

ZHANG C, ZENG G M, HUANG D L, et al., 2019. Biochar for environmental management: Mitigating greenhouse gas emissions, contaminant treatment, and potential negative impacts[J]. Chemical Engineering Journal, 373: 902-922.

ZHANG C, LAI C, ZENG D L, et al., 2016. Efficacy of carbonaceous nanocomposites for sorbing ionizable antibiotic sulfamethazine from aqueous solution[J]. Water Research, 95: 103-112.

ZHANG Z X, WU J, CHEN W F, 2014. Review on preparation and application of biochar[J].

Advanced Materials Research，898：456-460.

ZENG T，ZHANG X，WANG S，et al.，2015. Spatial confinement of a Co₃O₄ catalyst in hollow metal–organic frameworks as a nanoreactor for improved degradation of organic pollutants[J]. Environmental Science & Technology，49：2350-2357.

ZHANG X，YANG W，DONG C，2013. Levoglucosan formation mechanisms during cellulose pyrolysis[J]. Journal of Analytical & Applied Pyrolysis，104：19-27.

ZHU S，HUANG X，MA F，et al.，2018. Catalytic removal of aqueous contaminants on N-doped graphitic biochars：Inherent roles of adsorption and nonradical mechanisms[J]. Environmental Science & Technology，52（15）：8649-8658.

ZEE F P V D，CERVANTES F J，2009.Impact，application of electron shuttles on the redox（bio） transformation of contaminants：a review[J]. Biotechnology Advances，27（3）：256-277.

ZHANG H，WANG Z，LI R，et al.，2017. TiO₂ supported on reed straw biochar as an adsorptive， photocatalytic composite for the efficient degradation of sulfamethoxazole in aqueous matrices[J]. Chemosphere，185：351-360.

ZHANG W，ZHUANG L，YUAN Y，et al.，2011. Enhancement of phenanthrene adsorption on a clayey soil，clay minerals by coexisting lead or cadmium[J]. Chemosphere，83（3）：302-310.

ZANG L Y，STONE K，PRYOR W A，1995. Detection of free radicals in aqueous extracts of cigarette tar by electron spin resonance[J]. Free Radical Biology & Medicine，19（2）：161-167.

ZHU S，HUANG X，MA F，et al.，2018. Catalytic removal of aqueous contaminants on N-doped graphitic biochars：Inherent roles of adsorption and nonradical mechanisms[J]. Environmental Science & Technology，52（15）：8649-8658.

第 **5** 章

有机污染土壤中环境持久性自由基

　　土壤既是有机污染物在环境中的"汇"，也是污染物进入其他环境介质的"源"，在很大程度上影响着有机污染物的发生、分布、迁移、转化和归趋过程，探讨土壤中有机污染物的环境行为与控制方法对于认识其生物暴露风险、解决环境污染问题具有重要意义。土壤中的有机污染物根据其理化性质一般可分为挥发性有机污染物和半挥发性有机污染物两类。常见的挥发性有机污染物有苯、甲苯、二甲苯等，其主要来自加油站地下储油罐、贮油池、排油沟及输油管中汽油、柴油的泄漏及石油炼制过程中的跑、冒、滴、漏等；有机磷农药、有机氯农药、石油、多环芳烃（Polycyclic aromatic hydrocarbons，PAHs）及多氯联苯等都是土壤中常见的半挥发性有机污染物，其中有机磷农药和有机氯农药主要来源于耕种过程中大量使用的化学农药，石油、PAHs、多氯联苯主要来源于石油、化工、制药、油漆、染料等工业排出的"三废"污染物。土壤中存在一些有机污染物由于具有持久性（如 PAHs、多氯联苯）而将其定义为持久性有机污染物（Persistent Organic Pollutants，POPs）。POPs 具有长期残留性、生物蓄积性、半挥发性和高毒性，能通过各种环境介质（如大气、水、生物体等）长距离迁移，并长期存在于环境中，进而对人类健康和环境产生严重危害。天然或人工合成的有机污染物不仅具有较高的致癌、致畸、致突变效应，而且能够导致生物体内分泌紊乱、生殖及免疫机能失调及其他器官的病变，致使皮肤出现表皮角化、色素沉着或引起心理疾患症状等。此外，有机污染物进入土壤后会发生生物和非生物转化，所形成的产物和中间体已经被证实同样能够诱发上述疾病。特别是转化形成的中间产物 EPFRs。其被认为是一类新型的有机污染物，且越来越受到国际社会的广泛关注。本章将从土壤中有机污染物的环境行为出发，具体探讨土壤中 EPFRs 的赋存特征、形成机制、环境稳定性和毒理研究。

5.1　土壤中有机污染物的环境行为

　　进入土壤的有机污染物会发生复杂的物理、化学和生物过程，包括挥发、迁移、吸附、转化、降解、富集等环境行为，可能会造成空气和水体的二次污染，亦会引起污染物在食物链的传递。这些过程往往同时发生、互相影响，可能同时受许多因素的作用而难以区分（胡枭等，1999）。一般来说，可以将土壤中有机污染物的环境行为归纳为吸附、迁移等物理过程和转化、降解等生物化学过程。

5.1.1　有机污染物在土壤中的物理过程

有机污染物在土壤上的吸附/解吸、挥发、迁移等行为及其机理是土壤学和环境科学界长期关注的重要问题，而吸附与迁移是土壤中有机污染物的主要环境行为之一。吸附主要发生在粒径 < 50 μm 的颗粒物表面（Hwang et al.，2003）。有机污染物分子理化性质、土壤中有机质的含量和结构以及黏土矿物的存在等都是影响土壤有机污染物吸附速率的重要因素（Wei et al.，2017）。其中土壤有机质对疏水性有机污染物（如 PAHs）具有优异的吸附能力，因此，土壤中大多数 PAHs 的分布只局限于土壤剖面的上部（Wei et al.，2017）；而亲水性有机分子除了与有机质含量有关外，可能也会受到黏土矿物含量、类型及活性的影响。此外，土壤的理化性质也会影响土壤对有机污染物的吸附过程，例如土壤 pH 直接影响腐殖质的组成，进而导致 PAHs 的吸附性能改变，在有机酸存在和高 pH 条件下，土壤对比的吸附能力降低（Maliszewska-Kordybach，2005）。大量研究表明，土壤中有机质（SOM）是有机污染物主要的吸附介质。1979 年，Chiou 提出非离子有机污染物在土壤/沉积物—水间的分配系数与其有机质或有机碳含量呈正相关，与土壤与沉积物的类型无关。1980 年，人们发现了低浓度有机污染物的非线性吸附现象，并开展了深入的研究。Chiou 认为有机污染物在土壤上的吸附主要由 SOM 的分配作用（partition）所决定，也存在其他特殊作用（specific interaction）。Pignatello 等（Pignatello et al.，1996）将 SOM 区分为玻璃态和橡胶态，认为橡胶态 SOM 对有机污染物产生分配作用，玻璃态 SOM 产生表面吸附和孔填充作用（hole-filling）。Weber 等则提出"软碳"和"硬碳"概念，认为"软碳"部分对有机污染物产生分配作用，而"硬碳"部分和黏土矿物则产生表面吸附作用。进入土壤的有机污染物可通过不同吸附机制与土壤各组分发生相互作用，形成不同的赋存状态，显著改变其生物有效性和脱附动力学行为，进而影响土壤污染控制和修复方法的有效性。发现土壤黏土矿物、有机质、黑炭、纳米颗粒是有机污染物非线性吸附的贡献源，其中有机质是非线性吸附的主导源，土壤/沉积物中纳米颗粒的团聚重组及其选择性结合有机质，可导致有机污染物脱附的滞后性，从而影响有机污染物的非线性界面行为。

有机污染物与土壤有机质、矿物等组分发生作用的时间越长，有机污染物越不容易脱附，其生物可利用性越低，并逐渐出现"老化"（aging）现象。土壤中有机污染物的老化是由土壤介质的锁定作用（sequestration）引起的，影响老化作用的因素有 SOM 的含量、土壤组成和性质、土壤孔隙结构和大小、污染物性质和浓度、共存有机物的组成和性质、土壤湿—干循环过程等环境条件、不可逆吸附及介质的反应性等。土壤中各种污染物之间也可通过交互作用形成复合污染，进入土壤的各种表面活性剂、纳米颗粒物可影响共存有机污染物的多介质界面行为及生物有效性，由此对土壤中有机污染物的老化锁定产生重要影响。老化作用导致难以准确预测或评价土壤中有机污染物的迁移转化行为和生态风险，同时使有机污染土壤修复的效率降低、所需时间延长、成本增高，造成修复失败。因此，研究土壤有机污染物的锁定作用机理、影响因素及调控机制，对制定科学合理的土壤环境质量标准和污染土壤修复技术标准有重要意义。

（1）吸附和解吸行为

土壤对有机污染物的吸附和解吸是环境土壤学的重要研究内容，是决定土壤有机污染物行为的关键过程。吸附和解吸过程影响土壤中有机污染物的生物可利用性，也影响有机污染物向大气、地下水和地表水的迁移。目前，有关吸附和解吸特征和机理的研究众多，在过程机理和动力学模型等方面已经取得了一些有意义的进展。

以农药为例，其在土壤中的吸附作用通常用吸附等温式表示，常用的模型包括 Freundlich、Langmuir 和 BET 等。例如，将过 60 目的风干土和若干不同浓度的农药溶液按一定的水土比在恒温条件下振荡 24 h 达到平衡后，离心测定清液中农药的余量，通过拟合 Freundlich 吸附公式可以求得农药的土壤吸附系数（K_a）。

$$\log C_s = \log K_a + \frac{1}{n} \log C_e \qquad (5\text{-}1)$$

式中，C_s 为农药吸附在土壤中的数量，μg/g；C_e 为达到吸附平衡后溶液中农药的浓度，μg/mL；$1/n$ 为关系曲线的斜率。

常见的吸附等温线有直线型（C-型）、Langmuir 型（L-型）、Freundlich 型（F-型）、高亲和力型（H-型）和 S-型等，它依赖于吸附质和吸附剂的性质及其环境条件。最简单的是线性吸附等温线，它表明在一定浓度范围内有机物与吸附剂间作用力不变，它适用于均匀有机相中的分配占主导地位或当强吸附位点处于低浓度、远未达到饱和时的情形。F-型和 L-型等温线表明，随着有机物浓度的升高，吸附变得越来越困难，这是因为吸附位点开始饱和或者剩下的吸附位点对有机污染物吸引力减小的原因；S-型等温线，其特点是等温线的起始斜率随土壤溶液中吸附质浓度的增加而增大，这种特点的出现，被认为是在低浓度下土壤固相对吸附质的相对亲和力小于对土壤溶液的亲合力的结果。高亲和力型等温线，是Langmuir 型等温线的一种极端情况，与 Langmuir 型等温线相比，它有较大的起始斜率，这是由于土壤固相对吸附质具有非常高的相对亲和力的结果，这种情况的出现，通常是由于固相和吸附质间的很高的专性或者物理吸附作用。在土壤或沉积物中，往往存在多种吸附剂，因此总体吸附等温线可能是不同类型吸附等温线的综合结果。

（2）挥发

有机污染物在土壤中的挥发作用是指物质以分子扩散形式从土壤中逸入大气中的现象，主要发生于易挥发性有机物，如农药、石油烃、苯及苯系物、小分子烯烃等。以农药为例，挥发作用存在于农药的生产、储运和使用等各个阶段之中，各种农药通过挥发作用损失的量占农药使用量的比例不等（李宜慰等，1999）。有机污染物从土壤中的挥发速率除了与其本身的物理化性质，如蒸气压、水溶解度有关外，还与土壤的含水量、土壤对污染物的吸附作用有关，通常可用下式来表示：

$$V_{sw/a} = \frac{C_w}{C_a}\left(\frac{1}{r} + K_d\right) \tag{5-2}$$

式中，$V_{sw/a}$ 为有机物从土壤中的挥发速率；C_w 为有机物在土壤溶液中的浓度，$\mu g/L$；C_a 为有机物在空气中的浓度，$\mu g/L$；r 为土壤中土壤固相与水的重量比；K_d 为土壤对有机物的吸附系数。$V_{sw/a}$ 值越小，表示有机物的挥发性越强，越易从土壤中向大气中挥发；反之，其值越大，表示有机物的挥发性越弱。通常根据 $V_{sw/a}$ 值的大小，将有机物的挥发性划分为三个等级：$V_{sw/a} < 10^4$，为易挥发；$V_{sw/a}$ 值为 $10^4 \sim 10^6$ 为微挥发；$V_{sw/a} > 10^6$ 为难挥发。土壤吸附系数 K_d 越大，$V_{sw/a}$ 值也就越大，农药也就越不易从土壤中挥发。这就是为什么具有较高蒸气压的农药（如氟乐灵等）在水中有较大的挥发性，而进入土壤后却很少挥发的原因。总的来说，挥发性有机污染物（如苯系物）能够挥发进入大气，并吸附于颗粒物表面，或随着气流转移到较低温度的区域，从而有利于从大气层沉降（Belis et al.，2011）。但是，由于大多数有机污染物要么迁移于地面以下，要么挥发性较低而难以到达地表，因此，已经老化时间较长的土壤中有机污染物的挥发通常较少（Trapido，1999）。

（3）迁移

有机污染物在土壤中的移动性是指土壤中有机物随水分运动的可迁移程度。根据水分运动方向可分为沿土壤垂直剖面向下的运动（淋溶）和沿土壤水平方向的运动（径流）两种形式。径流可以使得有机污染物从农田土壤转移至沟、塘和河流等地表水体中，淋溶则可使之进入地下水。有机污染物在土壤中的移动性是一种综合性特性，所有影响到有机物的吸附性能、水解性能、土壤降解性能和光解性能等因素都会或大或小地影响它在土壤中的移动性。土壤对有机污染物的吸附能力直接影响到其迁移过程，一些有机污染物可吸附于悬浮物随地表径流迁移造成地表水的污染，甚至渗入地下水。一般来说，土壤颗粒对污染物分子的吸附能力越强其迁移的能力越小。此外，环境条件对土壤中污染物的迁移有着较大的影响。PAHs 的迁移过程存在季节性变化，例如，在秋季时，土壤中 PAHs 浓度高于其他三个季节，主要是由于 PAHs 在土壤的矿化过程中易被浸出（Gabov et al.，2008）。PAHs 降解产物和衍生物的浸出程度可能会高于原始化合物，而且氧的衍生物对人体具有很高的危害（Zhang et al.，2021）。一般来讲，溶解性大的有机污染物在土壤溶液中的迁移相对容易，而溶解性小的有机污染物多与土壤颗粒结合在一起而难以迁移（Krauss et al.，2005）。

研究污染物在土壤中的移动性对于预测其对水资源，尤其是地下水资源的污染影响具有重要意义。有机污染物在土壤中移动性的研究方法一般有土壤薄层层析法和淋溶柱法。土壤薄层层析法是以自然土壤为吸附剂涂布于层析板上（土壤厚度一般为 0.5～0.75 mm），点样后，以水为展开剂，展开后采用适当的分析方法测量土壤薄板每段的污染物含量，以 R_f 值作为衡量农药在土壤中的移动性能指标。R_f 值为农药在薄板上的平均移动距离与溶剂前沿移动距离之比。表 5-1 列出了一些农药分子在土壤中的移动性（林玉锁等，2000）。

表 5-1　一些农药在土壤中的移动性（林玉锁等，2000）

R_f 值	移动性能	农药品种
0.00～0.09	移动性很弱	草不隆、枯草隆、敌草索、林丹、甲霜磷、对巯磷、乙拌磷、敌草快、氯草灵、乙硫磷、代森锌、磺乐灵、灭螨猛、异狄氏剂、苯菌灵、狄氏剂、氯甲氧苯、百草枯、氟乐灵、七氯、氟草胺、艾氏剂、异艾氏剂、氯丹、毒杀芬、滴滴涕

R_f值	移动性能	农药品种
0.10～0.34	移动性弱	环草隆、地改磷、扑草净、去草净、敌稗、敌草隆、利谷隆、杀草敏、禾草特、扑草灭、赛草青-敌草翡、灭草猛、克草猛、氯苯胺灵、保棉磷、二嗪磷
0.35～0.64	移动性中等	毒草安、非草隆、扑草通、抑草生、2,4,5-三氯苯氧基乙酸、苯胺灵、伏草隆、草完隆、草乃敌、治线磷、草藻灭、灭草隆、莠去通、莠去津、西玛津、抑草津、甲草胺、莠灭净、扑灭津、草达津
0.65～0.89	移动性强	毒莠定、伐草克、氯草定、杀草强、2,4-D、地乐酚、除草定
0.89～1.00	移动性很强	三氯醋酸、茅莘枯-草芽平、杀莘畏、是萃畏、草灭平

　　而淋溶法则是在实验室条件下，根据土壤容量将一定质量的土壤样品装入淋溶柱（不锈钢或有机玻璃柱）中，将农药置于土柱的表层，模拟一定的降水量进行一段时间的淋溶，结束后将土柱分段取样，测定每段土壤中农药的含量。以距土壤表层的距离为横坐标，测得的土柱各段中农药的含量为纵坐标作图，即可得到待测物在土柱中的分布图，根据待测物在土柱中移动的远近可预测有机污染物在环境中移动性的强弱。就农药分子而言，田间土壤中农药的实际移动性能也可用一定时期内农药在土层中的移动深度来衡量。俄罗斯麦尔尼科夫等在年均气温为25℃和年降水量为500 mm条件下，根据农药在土壤中的移动深度将农药的移动性能划分为四个等级：1 级＜10 cm/a，2 级＜20 cm/a，3 级＜35 cm/a，4 级＜50 cm/a。表 5-2 列出了部分农药的移动级别（林玉锁等，2000）。

表 5-2　部分农药在土壤中的移动级别（林玉锁等，2000）

农药	移动级别	农药	移动级别	农药	移动级别
谷硫磷	1-2	狄氏剂	1	对硫磷	2
草不绿	1-2	乐果	2	毒杀芬	1
艾氏剂	1	克菌丹	1	氟乐灵	1-2
苯菌灵	2	西维因	2	倍硫磷	2
七氯	1	马拉硫磷	2-3	磷胺	3-4
六六六	1	代森锰	3	氯丹	1
2,4-D	2	速灭磷	3-4	代森锌	2

农药	移动级别	农药	移动级别	农药	移动级别
茅草枯	4	甲基 1605	2	异狄氏剂	1
DDT	1	二甲四氯酸	2	乙硫磷	1-2
二嗪农	2	砜吸磷	3-4		
二溴磷	3	2,4,5-T 酸	2		

5.1.2　有机污染物在土壤中的转化与降解过程

土壤是一个复杂的多介质、多界面体系，有机污染物在土壤中的行为涉及多种多样的生物和非生物界面过程。土壤对有机污染物的界面行为（特别是吸附行为）不但是主导其迁移转化、归趋、生物有效性的重要因素，而且对其光解、水解、氧化/还原等非生物转化，以及微生物、植物和土壤动物主导的生物降解过程有着重要影响（Gan et al.，2009；Sorensen et al.，2004；倪妮等，2016）。以 PAHs 为例，微生物转化在轻度 PAHs 污染的土壤中占主导作用，PAHs 可成为微生物的碳和能量的来源，其中双环和三环 PAHs 更容易被微生物降解，三环以上 PAHs 的持久性则更强。Cerniglia 等提出 PAHs 生物降解的总体方案（Cerniglia，1997），即细菌释放双加氧酶，有取代 PAHs 的氧化和脂肪族基的形成；真菌在单加氧酶的作用下转化 PAHs 生成芳香族氧化物，然后再形成酚类物质；藻类细胞中含有较多的羟基自由基，能够促进 PAHs 的降解。研究表明，微生物可利用的组分在 20 d 内可被降解到微量（Fitzpatrick et al.，2008）。虽然生物转化被认为是影响土壤中 PAHs 的关键因素，但也存在一些弊端。一方面，大环 PAHs 具有较强的疏水性，在土壤中不易被微生物降解；另一方面，高浓度 PAHs 会对土壤中的微生物有毒害作用，从而降低或阻止它们被生物降解（Menager et al.，2012）。因此在高度污染的土壤中，PAHs 自身的毒性使得微生物降解受到严重的限制（Mahmoudi et al.，2013）。

近年来，土壤中 PAHs 的非生物转化过程得到较多关注。非生物转化是指在没有生物参与的情况下，原始污染物浓度降低的过程。特别是在高毒性和高浓度 PAHs 污染的土壤中，非生物降解对自然衰减的贡献不可忽视（Madrid et al.，2016）。PAHs 在土壤中的非生物转化过程与土壤含有的活性组分有关，包括土壤有机质、金属氧化物和黏土矿物等（Gmurek et al.，2017）。这些组分为有机污染物分子发生化学反应提供了有效的活性位点或微观界面。且活性组分的类型、晶型、粒径、形貌、表面官能团等均在一定程度上影响着界面反应发生的可能性及反应的速率。此外，不同结构的化学物质在土壤界面上的非生物转化原理（或历程）也有很大的差异。除光解外，污染物转化过程有着较大的分子特异性和选择性。硝基芳香化合物和卤代烃等污染物易与 Fe（Ⅱ）等还原性物质反应而被还原脱氯（或胺基化），农药分子容易发生水解反应；富电子的芳香类化合物则易被氧化形成其衍生物。总体来说，绝大多数有机分子在转化中是毒性减小的过程；但一些有机物在土壤中亦会发生特异性反应，生成了比母体化合物毒性更大的产物和具有潜在危险性的转化产物。在本书中我们重点关注非生物转化所涉的界面行为与过程。

（1）光解

有机污染物在土壤表面的光解指吸附于土壤表面的污染物分子在光的作用下，将光能直接或间接转移到分子键，使分子变为激发态而裂解或转化的现象，是有机污染物在土壤环境中消失的重要途径。土壤表面农药光解与农药防除有害生物的效果、农药对土壤生态系统的影响及污染防治有直接的关系。20 世纪 70 年代以前人们对污染物光解的研究主要集中于水、有机溶剂和大气，此后，土壤表面有机污染物的光解也引起了较大的关注（司友斌等，2002；张利红等，2006）。研究发现，土壤表层的有机污染物往往会受到来自外界能量（光照）的作用，其自身结构会发生改变，比如键的断裂（Nikolaou et al.，1984），因此，表层土壤（厚度约 0.1 mm）中有机污染物可以通过光解作用发生转化。1978 年，美国 EPA 等机构已规定，新农药注册登记时必须提供该农药在土壤表面光解的行为与速率。相较而言，有机污染物在土壤表面的光解速度要比在溶液中慢得多。这主要基于以下原因：其一，光线在土壤中的迅速衰减造成有机污染物在土壤中光解速率减慢；其二，土壤颗粒吸附有机物分子后发生的内部滤光现象也会引起农药在土壤中光解速率减慢。例如，PAHs 在含碳较高的粉煤灰上光解速率明显减慢，正是由于分散、多孔和黑色的粉煤灰提供了一个内部滤光层，保护了吸附态有机分子不易发生光解。此外，土壤中可能存在的光淬灭物质，这些物质会淬灭光活化的有机分子，从而减慢有机污染物的光解速率。

土壤中有机污染物的光解一般分为直接光解和间接光解。直接光解反应是指有机污染物分子直接吸收太阳光的光能，由基态变为激发态，进一步发生改变原来分子结构的一系列反应。直接光解反应需要有机污染物分子吸收光的波长范围与太阳光有所重叠。间接光解反应又称为光敏化和光催化反应。前者是土壤中的光敏化物质（如腐殖质）吸收太阳光后转化为激发态，处于激发态的分子进一步将能量传递给有机分子或基态的氧分子，从而发生氧化反应的过程。在此过程中，光敏化物质分子结构原则上不发生变化，只是起到类似光催化的作用。而光催化是指光照于半导体材料上促使电子和空穴分离，进一步氧化/还原水分子或氧气，形成 ROS，促使有机污染物降解的过程。不论是哪种反应机制，光在土壤中的穿透能力都是影响或限制有机污染物光解的关键因素，因此，影响光的透过性的因素（如土壤的物理特性）就成为这类光解反应的主要的限制条件。有机污染物在土壤中的光解过程不但与土壤密度、孔隙率、颗粒大小等物理性质有关，而且与土壤组分（如金属氧化物、黏土矿物和有机质的含量）有较大的关系。Ti、Fe、Zn 等金属氧化物具有光催化的作用，在光照下可促使活性氧物种（Reactive oxygen species，ROS）产生，进而加快有机污染物的降解。黏土矿物在一定程度上也可以起到光催化的作用，特别是以"Cation-π"形式吸附于黏土矿物表面的 PAHs 具有较大的光转化速率。而土壤有机质中的腐殖质在光照条件下能够有效地降解 PAHs 等有机污染物，该降解主要归因于腐殖质的光敏作用，光诱导腐殖质形成具有氧化还原能力的 ROS 来促进污染物的降解（Shi et al.，2020）。

（2）水解

除了表层土壤的光解外，有机污染物（特别是农药分子）在土壤中可能还会发生水解等催化转化过程。水解是指有机化合物与水分子之间发生化学反应的过程。其原理是有机污染物（RX）与 H_2O 反应，原来分子中的 R—X 键被打断并形成新的 C—C 键的加和反应以及消除反应等，进而 X 基团与 OH 基团发生交换，而 H 与 X 相结合：$RX + H_2O \longrightarrow ROH + HX$。由于土壤体系含有大量水分，水解过程较易发生，因而水解成为有机污染物在土壤中的重要转化途径。有机化合物的水解特征与其在环境中的稳定性密切相关，农药分子往往易于发生水解反应，这主要是由于有机磷农药、氨基甲酸酯类农药的分子结构带有 R-X 基团，且易于与水分子反应。因此，水解反应是影响农药分子在土壤环境中转化和归趋过程的重要判据之一，也是评价农药残留特性的重要指标（杨克武等，1994）。

（3）氧化/还原反应

土壤中存在 Fe/Mn 氧化物、含铁黏土矿物、活性有机质及氧化剂（如 H_2O_2）等多种具有氧化还原性能的组分，这些组分或物质同样可以促使土壤中有机污染物的转化或降解，其转化的机理会涉及电子的得失，即氧化还原过程。其中，Fe/Mn

氧化物是含量最为普遍的一类物质，可氧化/还原多种难降解的物质。倪正等（2021）考察了 FeOOH、α-Fe_2O_3 和 Fe_3O_4 在自然条件下对 ANT 的转化行为，发现这三类金属氧化物都能降解 ANT，且 α-Fe_2O_3 表现出较强的降解性能。这主要由于 α-Fe_2O_3 表面存在的氧空位有助于 Fe（III）的暴露，进而形成较多的活性位点。虽然土壤中锰的含量较 Fe 少，但其有更强的氧化性，可氧化或降解 PAHs、农药、苯酚等多种有机物，其氧化能力主要取决于 Mn 氧化物的晶型、粒径及形貌。氧化能力不仅源于 Mn（IV）和 Mn（III）等高价态 Mn 的氧化性，且其表面的氧空位及吸附态 ROS 同样对于有机污染物的氧化起到重要的贡献。土壤中的有机质不但对有机污染物具有较强的吸附性能，而且其富含酚羟基或醌基等具有氧化还原性能和电子穿梭能力的基团，这些基团不仅直接表现出一定的氧化或还原能力，同时也可间接响应环境条件变化促使 ROS 产生，从而起到降解污染物的作用。此外，黏土矿物作为土壤的主要矿物组成，具有独特的层状结构、较大的比表面积和阳离子交换能力等，这些特性使它能够为有机污染物在矿物表面的结合提供所需的活性位点，在矿物表面可能发生各种化学过程，包括有机化合物的吸附和转化。Tao 等（1999）发现黏土矿物可以对三氯乙烯的降解起到促进作用，其中含有 Zn（II）离子的蒙脱土对三氯乙烯的转化效率远高于其他黏土矿物（如高岭土、含有 Ca^{2+} 的蒙脱土）。Hwang 等（2003）研究发现黏土矿物（蒙脱土和高岭土）对芘和菲都有吸附作用，但不同黏土矿物对 PAHs 的吸附性能不同。其中，蒙脱土对这两个污染物的吸附量高在高岭土上的吸附量。该研究仅对吸附行为进行了研究，并没有对其机理进行分析。随后，研究人员探究了 PHE 在不同黏土矿物表面上发生光降解时的不同情况，提出：不同黏土矿物对 PHE 降解能力的不同取决于黏土中金属离子含量（如 Fe^{3+}）的多少，还取决于黏土的微环境（如 pH 和含水量）。贾汉忠等研究指出，过渡金属离子或金属氧化物修饰的黏土矿物对 PAHs 具有较强的催化转化能力，其中 Fe（III）-蒙脱石在 1 d 内对蒽、芘和苯并[a]芘的转化率分别达到了 30%、50% 和 70%（Jia et al.，2014），并分析了 PHE 的降解产物主要包括邻苯二甲酸盐、9,10-菲醌等（Jia et al.，2012）。

总体来说，土壤颗粒表面 PAHs 的非生物转化过程涉及有机物的氧化还原过程，包括界面电子的转移或 ROS 的产生，这二者的生成常常会引起有机自由基中间体的形成（Boyd et al.，1986），所形成的自由基中间体可能在土壤颗粒表面稳定下来，称为环境持久性自由基（EPFRs）（肖翻等，2019）。Dellinger 等最早在一个被五氯苯酚污染的土壤中检测到了一类具有较长寿命的新型污染物：EPFRs，它被认为是与土壤有机质和黏土矿物颗粒相互作用后才形成的一类自由基物质。土壤中发现存在 EPFRs，进一步表明它具有环境普遍性。然而，目前有关土壤环境中 EPFRs 的研究比较分散，还未有综合性的概述土壤中 EPFRs 的特征、形成过程、环境稳定性以及毒理研究的论著，本章将近年有关土壤中 EPFRs 的研究进行总结和归纳。

5.2　有机污染土壤中环境持久性自由基的赋存特征

由于有机污染物种类繁多和土壤环境体系复杂，因此有机污染物在土壤中形成 EPFRs 的多少会与诸多因素有关，如土壤组分、母体化合物、土壤性质、环境条件等。2011 年，dela Cruz 等（2011）在被五氯苯酚（PCP）污染超过 25 年的木材加工厂的土壤中检测到了 EPFRs，并发现 EPFRs 在该场地土壤中的浓度达到 $20.2（\pm 0.20）\times 10^{17} \, \text{spin/g}$，与未污染土壤 $[0.7（\pm 0.08）\times 10^{17} \, \text{spin/g}]$ 相比，EPFRs 的浓度高了近 30 倍（图 5-1）。五氯苯酚污染土壤中形成的 EPFRs 的 g-因子值在 2.003 0～2.003 9，相应的线宽 $\Delta H_{\text{p-p}} \sim 6 \, \text{G}$，属于典型的含杂原子以碳为中心的自由基（dela Cruz et al.，2014）。有研究发现，土壤中不同组分中 EPFRs 的丰度具有明显差异。使用强酸、强碱作为提取溶剂将土壤中各组分所含有的 EPFRs 进行分离后分析发现，近 90% 的 EPFRs（$17.4 \times 10^{17} \, \text{spin/g}$）存在于黏土和胡敏素的复合物中，约 5% 的 EPFRs（$0.95 \times 10^{17} \, \text{spin/g}$）存在于富里酸和腐殖酸上。

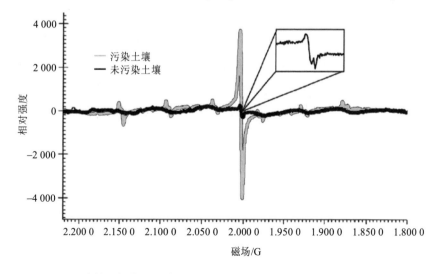

图 5-1　土壤被五氯苯酚污染前后的 EPFRs 信号（dela Cruz et al.，2014）

随后，dela Cruz 课题组（2014）在另外两个污染场地（Montana and Washington）的土壤沉积物中检测 EPFRs 信号。其中 Washington 场地土壤主要被 PAHs、五氯苯酚、多氯联苯和多溴联苯醚等高危险有机化合物污染。分析发现 EPFRs 的 g-因子值为～2.002 77，形成的 EPFRs 主要是碳中心自由基。该场地 EPFRs 信号具有较宽的线宽（ΔH_{p-p}～9 G），它是由 PAHs、多氯联苯和多溴联苯醚形成的多个以碳为中心的自由基信号叠加而成的。而 Montana 场地土壤主要也是被五氯苯酚污染，形成 EPFRs 的 g-因子（～2.003 00）与 2011 年木材加工厂场地土壤中检测到的 EPFRs 参数一致（dela Cruz et al.，2011），该类 EPFRs 属于氧中心自由基或与杂原子（如氧原子或卤素原子）相连的碳中心自由基（Jezierski et al.，2000；Jezierski et al.，2008；Polewski et al.，2005），即五氯苯氧自由基。该场地 EPFRs 信号的线宽为～6 G，表明只含有一类自由基。此外，该课题组还检测了不同土壤深度下 EPFRs 的浓度，发现中层土壤（10～20 cm）中的 EPFRs 浓度最高，其次是表层土壤（0～10 cm）和底层土壤（20～30 cm）。该研究在支持了前期探究木材加工厂场地中检测到五氯苯氧自由基的同时，进一步表明 EPFRs 并不局限于形成在燃烧产生的颗粒物上，在自然环境下的有机污染土壤中也可以形成 EPFRs。

2017 年，贾汉忠课题组（Jia et al.，2017）发现 EPFRs 同样存在于焦化场地土壤中，其丰度达到 10^{17} spin/g，g-因子的范围在 2.002 8～2.003 6，具有较大的线宽 ΔH_{p-p}～9.6 G。进一步研究发现，焦化场地土壤中 EPFRs 的含量在空间分布上有所不同。该研究工作选取了三个采样点，分别处于炼焦炉车间周边（2 个采样点）和焦油分离装置处（1 个采样点），通过测量离污染源不同距离土壤中 EPFRs 的浓度发现，其浓度在距离焦炉周围 0～20 m 时呈现增大的趋势，当距离 >20 m 后呈现减小的趋势；而焦油分离装置附近土壤样品中 EPFRs 的浓度随污染源距离的增大而减小，从最初的 $3.2×10^{17}$ spin/g 降低到了 $2.5×10^{16}$ spin/g（离污染源 500 m 位置）。污染场地不同深度土壤中 EPFRs 浓度也存在较大的差异性。研究测定了 4 个不同深度土壤的 EPFRs 丰度：0～5 cm、5～10 cm、10～20 cm 和 20～30 cm，通过分析结果发现，焦油分离装置附近土壤样品中 EPFRs 的浓度随着取样深度的增加而急剧下降；炼焦炉车间周围土壤样品中 EPFRs 浓度在 5～10 cm 深度时较表层土(0～5 cm)增加了近 1 个数量级；三个位点在 20～30 cm 深度土壤中 EPFRs 的丰度仅为 10^{16} spin/g。进一步通过相关性分析发现，PAHs、黏土矿物和含铁矿物是该场地土壤产生 EPFRs 的主要影响因素。与此同时，课题组还模拟研究了环境条件（如湿度和好氧/缺氧）对土壤中 EPFRs 形成和稳定性的影响，发现在无水无氧环境下，EPFRs 的自旋密度呈现先下降后增加的趋势，直到体系反应到 60 d 左右，其 EPFRs 的自旋密度才趋于稳定。该研究对焦化设施周围 EPFRs 分布、浓度和对环境条件的潜在影响进行了综合探究，为降低污染土壤中 EPFRs 形成的风险，以减少与这种新兴污染物相关的公众接触风险提供了认识。

在受到 PAHs 污染的土壤中，煤气厂场地土壤中也发现了 EPFRs 的存在。研究者同样采用 EPR 技术检测了不同制气场地土壤中 EPFRs 的污染程度和分布特征。在煤制气、轻油制气和气制气 3 类不同生产工艺污染场地中，煤制气场地污染土壤的 EPFRs 丰度明显高于其他 2 类生产场地，自旋电子浓度高达 3.58×10^{15} spin/g（表 5-3）；气制气生产场地土壤的 EPR 信号谱图峰面积最小，自旋密度最低，为 1.25×10^{15} spin/g；而未污染土壤（CK）未被检测到 EPFRs 的存在。在 5 个采样地土壤中，g-因子值处于 2.003 1～2.003 5，ΔH_{p-p}（EPR 线峰宽）约为 6.0 G，表明污染土壤中的 EPFRs 是以碳和氧为中心的混合自由基。

表 5-3　不同采样点土壤的 EPR 特征参数（自旋密度，g 因子值和 ΔH_{p-p}）

场地类型	自由基丰度/（×10^{15} spin/g）	g-因子值	线峰宽/（ΔH_{p-p}）
煤制气	3.58±0.07	2.003 35±0.000 1	5.96±0.2
气制气	1.25±0.07	2.003 58±0.000 6	6.10±0.1
轻油制气	2.54±0.12	2.003 31±0.000 7	6.34±0.3

2018 年，潘波课题组研究了云南宣威低质煤燃烧地区表层土壤中 EPFRs 的含量和来源，结果显示，表层土壤（3.20×10^{17} spin/g）中 EPFRs 的浓度比悬浮颗粒物（4.47×10^{18} spin/g）、煤（3.10×10^{19} spin/g）和烟灰（2.49×10^{19} spin/g）中 EPFRs 的浓度都低。此外，表层土壤的 EPR 信号具有较低的 g-因子（2.003 9）和较大的线宽（7.94 G），主要是含碳为中心的自由基，这表明土壤中的自由基不是来自煤或烟尘。经分析土壤有机质自由基信号的 g-因子范围在 2.003 0～2.004 2，表明半醌类自由基占主要贡献。基于以上研究可以看出，EPFRs 不仅存在于燃烧颗粒物，在自然环境的有机污染土壤中也能形成具有较强丰度（高达 10^{18} spin/g）的 EPFRs，这是对以往传统认识的突破。目前发现土壤中能够形成 EPFRs 的前驱体有机污染物主要有五氯苯酚、PAHs、多氯联苯、多溴联苯醚、二噁英等含有芳香环结构的有机化合物（Boyd et al.，1985；dela Cruz et al.，2014；dela Cruz et al.，2011；Jia et al.，2017）。土壤中 EPFRs 的来源除了上述有机物污染与土壤直接作用外，还来源于焚烧过程（如燃煤、垃圾燃烧）所产生的颗粒物，它们经过干湿沉降作用

迁移和进入土壤环境。这足以证明 EPFRs 在有机污染场地土壤中存在的普遍性。

土壤的粒径亦是影响 EPFRs 形成和赋存的关键因素。贾汉忠课题组分析了制气场地土壤不同粒径颗粒中 EPFRs 的丰度（图 5-2）。结果显示，在污染土壤中各粒级 EPFRs 的自旋密度随着粒径变化的规律基本类似，随着粒径的减小呈现出先增大后减小的趋势；但在背景（未污染）土壤中各粒径颗粒均未检测出 EPFRs。在 5 个不同采样点中，土壤粒径处于 0.075～0.15 mm 时，其 EPFRs 的自旋密度达到最大值，其数值分别为～2.5×10^{15} spin/g，占总 EPFRs 含量的 25%左右。而所有采样点土壤 EPFRs 的最小丰度值均位于 0.50～1.00 mm 粒径的土壤颗粒上，自旋密度为 0.6×10^{15}～1.04×10^{15} spin/g，表明土壤粒径间 EPFRs 的自旋密度差异较大，EPFRs 更容易在较小的颗粒中形成，这个结果与 Yang 等的研究结果相似（Yang et al.，2017b）。一方面，EPFRs 更容易吸附在较小的颗粒上，小颗粒具有更大的比表面积和更多孔的表面，提高了自由基的吸附能力、保留能力以及反应活性（Mu et al.，2016）；另一方面是小颗粒上的 PAHs 含量较高，为 EPFRs 的形成提供了更多的前驱体。

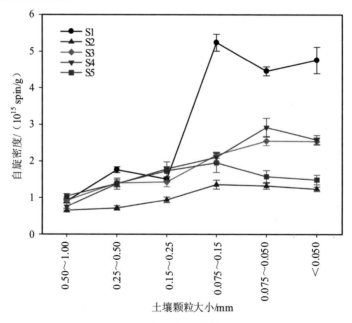

图 5-2　不同粒径各土壤的电子密度

　　不同粒级土壤颗粒上 EPFRs 的类型可能也存在差异,制气场地土壤中既有氧中心自由基,也有碳中心自由基。氧为中心的自由基更多存在于污染程度相对较高的土壤中,并且粒径较小的颗粒中有机污染程度以及 EPFRs 的电子自旋密度更高,导致较小颗粒中附着氧为中心的自由基相对更多一些。而氧为中心的自由基毒性似乎更大一些(Dugas et al.,2016),较小的土壤颗粒更容易被人体间接或直接摄入,因此小粒径的土壤颗粒毒性更强。EPR 信号光谱特征参数 $\Delta H_{p\text{-}p}$ 的范围为 5.76~6.82 G,变化较小,但随着粒径的减小而变窄,说明在粒径较小的土壤颗粒中,其自由基种类越少。

　　EPFRs 的形成往往与土壤的污染程度和性质有较大的关系。在 PAHs 污染土壤中,EPFRs 的丰度与 PAHs 的含量、黏土的类型、过渡金属的类型和含量有较大的相关性,这主要是由于这些因素决定了 PAH 类 EPFRs 的形成过程。然而,不同粒径中土壤颗粒自旋密度与∑PAHs 含量的相关性也有所差异,粒径<0.150 mm 的土壤颗粒中 EPFRs 的自旋密度与∑PAHs 的含量相关性强于粒径位于 0.15~1.000 mm 的土壤颗粒,其中粒径位于 0.075~0.150 mm 的土壤颗粒呈现极显著的正相关(R^2 = 0.978,P<0.01)。不同粒径颗粒土壤中 EPFRs 自旋密度与 SOC 含量的相关性也表现出类似的规律:粒径<0.150 mm 的相关性明显强于粒径位于 0.150~1.000 mm 的颗粒,其中粒径位于 0.075~0.150 mm 的相关性最强(R^2 = 0.957,P<0.01)。不同粒径土壤中 EPFRs 自旋密度与过渡金属(Cu、Zn)含量的相关性的趋势与 SOC 含量的相关性相似,但相关性弱于 SOC 和∑PAHs。土壤中 EPFRs 自旋密度与 Cu 含量相关性最强的是粒径<0.050 mm(R^2 = 0.750,P<0.05)的,而粒径位于 0.075~0.150 mm 的颗粒却没有显著的相关性,粒径位于 0.250~1.000 mm 的土壤颗粒中 Cu 含量与自旋密度无相关性。土壤中 EPFRs 自旋密度与 Zn 含量呈正相关性,随着粒径减小呈现为先增大后减小,其中相关性最强的粒径位于 0.075~0.150 mm(R^2 = 0.77,P<0.05)。这表明了 EPFRs 的形成与土壤粒径大小有一定关系,粒径越小的土壤颗粒,EPFRs 形成的可能性越大。这可能与小粒径土壤颗粒中黏粒含量更高有关,有研究表明,焦化场地土壤中 EPFRs 的自旋密度与黏粒含量呈正相关,黏土矿物(特别是蒙脱石等层状矿物)的层间微环境在很大程度上促使了 EPFRs 在土壤中的形成并稳定(Jia et al.,2016)。

5.3 有机污染土壤中环境持久性自由基的形成机制

土壤是一个复杂的体系，含有丰富的活性组分，这些组分提供了多样的反应界面（位点）和单元（反应器），为有机污染物的转化和降解提供了必要的基础，也具备了 EPFRs 形成的条件：包括大量的硅酸盐载体（如黏土矿物和二氧化硅）、有机化合物的容纳器，以及丰富的过渡金属氧化物，这些条件为 EPFRs 的形成提供了适宜的反应和稳定场所。就 EPFRs 而言，其形成与累积可能涉及有机污染物在土壤颗粒界面的生物和非生物转化过程。特别是无机矿物或其与有机组分混合物界面电荷转移（或氧化还原）过程可能是诱导 EPFRs 形成的关键步骤。而这些过程与土壤中带有氧化还原活性的物质密切相关。在土壤环境中，具有氧化还原特性的组分包括 Fe、Mn、Cu、Zn 等过渡金属氧化物（离子）、带有氧化还原基团的有机质，以及氧化还原酶等生物物质，还有一些具有得电子能力的路易斯酸位点（如 Al 氧化物）亦可能是促使污染物发生氧化还原反应的活性位点。Boyd 和 Mortland 是最早发现蒙脱土界面上可形成二噁英类、氯苯酚和氯苯甲醚自由基，并提出 EPFRs 主要是污染物和 Cu（Ⅱ）直接发生电子转移形成的，但他们并未对 EPFRs 的形成机制进行详细阐述（Boyd et al., 1985）。基于此，dela Cruz 课题组（2011）假设性提出了土壤中 PCP 形成 EPFRs 的可能路线。如图 5-3 所示，PCP 与土壤中存在的过渡金属离子或金属氧化物上的电子传递给 PCP，进而形成有机化合物阳离子自由基。PCP 与金属离子结合后失去小分子化合物（H_2O 或 HCl），PCP 将氧原子上多余的电子转移给金属离子后形成了 EPFRs。PCP 进一步会与土壤中的两组分结合形成复合物（PCP-土壤有机质-金属），其中土壤有机质作为五氯酚的电子传递介质，将 PCP 上的电子传递给金属离子后形成 EPFRs。

贾汉忠课题组（Jia et al., 2016）在研究土壤中 PAHs 转化产生 EPFRs 的过程中发现，不同类型 PAHs 在 Fe（Ⅲ）-饱和黏土矿物界面的能否转化及反应速率有较大差异，只有供电子能力强、离域能相对较低的 PAHs（如蒽和苯并[a]芘）才会在黏土矿物表面发生转化，并在这些分子的转化过程中检测到了 EPFRs 的形成，而供电子能力相对较小（对应的离域能相对较大）的 PAHs（如菲、芘）均未观测到 EPFRs 的形成（图 5-4），由此说明，PAHs 分子结构直接影响到其降解及 EPFRs 的形成。需要强调的是，污染物在无机矿物表面的转化并非意味着 EPFRs 的形成。例如，芘在 Fe（Ⅲ）-黏土矿物表面发生了转化，并检测到了羟基芘的产物，但在其转化过程中并没有 EPFRs 的形成，这可能由于电子转移形成的自由基中间体不够稳定而极易转化为最终产物。而对于离域能较大的分子（如菲）不能发生转化的原因是其不具有足够的供电子能力（或氧化性），也就是在菲/黏土矿物界面较难发生电荷的转移，不具备促使有机污染物转化及生成 EPFRs 的条件。这一结果说明，有机污染物分子在土壤矿物表面发生氧化还原转化（或电子传递过程）并不意味着 EPFRs 一定会形成，但不能发生转化的物质肯定不会有 EPFRs 产生。

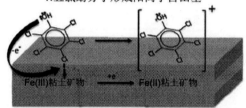

1.五氯酚分子形成阳离子自由基

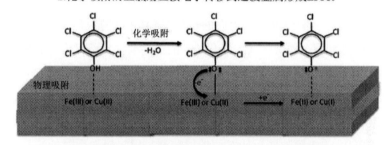

2.化学吸附的五氯酚直接电子转移到过渡金属形成EPFR

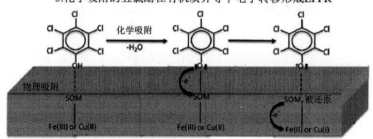

3.化学吸附的五氯酚在有机质介导下电子转移形成EPFR

图 5-3　五氯酚在土壤中形成 EPFRs 的 3 种机制过程（dela Cruz et al.，2011）

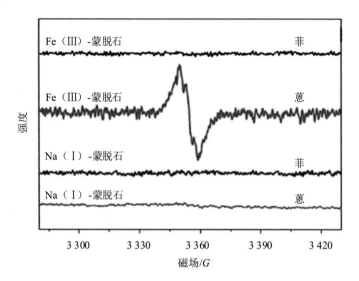

图 5-4　多环芳烃在黏土矿物表面上形成 EPFRs 的信号 (Jia et al., 2016)

有机污染物在土壤无机矿物界面的转化及 EPFRs 的形成除了与其分子特性有关外,还与矿物界面金属离子(或氧化物)的类型有关。贾汉忠课题组(Jia et al., 2018)测试了不同金属离子 [包括 Fe (Ⅲ)、Cu (Ⅱ)、Ni (Ⅱ)、Co (Ⅱ) 和 Zn (Ⅱ)] 饱和蒙脱土界面上 PAHs 转化形成 EPFRs 的过程,结果发现,PAHs 在过渡金属离子饱和蒙脱土界面上形成的 EPFRs 丰度在 10^{16}~10^{17} spin/g。有机污染物/蒙脱土界面上 EPFRs 的浓度随着反应时间的增加都呈现先增加后降低的趋势,但不同污染物形成 EPFRs 的浓度具有一定的差异性(图 5-5)。当有机污染物为蒽时,在 Fe (Ⅲ)-蒙脱土界面上生成的 EPFRs 最高含量(1.05×10^{17} spin/g)比在 Cu (Ⅱ)-蒙脱土界面上生成的 EPFRs 含量(5.0×10^{16} spin/g)高 2 倍,比 Ni (Ⅱ)-蒙脱土界面上生成的 EPFRs 含量(1.95×10^{16} spin/g)高 5 倍以上。当有机污染物是苯并[a]芘时,在不同金属改性蒙脱土界面上生成 EPFRs 的含量依次是 Co (Ⅱ)-蒙脱土(1.44×10^{17} spin/g)>Ni (Ⅱ)-蒙脱土(1.25×10^{17} spin/g)>Cu (Ⅱ)-蒙脱土(8.1×10^{16} spin/g)>Zn (Ⅱ)-蒙脱土(1.1×10^{16} spin/g),其中在 Zn (Ⅱ)-蒙脱土上 EPFRs 含量随着反应时间变化不明显,在其他 3 个黏土矿物表面上生成 EPFRs 的浓度随反应时间变化的趋势和蒽-EPFRs 相同。通过比较蒽和苯并[a]芘在金属饱和蒙脱土界面上形成 EPFRs 的丰度发现,土壤中金属元素的种类和有机污染物母体的类型共同影响了 EPFRs 的含量和衰变趋势。这主要是由于有机污染物分子性质和活性位点(如吸附或结构态过渡金属)共同决定着界面电子的转移,以及所形成的自由基—金属络合体的稳定性。

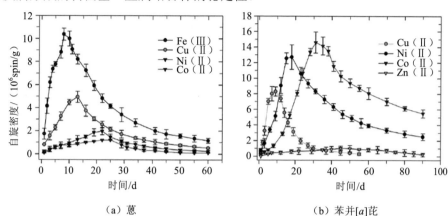

图 5-5　不同金属改性蒙脱土表面上（a）蒽和（b）苯并[a]芘形成 EPFRs 的 浓度随时间的变化（Jia et al.，2018）

　　后续研究中发现，黏土矿物表面蒽和苯并[a]芘的转化过程中会形成多种类型的 EPFRs。经过对 EPR 谱图的 g-因子进行分析，蒽在黏土矿物界面转化过程中会形成 3 种类型的 EPFRs：以碳为中心自由基（$g1$）、以氧为中心自由基（$g2$）和含杂原子的以碳为中心自由基（$g3$）（Jia et al.，2016）。结合光谱学分析和理论计算结果推演出了 3 类 EPFRs 的形成路径（图 5-6）。首先，芳香类有机污染物分子与黏土矿物表面过渡金属离子（如 Fe^{3+}、Cu^{2+} 等）发生电子转移，生成芳香型阳离子自由基，此类 EPFRs 的稳定性相对较低，其未配对电子可被大气氧分子氧化或被水分子淬灭，而水比氧气更易与芳香型阳离子自由基反应，从而形成有相邻氧原子的碳中心苯酚自由基，当它去除质子化后形成了蒽酮，蒽酮和蒙脱土之间的电子转移诱发产生以碳为中心的蒽酮自由基；该自由基进一步水解生成蒽酚酮，并转化为最终产物蒽醌。同样，Borrowman 等（2016）也发现在苯并[a]芘的溶解相中存在 3 种 EPFRs 连续排列在顺磁共振光谱中，其中两种属于半醌类，另一种属于 PAHs 转化形成的以碳为中心的自由基。王鹏等（2018）观察到 PAHs 在蒙脱土中降解时，均生成了以氧或碳为中心的自由基，猜测 PAHs 可能首先被氧化成酚类或醌类，形成半醌型 EPFRs 或苯氧基 EPFRs。这些研究结果表明，无机矿物表面氧化活性位点的电子吸收能力可促使电子从有机污染物向过渡金属转移，从而形成更加稳定的醌类自由基。之前的工作较多关注于土壤矿物界面的非生物过程，而在实际土壤环境中，有机污染物的降解可能很大程度上受到微生物的影响，微生物在有机污染物降解过程中对 EPFRs 的生成所起的作用与否还有待进一步的研究论证。

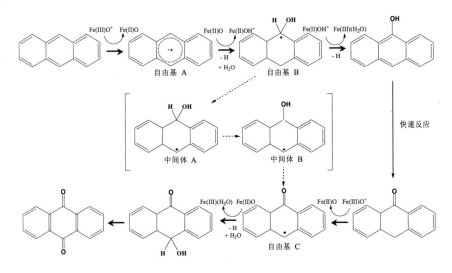

图 5-6 蒽在 Fe（Ⅲ）-黏土矿物表面的转化机理（Jia et al.，2016）

5.4 有机污染土壤中形成环境持久性自由基的影响因素

土壤中 EPFRs 的形成和累积过程受到土壤类型、有机污染物分布特征以及环境条件等多方面的影响。由于土壤类型多样，不同类型土壤的组成和性质有较大差异，由此，有机污染物在不同类型土壤中转化形成 EPFRs 的速率和稳定性均有较大的差异。贾汉忠课题组（2019）通过实验模拟分析了我国 7 种典型类型的土壤（红壤、黄壤、砖红壤、褐土、黑钙土、潮土和棕钙土）中 PAHs 转化形成 EPFRs 的演变趋势（图 5-7）。研究发现，不同类型土壤中 PAHs 的转化速率、EPFRs 的形成速率、EPFRs 的衰减速率均表现出较大的差异。总体表现出先增大后减小的趋势，但不同土壤类型中 EPFRs 丰度的最大值及其所需的反应时间均不同。蒽在棕钙土、黑钙土、红壤、褐土、黄壤、砖红壤和潮土上分别反应 29 d、25 d、6 d、10 d、12 d、17 d 和 21 d 时所形成 EPFRs 含量达到最大值，分别为 4.51×10^{18} spin/g、8.1×10^{18} spin/g、6.7×10^{18} spin/g、7.8×10^{18} spin/g、9.5×10^{18} spin/g、11.0×10^{18} spin/g 和 4.7×10^{18} spin/g。可以看出，砖红壤上 EPFRs 浓度比棕钙土上 EPFRs 浓度高了近 2.5 倍，这是由于砖红壤中含有较多的含铁矿物（如 Fe_2O_3、Fe_3O_4、FeOOH 等）

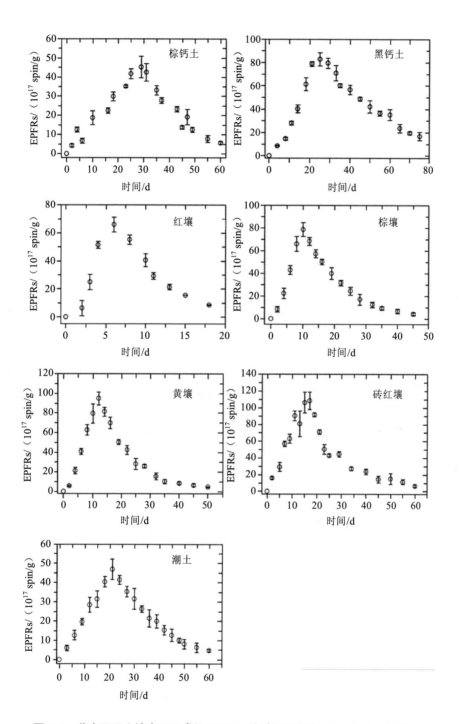

图 5-7　蒽在不同土壤表面形成的 EPFRs 随时间的变化（Jia et al.，2019）

和黏土矿物，这些物质为 EPFRs 的形成和稳定提供了良好的条件。同时，红壤和砖红壤中 EPFRs 形成最高丰度所用的时间较短，说明在这些土壤中 PAHs 转化形成 EPFRs 的速率较快。进一步分析发现，蒽在红壤中的降解速率是最快的，然而 EPFRs 的浓度并不高。与此相比，黑钙土中 EPFRs 最高值形成所用的时间较长，但其最大值较大。这是由于，黑钙土中有机质含量较高，反应起初阶段土壤中有机质通过吸附作用抑制了 PAHs 的转化速率，但随着反应的进行，PAHs 与活性矿物有更多的接触反应机会，增加了 EPFRs 的产生，另外，土壤中有机质可对产生的 EPFRs 起到稳定作用，从而增加了其累积量。这些结果说明，EPFRs 的积累过程不仅取决于其形成的速率，还取决于其在土壤中的稳定能力。这一部分将会在 EPFRs 的稳定性中讲到。

自然环境条件下，土壤中 EPFRs 的形成会受到来自光照、氧气和水分等因素的影响。近年来，研究者主要采用实验室模拟环境条件来分析不同环境条件对 EPFRs 的影响。贾汉忠等采集了煤焦化场地中不同位置的实际污染土壤样品（焦炉周围 2 个采样点和焦油蒸馏装置处 1 个采样点），将其暴露于不同的含氧条件（有氧/无氧）和不同相对湿度（RH = 7% 和 100%）条件下，定期测定土壤中 EPFRs 的含量。结果发现，在有氧、无光、低湿度条件下，实际污染土壤样品中 EPFRs 浓度会保持一个相对稳定的状态；但在相对湿度较高（RH = 100%）的条件下，污染土壤样品中 EPFRs 的浓度呈现快速衰减的趋势，10 d 后 EPFRs 的浓度在初始丰度 1/10 的水平波动，这可能是由于高湿度条件下 EPFRs 易于被水分子淬灭。在无水、无光和无氧气条件下，焦化场地土壤中 EPFRs 浓度随反应时间呈现先降低后升高的趋势。由此可以看出，氧气、水分和湿度对 EPFRs 的产生和稳定起着关键的作用。除此之外，温度亦是影响 EPFRs 形成的关键因素，dela Cruz 等分析了五氯苯酚污染土壤在低温热处理（25~300℃）下 EPFRs 的浓度变化，发现在无氧的条件下 EPFRs 浓度范围处于 $2 \times 10^{18} \sim 12 \times 10^{18}$ spin/g，其中在 75 ℃ 时，EPFRs 浓度最高为 12×10^{18} spin/g；有氧条件下 EPFRs 浓度范围在 $1 \times 10^{18} \sim 10 \times 10^{18}$ spin/g，在 100℃时 EPFRs 浓度最高为 10×10^{18} spin/g。对未污染土壤进行热处理后，随着温度的升高，EPFRs 浓度略有增加。然而，在任何温度下，最大观测浓度约 1.2×10^{17} spin/g，仅为污染土壤 EPFRs 浓度的 6%（Jia et al.，2017）。这表明，在对污染土壤加热过程中，黏土/矿物/腐殖质部分中自然产生的自由基对 EPFRs 浓度的增加影响非常较小。随后，在有/无光照的苯并[a]芘污染 Cu（Ⅱ）-蒙脱土体系中发现，EPFRs 的丰度在光照条件下比在黑暗条件下高 2 倍，说明光能促进黏土界面和有机污之间的电子转移。由此可以看出，土壤的组分和环境条件是影响 EPFRs 形成和稳定的关键要素。下面将重点介绍部分土壤和环境因素对 EPFRs 形成和稳定的影响及作用机制。

（1）土壤有机质

土壤有机质作为 EPFRs 的潜在前体和载体，对 EPFRs 的生成与稳定有着重要的作用。目前有两种观点，大部分研究者认为，过渡金属不需要与有机污染物直接接触就能进行电子传递，土壤腐殖质充当电子穿梭体的角色（Jia et al.，2018），它可以介导有机污染物与过渡金属间的电子传输，协助 EPFRs 的形成。Nwosu 等（2016）用聚对苯撑改性蒙脱土模拟土壤有机质吸附于黏土矿物发现，在聚对苯撑改性的体系中，有更多的 EPFRs 生成且衰减速度减慢。这可能由于苯酚与过渡金属间生成的苯氧基自由基结构与聚对苯撑之间存在 π-π 键叠加，EPFRs 利用共轭体系让电子穿梭于苯酚和聚对苯撑之间，使 EPFRs 更稳定地存在。过渡金属被腐殖质包裹后，可能有更大的概率与有机污染物相互作用。在深层土壤、淡水沉积物等缺氧环境中，腐殖质介导微生物与铁氧化物之间的电子传递过程是电子流动的重要途径（Kappler et al.，2004）。在没有过渡金属的情况下，dela Cruz 等（2011）猜测，土壤有机质还可以作为最终的电子受体，催化有机污染物生成 EPFRs。无论是土壤有机质充当电子转移的桥梁，还是作为最终电子受体，均说明了土壤有机质能够协助生成 EPFRs。

另一部分研究者认为，土壤有机质对矿物/有机污染物的包裹会一定程度上阻止有机污染物与矿物表面、过渡金属位点的接触，从而抑制 EPFRs 的产生（Koelmans et al.，2006）。在受 PAHs 污染的土壤中发现随着土壤有机质含量的增加，EPFRs 浓度呈现下降趋势。例如，当蒽加入有机质含量较高的土壤中时，其转化速率明显下降。这一结果说明在有机质含量较高的土壤中，蒽这类疏水化合物易被有机相吸附，矿物表面的活性位点不能够充分与蒽结合，抑制了蒽的转化和 EPFRs 的形成（Jia et al.，2017）。土壤有机质不仅通过与有机污染物的吸附抑制 EPFRs 的产生，还可能与过渡金属形成络合占据活性位点。例如 Fe^{3+} 与土壤有机质的络合作用减少金属活性位点的暴露，抑制污染物与过渡金属间的电子转移。对金属具有更高亲和力的有机配体，其抑制作用更大。值得强调的是，土壤有机质是减缓而不是完全阻碍有机污染物的转化与 EPFRs 的形成，因为土壤有机质总是与矿物相复合，并非单独存在。有机污染物可以通过先吸附在有机质-矿物的复合体上，然后扩散到内层无机相表面，与矿物发生相互作用，促使其转化及自由基中间体的形成。

生物炭作为人为添加到土壤中的一类富碳物质，也会影响土壤有机污染物降解过程中 EPFRs 的生成与稳定。前人的研究显示，生物炭自身含有丰富的 EPFRs，能活化 H_2O_2/O_2 或 $S_2O_8^{2-}$ 生成羟基自由基、超氧自由基和硫酸自由基，有效降解有机污染物，如 2-氯联苯、酚类化合物和多氯联苯、酚甲烷等。一方面生物炭对有机污染物的降解有可能会减少其与土壤组分的接触，降低有机污染物降解过程中 EPFRs 的生成，进而降低有机污染物的环境风险；但另一方面，生物炭上具有与腐殖质类似的氧化还原能力，以及自身所有含有过渡金属元素（如铁），可能会与有机污染物的降解产物相结合，生成新的更加稳定的 EPFRs。遗憾的是，目前的研究仅停留在讨论生物炭对污染物的去除机制，对土壤中污染物降解生成 EPFRs 的影响仍非常匮乏。

（2）过渡金属及其氧化物

过渡金属元素在有机污染物降解生成 EPFRs 的过程中是一个不可或缺的因素。它不仅作为电子受体参与 EPFRs 的生成，还能与自由基形成络合物大大提高 EPFRs 的稳定性。但在实验室模拟植物叶片降解过程中发现，EPFRs 的生成并不需要过渡金属元素的参与。这可能由于腐殖质中 EPFRs 是土壤有机质氧化还原反应中间状态的稳定形式，这类 EPFRs 的形成和稳定很可能伴随着微生物的代谢及生物大分子内共价键的断链过程，而在无机矿物表面 EPFRs 的形成过程则涉及有机污染物分子降解产生自由基中间体并被稳定下来而产生的，两者体系和机制上存在明显差异，因此需要更有指向性的研究来揭示不同土壤环境和 EPFRs 的不同产生路径下过渡金属的作用。

有机污染物存在的土壤环境中，过渡金属离子氧化能力的强弱会影响电子转移以及 EPFRs 的种类、浓度和寿命。例如，只有 Fe^{3+}、Cu^{2+} 和 Ru^{2+} 等具有一定氧化能力的金属离子才能诱导 PAHs 的电子转移，而 Al^{3+} 对其转化影响并不明显，PAHs 转化形成 EPFRs 的过程主要以过渡金属离子作为电子受体。同样，过渡金属的类型和存在也会影响 EPFRs 的稳定性。如在氧化锌上形成的 EPFRs 半衰期相对较长，持续数天甚至数月，比镍和铁氧化物上形成的半衰期高一个数量级，比氧化铜高两个数量级。杨丽丽等（2017）发现，在不同类型金属氧化物上形成的 EPFRs 种类是不同的，金属氧化物催化生成 EPFRs 的能力与其氧化性强弱顺序一致，即 $Al_2O_3 > ZnO > CuO > NiO$。同时 EPFRs 的浓度还取决于金属氧化物的含量、形貌、晶型和颗粒大小。研究表明，2,4-二氯-1-萘酚在 5% CuO/SiO_2 上吸附时自由基浓度最高；当 CuO 质量分数低于 5% 时，自由基浓度随着 CuO 质量分数的增加而迅速增加。当 CuO 质量分数大于 5%时，所形成的自由基的产率更低。这主要是由于 5% CuO/SiO₂ 的每一个铜原子上所形成自由基的数量最多。CuO/SiO₂ 纳米颗粒表面自由基浓度是微米级颗粒的 4 倍，这可能是由于纳米颗粒具有更大的表面积和防止自由基偶联，使其具有更好的分散性。

在实际场地污染土壤中也同样可以观察到过渡金属对 EPFRs 累积的影响。在煤焦化场地中，贾汉忠等研究发现，土壤 EPFRs 的丰度与 Fe、Cu、Ni、Co 等过渡金属的浓度有一定的相关关系，尽管 Fe 含量对 EPFRs 的累积影响最大，但相对含量较低的 Cu、Ni 等金属的影响也不能忽略。在 PAHs 污染的土壤中（表 5-4），EPFRs 的累积量与土壤中 Cu 和 Zn 等金属含量具有极显著的相关性，然而 Fe、Mn、Ni 未发现有相关性，这可能是由于不同采样点土壤中 Fe 和 Mn 等金属的差异不明显所致。该结果也说明，土壤是一个复杂的体系，EPFRs 形成过程也不是单一因素的影响，过渡金属对 EPFRs 在实际污染土壤中累积的作用也较为复杂，与该场地所处地理位置、环境条件和土壤类型有关。

表 5-4　土壤持久性自由基自旋密度与过渡金属离子（Fe、Mn、Cu、Zn、Ni）以
$y = a + bx$ 形式的简单线性回归（Jia et al., 2018）

y	x	a	b	R^2	R^2_{adj}	P 值
	Fe	0.14	29.01	0.092 8	0.060 4	>0.05
	Mn	1.37	547.36	0.023 5	−0.011 3	>0.05
自旋密度	Cu	0.77	19.28	0.467 4	0.448 4	<0.01
	Zn	2.28	38.13	0.488 1	0.468 9	<0.01
	Ni	0.18	20.48	0.073 6	0.040 5	>0.05

潘波等（2019）将过渡金属介导 EPFRs 形成机制综述为三个步骤：首先，芳香分子或其降解中间产物与过渡金属氧化物或离子形成物理吸附；其次，前体分子或其副产物发生化学吸附后脱去一个水分子或/和氯化氢；最后，有机化合物和过渡金属之间发生电子转移生成 EPFRs。此外，不同金属阳离子对有机污染物的吸附行为还受矿物层间间距的影响。对于钾改性蒙脱土，其底面间距足够大，能够插入五氯苯酚分子，最适合吸附有机污染物，同时水分子与污染物共同竞争吸附位点。同样，也有研究表明，饱和负载的 Fe^{3+}、Al^{3+}、Cu^{2+} 在蒙脱土上具有很强的光催化活性，能够催化产生 EPFRs。蒽、菲的光降解速率与其距离不同金属离子负载蒙脱土层间阳离子的间距大小顺序一致，间距影响金属位点与有机污染物的相互作用

力，从而影响 PAHs 转化和 EPFRs 的形成。当过渡金属及其氧化物所制备的光催化材料进入环境后，也会影响有机污染物在环境中的归趋和环境风险。目前研究指出，环境修复材料中的过渡金属氧化物（如氧化铁）能够与有机污染物反应生成 EPFRs。Vejerano（2011）与李好等（2014）均发现负载氧化铁的二氧化硅抑制了酚类的降解，因为二氧化硅表面的铁活性位点与酚类物质发生电子转移生成 EPFRs，其稳定性阻碍了酚类降解。这一过程将进一步增加有机污染物环境风险的不确定性，为预测有机污染的环境行为提出更大的挑战。

（3）氧气

氧气同样参与了 EPFRs 的形成过程，亦会影响到矿物表面 EPFRs 的稳定性。将缺氧环境下形成的自由基阳离子长时间暴露于有氧环境中，EPFRs 强度持续下降，该过程先迅速转化为相邻氧原子的碳中心自由基后，逐渐分解为以碳为中心的自由基并进一步转化为最终产物（图 5-8）（Jia et al.，2016）。这一结果说明，氧气不但参与了 EPFRs 的形成，还在很大程度上淬灭了 EPFRs。同样在厌氧条件下制备产生的生物炭上的 EPFRs 在暴露空气后，其丰度会有一个快速上升，随后下降，其上升的原因是氧气参与了次生 EPFRs 的形成，特别是以碳为中心的自由基通常比以氧为中心的自由基反应活性更强，前者会结合其周围环境中的氧、含氧官能团，或者其他物质，如水分子、阴离子和有机分子等，转化为更加稳定的相邻氧原子的碳中心自由基（Dellinger et al.，2007；Jia et al.，2019）。另外，无氧的环境条件并不影响蒽的转化率，故而，氧气可能没有直接参与氧化反应，而是其他物质提供氧源。例如，在缺氧条件下虽然无游离氧和水分子，但黏土矿物表面的 Fe^{3+} 可以与氢氧根离子或水分子结合，易与芳香族自由基阳离子发生络合，进一步促使 EPFRs 的转化，并形成更加稳定的含氧自由基。同样，在有氧、低温热处理条件下，分析被五氯苯酚污染的土壤发现，由于氧浓度的增加，EPFRs 的 g-值有所增大，但并未观察到新的含氧或过氧自由基的形成，这可能是由于以碳为中心的自由基被直接氧化或破坏造成的。此外，在部分氧化反应中，如芳香胺和酚的转化过程，即使没有过渡金属离子存在，氧气也可以协助生成自由基阳离子，形成的芳香族自由基进而也可以被吸附的 O_2 氧化（dela Cruz et al.，2012）。所以，氧气对 EPFRs 的形成和稳定存在多方面的影响，不同的反应体系存在较大的差异，需要视情况而定。

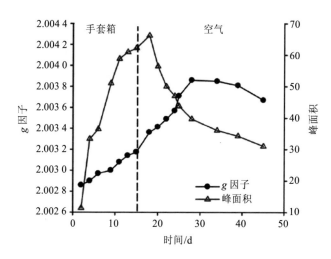

图 5-8　多环芳烃自由基在富氧/缺氧环境中 EPFRs 的 g-因子和峰面积随时间的变化情况（Jia et al.，2016）

（4）土壤含水量

土壤中的水分含量是控制 EPFRs 形成的另一个重要因素，大量研究证实，较高的含水量会抑制 EPFRs 的形成，同时也会导致 EPFRs 快速衰减。贾汉忠课题组（2019）研究发现，虽然土壤所处的空间内空气相对湿度比绝对干燥有小幅增加使得 EPFRs 的丰度有少量提高，这可能是由于蒙脱土表面的金属阳离子周围配体水分子参与了 EPFRs 的形成（Jia et al.，2016）。但随氛围内相对湿度持续增加至 22%、43%，PAHs 的转化率和 EPFRs 的产生量急剧下降，说明水分对 EPFRs 的形成有明显的抑制作用（图 5-9）。同时，Nwosu 等报道空气相对湿度增加到 75%时，EPFRs 的衰减速度比在空气中快 5 倍，相对湿度在 22%～38%不等，比真空条件下衰减快了 71 倍。其主要的解释是：①在较高的含水条件下，吸附或络合于矿物表面水分子和有机污染物分析形成吸附竞争关系，如在黏土表面与 PAHs 分子争夺路易斯酸位点；②土壤矿物表面的金属与水分子结合趋于水化形成水分子层，水层的覆盖导致有机污染物距离 Fe^{3+} 配位位置越来越远，抑制电子转移速率和有机质转化。这种水化状态影响阳离子与有机污染物相互作用，不同类型的阳离子对不同污染物的水合吸附影响也存在差异（Haderlein et al.，1993；Haderlein et al.，2011）。黏土矿物或/和有机质含量较高的红壤、黑钙土，在相对湿度较高的环境下 EPFRs 更容易发生衰减。因为黏土矿物和有机质在结构上亲水，容易吸收水分子，促进 EPFRs 的淬灭。因此，自由水的存在覆盖了活性部位，阻碍了黏土表面的催化作用。就污染物的转化过程而言，需要在一定程度上移除络合水层，以提高矿物对有机污染物的氧化反应（Jia et al.，2017）；但就抑制 EPFRs 的形成而言，水分的增加可减少 EPFRs 的形成和稳定，从而降低了 EPFRs 可能的环境风险。

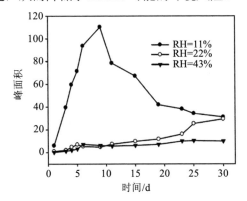

图 5-9 不同湿度环境下蒽在黏土界面上形成 EPFRs 的含量随反应时间的变化情况

（Jia et al.，2019）

（5）反应温度

在低温加热（30～50℃）条件下，随着水分的不断去除和热活化的增加，受五氯苯酚污染的土壤中 EPFRs 的产生量也随之上升，更多的五氯苯酚会转化为五氯苯氧类 EPFRs（Cruz et al.，2013）。相关研究发现，在 30℃以下，土壤水分阻碍了这种转化。而加热至 75℃时，EPFRs 强度增加到最大值，五氯苯酚转化率最高，土壤中其他污染物的有机大分子或聚芳结构发生分解，形成芳香亚基和 EPFRs，导致顺磁信号的增强（Czechowski et al.，2012）。在更高温度下，EPFRs 和五氯苯酚浓度均下降，转化率逐渐降低，可能由于 EPFRs 分子互相之间的反应或其本身热分解造成的淬灭现象。此外，在黏土矿物表面蒽的降解过程中，存在有多种类型 EPFRs 共存的现象，在不同反应温度内，不同类型的 EPFRs 对总丰度的贡献也发生相应的变化（图 5-10）（Jia et al.，2016）。在 25～40℃范围内，EPFRs 的含量随反应温度的升高变化不大，但反应温度的进一步升高导致自由基产率的下降；当温度升高到 75℃以上时，EPFRs 的含量几乎不变且相对较低，表明蒽转化为 EPFRs 非常有限，更易转化为最终产物。总体来说，反应温度的升高降低了 EPFRs 的产率，这可能是由于高温下形成的自由基中间体稳定性差，更易于与其他自由基或小分子物质反应，降低了其存留时间。

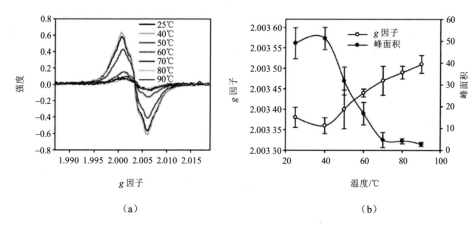

图 5-10　多环芳烃自由基在不同土壤温度下的（a）EPFRs 谱图和
（b）相应的 g-因子和峰面积（Jia et al.，2016）

（6）光照

光是自然界中普遍存在的一个外界条件，表层土壤会受到光的影响，但光在土壤中的透过性是有限的。为此，科研人员对比了有/无光条件下，土壤矿物表面 PAHs 等有机污染物转化形成 EPFRs 的差异（图 5-11）（Zhao et al.，2019）。结果表明，黑暗和光照条件下 EPFRs 信号随着时间演变都呈现出先增大后降低的趋势，但在光照条件下 EPFRs 信号的峰面积比黑暗条件下增加和衰减都要快得多，在光照 5 h 后总的 EPFRs 产量几乎是在黑暗中观察到的最大产量的 2 倍。这一过程主要由于 EPFRs 的形成是苯并[a]芘与黏土矿物表面通过电子传递过程发生的非生物转化过程，而光照加速了污染物和 Cu（Ⅱ）之间的电子转移，从而加速了 EPFRs 的形成和衰减过程。

通过对 EPFRs 信号的 g 因子分析，它随时间的演变呈现出和 EPFRs 峰面积类似的变化趋势，且在光照条件下 g 因子的增加和衰减幅度明显比暗条件下 g 因子随时间的演变快，结果表明，光照条件不仅加速了 EPFRs 的产生还促进了自由基的衰减。然而，本分析还需要实际污染土壤中光照对 EPFRs 演变趋势影响的验证。

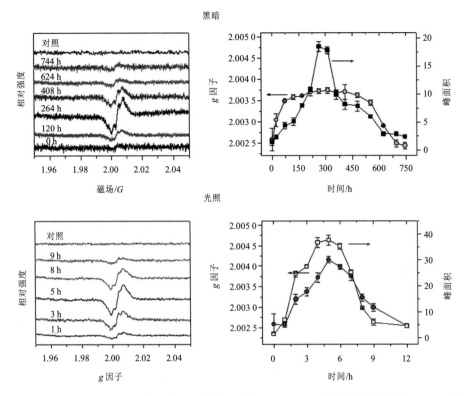

图 5-11 在（a）暗和（c）光照射下，苯并[a]芘在 Cu（Ⅱ）改性蒙脱石界面上 EPFRs 信号随反应时间的变化；（b）暗和（d）光照射下 g 因子和峰面积随时间的演变（Zhao et al.，2019）

目前，研究者较多关注土壤中 EPFRs 的来源、生成和稳定过程，对影响因素的研究还不够系统。在多变的土壤环境中，有很多因素会影响 EPFRs 的生成和稳定，相同的影响因素对不同有机污染物为前体的 EPFRs 表现出的现象可能不尽相同。因此，在研究环境因素对土壤中形成 EPFRs 的影响时，只针对目前已有的研究做出总结和探讨，不宜把目前得到的结论扩展到其他反应体系或过程中。

5.5　有机污染土壤中环境持久性自由基的稳定性和持久性

稳定性是基于其自身结构的稳定、不易分解、难以相互发生反应的自身性质。而持久性是基于在环境中不易与其他物质反应的惰性，在环境中可以持久存在的能力，稳定性是持久性的前提。与瞬时自由基相比，EPFRs 表现出更强的稳定性，可以在环境中停留更长的时间，同时增加了潜在环境风险。自由基的稳定性主要归因于其结构的共轭效应、空间效应、斥电子诱导效应等，这些分子和结构特征皆会增加自由基的稳定性，而自由基的环境持久性还需要考虑EPFRs稳定的机理。在已有研究中，这二者主要与自由基的种类以及存在介质有关，但是比较不同环境介质上EPFRs的稳定性还没有统一的标准。

通常在模拟的污染体系中，有机污染土壤中EPFRs的丰度随着反应时间会呈现出先升高后降低的趋势，而EPFRs丰度下降或衰减的过程与其稳定性直接相关，通常通过EPFRs衰减速率判断其寿命或环境持久性。2012年，dela Cruz等（2012）在研究五氯苯酚污染土壤中的EPFRs时发现，缺氧环境下EPFRs呈现快降解—慢降解过程（$\tau = 1.7$ d 和 6.9 d）；富氧环境下呈现快降解—慢降解—快降解过程（$\tau = 1.7$ d，23 d 和 14 d），这主要是由于五氯苯酚分子形成了不同结构的自由基（氧中心自由基、碳中心自由基和含氧的碳氧中心自由基）。在PAHs污染的土壤中，可以形成 3 类EPFRs（如前所述），3 类EPFRs的寿命不同，芳香类自由基阳离子的寿命相对较短（稳定性较低），而以氧为中心的自由基或PAHs-EPFRs的寿命在不同金属离子改性黏土矿物界面上的稳定性存在较大的差异（Jia et al.，2018），相应的衰减速率常数和 1/e 半衰期见表 5-5。

表 5-5　蒽和苯并[a]芘在金属离子改性黏土界面上的转化过程中，EPFRs信号的一阶衰减速率常数和 1/e 寿命（Jia et al.，2018）

自由基类型	蒽		苯并[a]芘	
	k_{obs}/d^{-1}	半衰期（$t_{1/e}$）	k_{obs}/d^{-1}	半衰期（$t_{1/e}$）
Fe（III）	0.044±0.003	22.73±1.55	—	—
Cu（II）	0.047±0.005	21.28±2.26	0.073±0.005	13.70±0.94
Ni（II）	0.054±0.004	18.52±1.37	0.023±0.002	43.48±1.89
Co（II）	0.085±0.007	11.76±0.97	0.017±0.001	58.82±3.46

从以上结果中可以看出，在蒙脱土表面PAHs类EPFRs的衰减速率和寿命在很大程度上受到其表面金属离子类型的影响，其中，Fe（III）、Cu（II）、Co（II）和Ni（II）饱和黏土矿物表面EPFRs的 1/e 半衰期分别为 22.73 d、21.28 d、18.52 d 和 11.76 d（表 5-5）。由此可以看出，不同金属离子饱和黏土矿物表面所形成EPFRs具有不同的稳定性，其顺序为 Fe（III）＞Cu（II）＞Ni（II）＞Co（II）。这些

结果说明，在 Fe（III）饱和黏土矿物上产生的 EPFRs 较其他金属离子更稳定，与 O_2 等小分子物质的反应活性相对较低。值得注意的是，Cu（II）、Ni（II）和 Co（II）饱和黏土矿物表面苯并[a]芘 EPFRs 的寿命分别为 13.70 d、43.48 d 和 58.82 d，具有较高氧化电位的表面阳离子加速了苯并[a]芘 EPFRs 向最终产物的转变。因此，苯并[a]芘金属离子产生的自由基的稳定性依次为 Co（II）＞Ni（II）＞Cu（II），与蒽 EPFRs 的趋势相反。这表明，改性黏土中产生的自由基的稳定性不仅取决于金属离子的类型，还取决于有机污染物前驱体的分子结构。换言之，矿物表面理化特性和有机污染物分子共同影响着 EPFRs 的环境稳定性。

为减小矿物中金属元素对 EPFRs 分析的干扰，通常采用萃取的方式将 EPFRs 进行分离，进一步对其进行更加准确的定量。但 EPFRs 脱离矿物表面后的稳定性（或寿命）成为关注的焦点。贾汉忠课题组在对矿物表面 EPFRs 有效提取的基础上，监测了有机溶剂中 EPFRs 的 EPR 信号随停留时间的变化。图 5-12 是苯并[a]芘/ANT-EPFRs 在不同时间下的 EPR 信号（Zhao et al.，2020）。随着停留时间的延长，EPR 信号的强度呈现逐渐降低的趋势。当 EPFRs 在有机溶剂中停留 3 000 min 后，尽管可以检测到明显的 EPR 信号，但其丰度值已有较大程度的降低。对溶剂中 EPFRs 的衰减过程进行分析发现，苯并[a]芘/ANT 产生的 EPFRs 的衰减可分为快速衰减和缓慢衰减过程。其中，苯并[a]芘-EPFRs 和 ANT[1]-EPFRs 在 0～240 min 时呈现快速衰减过程，半衰期（$t_{1/e}$）分别为 1 168.2 min 和 2 262.4 min；缓慢衰减过程的半衰期分别为 10 101.0 min 和 10 845.9 min，结果中可以看出苯并[a]芘-EPFRs 明显比 ANT-EPFRs 衰减得快。此外，EPFRs 在溶剂中的衰变与在黏土矿物表面的衰变不同。在之前的研究中（Jia et al.，2016），与黏土表面相结合的 ANT-EPFRs 的寿命高达 38 d，与溶解在有机溶剂中的 EPFRs 相比，与矿物结合的 EPFRs 的寿命更长。这可以归因于金属离子可能参与了黏土表面自由基物种的配位，从而稳定了自由基中间体，延长了寿命。另外，这些自由基在有机溶剂中对外界顺磁物种（如氧气分子）敏感，导致它们在相对较短的时间内消失。因此，从矿物表面提取后，应立即用 EPR 光谱仪器测定提取出的自由基。

---

① ANT 为蒽。

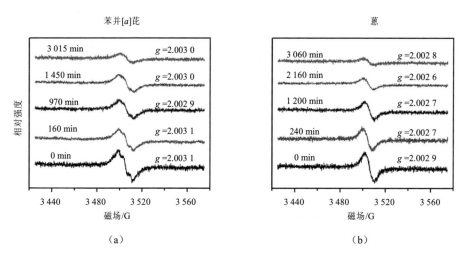

图 5-12　苯并[a]芘-EPFRs（a）和蒽-EPFRs（b）在 Cu（Ⅱ）-蒙脱土表面上形成的 EPR 信号随时间的衰减变化（Zhao et al.，2020）

无机矿物表面 EPFRs 的稳定性和寿命除了与其自身理化性质有关外，还与环境条件相关，例如，相对湿度（水分含量）、反应温度及氧含量（富氧或缺氧）、暗/光照等因素的影响。相关内容在上节中已有具体的论述。除此之外，dela Cruz 通过酸碱处理污染土壤得到不同土壤组分，研究其中的 EPFRs 成分，发现自由基信号的 g-值（2.003 0～2.003 9）变化较小，说明 pH 的变化对自由基种类的影响不显著。因此，EPFRs 存在于土壤的不同组分中，并且具有较强的稳定性。这是由于在此过程中有机物可能反应生成新的 EPFRs，或是在老化过程中转化成更稳定、持久的自由基。EPFRs 在不同类型土壤中的稳定性具有差异性，虽然蒽在红壤中的降解速率最快，但是所形成 EPFRs 的含量并不是最高的，这主要是由于 EPFRs 的产量不仅仅取决于其形成速率，还取决于其在土壤中的稳定性。EPFRs 在土壤中的稳定性可以用其衰减速率来表征。利用 1/e 寿命评估 EPFRs 在各种土壤中的稳定性可以看出，不同土壤中产生的 EPFRs 的稳定性表现为黑钙土＞砖红土＞潮土＞棕钙土＞黄土＞褐土＞红壤。红壤中有机自由基的衰变速度较快，1/e 寿命为 5.7 d；黑钙土中有机自由基的生成速度较慢，但自由基一旦形成就相对稳定，寿命最长（Jia et al.，2019）。与此同时，贾汉忠等分析了不同环境条件下焦化场地土壤中 EPFRs 的变化。总体来说，EPFRs 的变化呈现两个时间段，一种是快降解，另一种是慢降解。其中在有氧和相对湿度 100%的条件下，焦炉周围土壤中 EPFRs 的半衰期呈现快速衰减过程，半衰期最高可以达到 7.44 d；在无水和无氧气条件下，EPFRs 的半衰期最高可以达到 6.3 d。在缺氧条件下，EPFRs 的衰变可以归因于土壤样品本身的含水量和/或 O_2 分子对形成的 EPFRs 的消耗（Jia et al.，2017）。

基于已有研究，EPFRs 的稳定性与持久性决定了其在土壤中停留的时间，以及其随时间在土壤介质中迁移转化的暴露风险和危害范围。因此，掌握有机污染土壤中 EPFRs 的稳定性或寿命十分必要，可以为采取相应方法或手段消除自由基对环境的影响提供理论指导。

5.6　有机污染土壤中环境持久性自由基的毒性

20 世纪年代美国的超基金计划拉开了土壤污染生态毒理研究的序幕。此后一些发达国家（如德国、瑞典、瑞士、荷兰等）先后进行了相关的研究，其中，德国以"土壤生态毒理诊断系列研究"项目为基础开展相关研究，旨在建立欧洲统一的土壤生态毒理诊断指标体系（孙铁珩，2002）。土壤中的有机污染物会通过水、气、生物等介质传输引起人体暴露。人体长期暴露于有机污染环境（如多氯联苯、PAHs 等持久性有机污染物）中会引起神经系统、肝脏、肾脏等损害，癌症发病概率大大提高，此外还会引发内分泌系统的干扰和损害。因此，人们对有机污染土壤所带来的健康效应和生态毒理越来越关注。由于以往有关有机污染物的生态毒理研究通常是基于单个污染物的毒性分析，目前还不清楚各种污染物混合物的毒性。此外，一些未知的有毒化学物质的毒性被忽略，例如，具有显著毒性和风险的 EPFRs，在涉及区域风险评估和毒理研究方面的工作还非常欠缺。目前，完整的、相对统一的土壤污染生态毒理诊断方法标准在国际上尚未形成，土壤生态诊断指标体系在我国尚处于起步阶段。

5.6.1　有机污染土壤中环境持久性自由基的反应活性

众所周知，EPFRs 能够诱导生成具有氧化应激效应的活性氧物种（Reactive oxygen species，ROS），当生物体受到外界条件（光照、污染物等）的干扰时，体内的细胞将会受到 ROS 的攻击而引起一系列的疾病。目前，有关土壤中有机污染物形成的 EPFRs 对生物体的毒理研究报道相对较少。贾汉忠课题组以 PAHs 与黏土矿物相互作用中形成 PAH-EPFRs 和 ROS 为研究对象，采用自旋捕获技术（DMPO 捕获方法）对反应历程中形成的 ROS 进行检测（Zhao et al.，2019）。如

图 5-13 所示，在苯并[a]芘/黏土矿物反应体系中，超氧自由基和羟自由的产生量随着反应时间的延长呈现出明显的变化趋势；当体系反应 264 h 后，羟基自由基的强度达到最高，随后呈现出下降的趋势；其间，超氧自由基的强度也呈现出先增大后降低的趋势。图 5-14 表明，反应历程中羟基自由基和超氧自由基的自旋浓度随着反应时间呈现先增大后降低的趋势，该变化趋势和 EPFRs 浓度的变化趋势一致，表明 EPFRs 形成的过程中伴随着 ROS 的生成；并且在整个过程中超氧自由基的浓度高于羟基自由基浓度，ROS 氧化 PAHs 后消耗了一部分，为此浓度呈现下降的趋势。反应历程中 ROS 的生成主要是发生了以下过程：金属改性的蒙脱土和 PAHs 发生电子转移后生成了 PAHs 类有机自由基（Fe（III）-蒙脱土+PAHs→Fe（II）-蒙脱土-PAHs$^+$）；PAHs 类有机自由基和水/氧气生成氧化产物（PAHs$^+$+H$_2$O/O$_2$→oxygenic PAHs）；氧气在 Fe（II）-蒙脱土界面生成超氧自由基；超氧自由基和水在 Fe（II）-蒙脱土界面上进一步生成 H$_2$O$_2$；H$_2$O$_2$ 和 Fe（II）-蒙脱土界面生成羟基自由基；最终羟基自由基和超氧自由基能够氧化和矿化 PAHs 生成小分子的 CO$_2$ 和 H$_2$O。

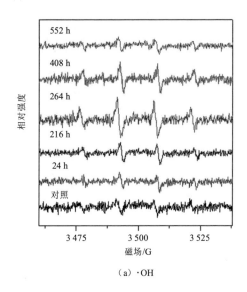
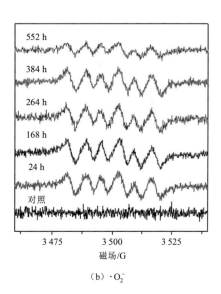

（a）·OH　　　　　　　　　　（b）·O$_2^-$

图 5-13　（a）羟基自由基和（b）超氧自由基的 EPR 谱图（Zhao et al.，2019）

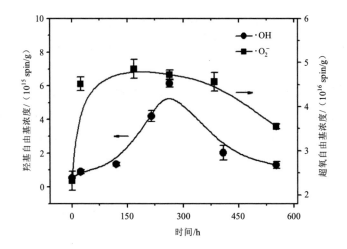

图 5-14　羟基自由基和超氧自由基随反应时间的变化趋势（Zhao et al.，2019）

5.6.2　有机污染土壤中环境持久性自由基对植物生长的影响

含 EPFRs 的生物炭对植物有生物毒性，如抑制萌发和生长。这表明，含 EPFRs 颗粒的毒性可能主要归因于土壤中含有 EPFRs 的存在。关于 EPFRs 的毒性机制，有研究者发现，含 EPFRs 的土壤或生物炭的悬浮液中可产生·OH、·O$_2^-$、H$_2$O$_2$等 ROS。在植物生长和建立过程中，生物炭中的 EPFRs 与植物萌发和存活的抑制性状有关。Liao 等（2014）在 200℃、300℃、400℃和 500℃下从小麦、玉米和水稻秸秆中生产生物炭并研究了这一特性。用 500℃稻秆炭对小麦、水稻和玉米幼苗进行发芽试验，结果表明，小麦、水稻和玉米幼苗生长迟缓。EPFRs 产生的 ROS 与糖蛋白等大分子反应，破坏细胞膜的稳定，导致细胞凋亡，说明自由基对幼苗具有抑制作用。Steinberg 等（2003）报道 EPFRs 减少了金鱼草的光合氧气。半醌型生物活性自由基抑制光合作用的机制已在木质素（生物炭的核心成分）、腐殖酸、因为 EPFRs 是通过土壤中醌和对苯二酚单元之间的两个单电子相的自发电荷转移反应形成的，同时醌类成分的额外还原产生半醌类自由基。半醌类自由基在生物炭中作为腐殖质和在其内生长的植物中的电子清除者，阻碍了其对电子传递链的影响，从而阻碍了植物光合产氧。引用的调查结果揭示了含 EPFRs 生物炭对土壤的影响，即通过影响腐殖酸对 SOM 产生负面影响，从而限制植物的生长和建立。

5.6.3　有机污染土壤中环境持久性自由基对微生物的影响

　　EPFRs 可诱发土壤微生物、藻类、动物和人类等生物体的氧化应激，主要是在土壤中或通过含有 EPFRs 的颗粒物中的活化物种。在黏土、矿物或腐殖质部分的土壤中，EPFRs 对发光细菌的生物毒性已被检测和研究。发光细菌对环境中的有毒物质较敏感，有毒污染物会干扰发光细菌的正常新陈代谢过程，发光强度会减弱。在一定范围内，发光强度与有毒物质浓度间呈现一定的剂量—效应关系。目前，发光细菌因其普遍性、操作简单、敏感性高，被作为模型生物进行毒性试验，Microtox 可以检测发光强度的变化。Zhang 等（2019）（图 5-15）使用 CT 污染土壤模拟 EPFRs 的形成过程，使用发光细菌测试其生物毒性。结果表明，随着热解温度的升高，含 EPFRs 土壤的急性毒性下降；EPFRs 浓度越高，土壤对发光细菌的生物毒性越高。EPFRs 的浓度在热解温度为 300℃时达到最大值，EPFRs 能显著抑制发光细菌的发光。此外，监测到反应体系的水相中存在·OH，进而推测·OH 的产生可能是 EPFRs 诱导发光细菌致毒的一个关键因素。其他研究人员的报告也指出，携带 EPFRs 的生物炭用于土壤改良后对发光细菌以及水蚤的移动性表现出急性毒性。

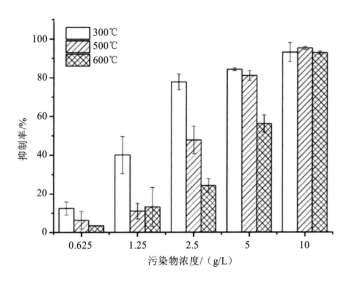

图 5-15　含 EPFRs 的土壤提取液对发光细菌的急性毒性（300℃、500℃和 600℃温度下的热解过程）（Zhang et al.，2019）

据报道，由于炭黑的不同性质和高反应性的影响，生物炭在微生物的生物量增长、种群结构和活性方面表现出不同的结果。这些不同的发现主要归因于生物炭广泛的物理化学性质，即活性碳和营养物质的存在、孔隙体积和表面积、氧化程度、颗粒大小和自由基在生物质残留物的存在（Chen et al.，2016；Jing et al.，2016；Luo et al.，2013）。生物炭残基中表面稳定的 EPFRs 显著降低了细胞酶水平（如超氧化物歧化酶、谷胱甘肽和谷胱甘肽过氧化物酶），并在产生 ROS 类型时降低了健康细胞膜的完整性。在水生藻类（Scenedesmus obliquus）中，生物炭的毒性与生物炭残基的生物稳定自由基浓度显著相关，生物炭残基刺激水体中非细胞ROS（如·OH）的产生，从而同样引起水生生物细胞间 ROS 的产生。在非生物炭相关的研究中，EPFRs 可以限制细胞色素 P450 酶的活性，而细胞色素 P450 酶可以积极阻碍细胞外有机物的分解。半醌类物质可与氧反应生成超氧化物，通过 Fe^{2+}、Cu^{2+} 等生物体系中普遍存在的过渡金属离子产生 H_2O_2，诱发芬顿反应。芬顿反应产生的·OH 会引起 DNA 链断裂，从而造成 DNA 损伤。在土壤生物中，Lieke 等（2018）研究了 500℃（0～2 000 mg/L）水稻秸秆生物炭对线虫的神经毒性效应，线虫的活动和排便都受到了 EPFRs 的阻碍。可见生物炭削弱了微生物在土壤中的生存和适应能力。

5.6.4　有机污染土壤中环境持久性自由基对人体细胞的毒性

土壤矿物表面 EPFRs 的形成过程可能伴随着 ROS 的生成，而 ROS 能够诱导细胞发生氧化应激效应，最终损害细胞和生物体。科研人员应用细胞毒理实验来探究 EPFRs 形成过程中毒性的变化趋势（图 5-16），通过细胞的致死率来反映体系毒性的大小，即体系毒性越大，细胞的致死率越高。研究发现，在苯并[a]芘为污染体系中，随体系反应时间的延长，提取出来的萃取液对 GES-1 的致死率呈现出先增大后降低的趋势，在反应 360 h（黑暗）和 5 h（光照）后 GES-1 细胞活呈现出逐渐降低的趋势，表明体系的毒性逐渐增加；随后随着反应时间的增加，GES-1 细胞活性呈现出逐渐升高的趋势，表明体系的毒性逐渐降低。该结果与 EPFRs 和 ROS 的形成趋势一致，表明 EPFRs 和 ROS 的生成是造成细胞死亡的主要原因（图 5-16）（Zhao et al.，2019）。由以上结果可以看出，土壤无机矿物表面产生的 EPFRs 和 ROS 以及氧化产物可能对人体产生毒性作用。同时也表明，土壤环境中有机污染物所形成的 EPFRs 较其母体化合物有着更强的毒性。这一结果为多环芳烃等有机污染场地中 EPFRs 的形成可能对人体健康产生负面影响提供了直接证据。

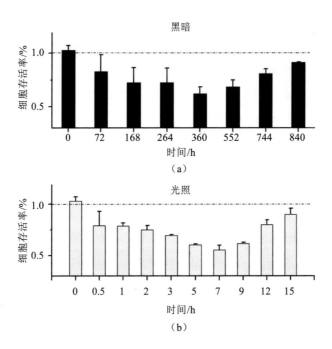

图 5-16　GES-1 细胞对苯并[*a*]芘/Cu（Ⅱ）改性蒙脱土体系的毒理研究（Zhao et al.，2019）

鉴于 EPFRs 这类新污染物对植物、生物机体的可能危害，亟须对 EPFRs 进行系统的生物毒性研究，且对于有机污染土壤环境体系中 EPFRs 的健康风险也值得进一步关注和准确评估。

5.7　结论与展望

EPFRs 可以在携带五氯苯酚和 PAHs 的环境土壤颗粒中形成，经分析焦化场地、煤气厂场地和燃煤地区的土壤中都有 PAHs 和 EPFRs 的检出，表明 EPFRs 不仅限于燃烧产生的大气颗粒物，而是比最初估计的环境赋存形式更普遍。土壤环境中五氯苯酚和 PAHs 发生降解的过程中被证实有 EPFRs 形成，其丰度能够达到 $10^{15} \sim 10^{17}$ spin/g，类型主要以氧中心自由基、碳中心自由基和含氧的碳中心自由基为主。土壤中 EPFRs 的生成与土壤颗粒的粒径、过渡金属离子类型和一系列环境因素（如温度、湿度等）有关。土壤颗粒中的 EPFRs 可能会通过吸入接触暴露人体，并在呼吸道中产生 ROS、氧化应激和心肺功能障碍等健康风险。EPFRs 作为一类新型的有机污染物，在环境中被检出的介质越来越多，如大气颗粒物、土壤、生物炭等。由于土壤介质与其他介质相比具有较复杂的体系，目前有关土壤环境中 EPFRs 的赋存特征、环境稳定性和毒理的研究还处于初步阶段。基于前期的研究，提出以下的研究展望。

模拟黏土矿物表面 PAHs-EPFRs 的非生物转化行为，只分析了环境因素对 EPFRs 形成和稳定性的影响。然而，土壤是个复杂的环境体系，土壤中的其他组分（如有机质、金属氧化物、微生物等因素）与黏土矿物相结合对 PAHs 的转归或许会得到不同的结果，为此接下来可以继续探究土壤中其他组分对 PAHs-EPFRs 形成的影响，这将对进一步研究 PAHs 在土壤中的转归具有重要的意义。

以往的研究只选取具有代表性的且在环境中常被检测到的 5 种 PAHs 来分析其形成 EPFRs 的机制过程。虽然它们在黏土矿物中都能发生转化，但只有 ANT 和苯并[a]芘能形成 EPFRs。由于 PAHs 的种类众多，PAHs 污染土壤不仅仅局限于这五种 PAHs。因此，该研究可以进一步拓展 PAHs 的种类，探究其他 PAHs 分子在黏土矿物表面上形成 EPFRs 的可能性，对完善 PAHs 在土壤中的转归行为的研究提供更多的理论依据。

生物体可以通过呼吸的方式摄入携带 EPFRs 的土壤颗粒物，当它们进入机体会诱导生成具有氧化应激效应的 ROS，进而对生物体带来健康风险。本书初步应用细胞毒理学分析了 PAHs/黏土矿物表面 EPFRs 和 ROS 的毒性，该结果适用于评价反应中间体对单一细胞的毒性，但用来得出对生物体造成的危害还具有局限性。因此，接下来可以进一步探究反应体系对动物体（如小鼠）的毒理研究。

参考文献

胡枭，樊耀波，王敏健，1999. 影响有机污染物在土壤中的迁移、转化行为的因素[J]. 环境科学进展，7（5）：14-22.

李宜慰，蔡道基，李永丰，1999. 长江流域大豆地使用广灭灵对后茬作物残留危害[J]. 杂草科学，（1）：26-29.

林玉锁，龚瑞忠，2000. 农药环境管理与污染控制[J]. 环境导报，（3）：4-6.

司友斌，岳永德，周东美，等，2002. 土壤表面农药光化学降解研究进展[J]. 农村生态环境，18（4）：56-59.

孙铁珩，宋玉芳，2002. 土壤污染的生态毒理诊断[J]. 环境科学学报，22（6）：689-695.

杨克武，莫汉宏，安凤春，等，1994. 有机化合物水解的研究方法[J]. 环境化学，13（3）：206-209.

张利红，李培军，李雪梅，等，2006. 有机污染物在表层土壤中光降解的研究进展[J]. 生态学
　　杂志.（3），318-322.

PAN B，LI H，LANG D，et al.，2019. Environmentally persistent free radicals: Occurrence，formation
　　mechanisms，implications[J]. Environmental Pollution，248: 320-331.

BORROWMAN C K，ZHOU S，E BURROW T，et al.，2016. Formation of environmentally persistent
　　free radicals from the heterogeneous reaction of ozone，polycyclic aromatic compounds[J].
　　Physical Chemistry Chemical Physics，18（1）: 205-212.

BOYD S A，MORTLAND M M，1985. Dioxin radical formation，polymerization on Cu（Ⅱ）
　　-smectite[J]. Nature，316（6028）: 532-535.

CHEN J，SUN X，LI L，et al.，2016. Change in active microbial community structure，abundance，
　　carbon cycling in an acid rice paddy soil with the addition of biochar[J]. European Journal of
　　Soil Science，67（6）: 857-867.

CRUZ A，COOK R L，DELLINGER B，et al.，2013. Assessment of environmentally persistent free
　　radicals in soils，sediments from three superfund sites[J]. Environmental Science: Processes &
　　Impacts，16（1）: 44-52.

CZECHOWSKI F，JEZIERSKI A，2012. Epr studies on petrographic constituents of bituminous
　　coals，chars of brown coals group components，and humic acids 600℃ char upon oxygen，
　　solvent action[J]. Energy & Fuels，11（5）: 951-964.

DELA CRUZ A L，COOK R L，M LOMNICKI S，et al.，2012. Effect of low temperature thermal
　　treatment on soils contaminated with pentachlorophenol，environmentally persistent free
　　radicals[J]. Environmental Science & Technology，46（11）: 5971-5978.

DELA CRUZ A L，GEHLING W，LOMNICKI S，et al.，2011. Detection of environmentally persistent
　　free radicals at a superfund wood treating site[J]. Environmental Science & Technology，45
　　（15）: 6356-65.

DELLINGER B，LOMNICKI S，KHACHATRYAN L，et al.，2007. Formation，stabilization of
　　persistent free radicals[J]. Proceedings of the Combustion Institute International Symposium on
　　Combustion，31（1）: 521-528.

HADERLEIN S B，SCHWARZENBACH R P，1993. Adsorption of substituted nitrobenzenes，
　　nitrophenols to mineral surfaces[J]. Environmental Science & Technology，27（2）: 316-326.

HADERLEIN S B，WEISSMAHR K W，SCHWARZENBACH R P，2011. Specific adsorption of
　　nitroaromatic explosives，pesticides to clay minerals[J]. Environmental Science & Technology，
　　30（2）: 612-622.

JIA H Z，NULAJI G，GAO H，et al.，2016. Formation，stabilization of environmentally persistent
　　free radicals induced by the interaction of anthracene with Fe（Ⅲ）-modified clays[J].

Environmental Science & Technology, 50 (12): 6310-6319.

JIA H Z, ZHAO S, SHI Y, et al., 2019. Formation of environmentally persistent free radicals during the transformation of anthracene in different soils: Roles of soil characteristics, ambient conditions[J]. Journal of Hazardous Materials, 362: 214-223.

JIA H Z, ZHAO S, NULAJI G, et al., 2017. Environmentally persistent free radicals in soils of past coking sites: Distribution, stabilization[J]. Environmental Science & Technology, 51 (11): 6000-6008.

JIA H Z, ZHAO S, SHI Y F, et al., 2018. Transformation of polycyclic aromatic hydrocarbons, formation of environmentally persistent free radicals on modified montmorillonite: The role of surface metal ions, polycyclic aromatic hydrocarbon molecular properties[J]. Environmental Science & Technology, 52 (10): 5725-5733.

JING T, WANG J, DIPPOLD M, et al., 2016. Biochar affects soil organic matter cycling, microbial functions but does not alter microbial community structure in a paddy soil[J]. Science of the Total Environment, 556: 89-97.

KAPPLER A, BENZ M, SCHINK B, et al., 2004. Electron shuttling via humic acids in microbial Iron (III) reduction in a freshwater sediment[J]. FEMS Microbiology Ecology, 47 (1): 85-92.

KOELMANS A A, JONKER M, CORNELISSEN G, et al., 2006. Black carbon: The reverse of its dark side[J]. Chemosphere, 63 (3): 365-377.

LI H, BO P, LIAO S, et al., 2014. Formation of environmentally persistent free radicals as the mechanism for reduced catechol degradation on hematite-silica surface under uv irradiation[J]. Environmental Pollution, 188: 153-158.

LIAO S, PAN B, LI H, et al., 2014. Detecting free radicals in biochars, determining their ability to inhibit the germination, growth of corn, wheat, rice seedlings[J]. Environmental Science & Technology, 48 (15): 8581-8587.

LIEKE T, ZHANG X, STEINBERG C E W, et al., 2018. Overlooked risks of biochars: Persistent free radicals trigger neurotoxicity in caenorhabditis elegans[J]. Environmental Science & Technology, 52 (14): 7981-7987.

LUO Y, DURENKAMP M, NOBILI M D, et al., 2013. Microbial biomass growth, following incorporation of biochars produced at 350℃ or 700℃, in a silty-clay loam soil of high, low ph[J]. Soil Biology & Biochemistry, 57: 513-523.

NWOSU U G, KHACHATRYAN L, SANG G Y, et al., 2016. Model system study of environmentally persistent free radicals formation in a semiconducting polymer modified copper clay system at ambient temperature[J]. RSC Advances, 6 (49): 43453-43462.

PIGNATELLO J J, XING B S, 1996. Mechanisms of slow sorption of organic chemicals to natural particles[J]. Environmental Science & Technology，30（1）：1-11.

Steinberg C E W，Paul A，Pflugmacher S，et al.，2003. Pure humic substances have the potential to act as xenobiotic chemicals - a review[J]. Fresenius Environmental Bulletin，12（5）：391-401.

VEJERANO E，LOMNICKI S，DELLINGER B，2011. Formation，stabilization of combustion-generated environmentally persistent free radicals on an Fe_2O_3（Ⅲ）/silica surface[J]. Environmental Science & Technology，45（2）：589-594.

WANG P，PAN B，LI H，et al.，2018. The overlooked occurrence of environmentally persistent free radicals in an area with low-rank coal burning，xuanwei，china[J]. Environmental Science & Technology，52（3）：1054-1061.

YANG L，LIU G，ZHENG M，et al.，2017. Pivotal roles of metal oxides in the formation of environmentally persistent free radicals[J]. Environmental Science & Technology，51（21）：12329-12336.

ZHANG Y，GUO X，SI X，et al.，2019. Environmentally persistent free radical generation on contaminated soil，their potential biotoxicity to luminous bacteria[J]. Science of The Total Environment，687：348-354.

ZHAO S，MIAO D，ZHU K，et al.，2019. Interaction of benzo[a]pyrene with Cu（Ⅱ）-montmorillonite: Generation，toxicity of environmentally persistent free radicals，reactive oxygen species[J]. Environment International，129：154-163.

ZHAO S，ZHANG C，NI Z，et al.，2020. Optimized extraction of environmentally persistent free radicals from clays contaminated by polycyclic aromatic hydrocarbons[J]. Environmental Chemistry Letters，18：949-955.

第 **6** 章

腐殖质中环境
持久性自由基

早在 20 世纪五六十年代就已经发现了天然有机质（特别是土壤腐殖质）的顺磁稳定性，这主要是因为天然大分子物质（如木质素）及其腐殖化物质的有机分子或基团上携带有大量未配对电子。本章论述了腐殖质分子结构特征、腐殖质类 EPFRs 的形成机制、稳定性与反应活性的研究进展，提出腐殖质自由基的丰度调查及其毒理学评价是土壤环境化学领域新的研究方向。总体来说，有关腐殖质中的 EPFRs 的研究相对不足，其形成机理及环境化学行为等方面值得深入研究。

腐殖质（Humic Substance，HS）是动植物残体在微生物作用下分解并再合成的一类深色、难降解的有机化合物，其结构复杂且含有大量苯环、羧基、羰基等有机分子连续体（Ikeya et al.，2004）。这些化学特性使得腐殖质可以和土壤中的重金属、农药、氧化物、氢氧化物、矿化物及其他疏水性有机污染物等发生界面吸附、络合、电子传递（栾富波等，2008），从而对营养元素的生物地球化学循环、污染物的迁移转化起着重要的调控作用。因此，腐殖质等天然有机质的理化性质及结构特征受到了广泛关注。

6.1　腐殖化过程及腐殖质分子结构特征

经典土壤学将土壤有机质定义为土壤中的生命体及其死亡的生物质残留和腐殖质，其中腐殖质是有机质的主体，占有机质的 60%～90%。在土壤中植物、动物和微生物残留物的腐烂过程中，腐殖质的形成主要有以下几种路径（图 6-1）（Dou et al.，2020）。1786 年，Achard 首次使用 KOH 溶液从泥炭中提取出了腐殖质，经比较发现，其与微生物分解或重新合成的产物没有区别，并将其定义为植物分解过程中的腐烂物质。Tpycov（1914）认为腐殖质来源于植物的纤维素，土壤微生物很容易利用纤维素并降解形成腐殖质。首先纤维素通过预转化到微生物细胞质中，微生物利用纤维素作为碳源和能源，在细胞内合成各种腐殖质的高分子化合物，微生物死亡后再释放到土壤中，在细胞外降解为腐殖质，这一过程称为腐殖质形成的微生物合成理论（图 6-1 中的路径 1）。而一些研究者认为，木质素是腐殖质形成的直接来源。他们提出了木质素多酚理论，即木质素首先通过水解生成芳香族化合物，然后在氧化酶作用下被氧化为醌类物质（Senesi et al.，2009a），最后，在缩合过程中形成腐殖质（图 6-1 中的路径 2）。Waksman 等（1936）则提出了另一种观点，他认为容易被微生物利用的化合物对腐殖质形成的影响非常有限，并提出腐殖质形成的主要来源是难以被微生物利用的木质素和蛋白质，最终由微生物的细胞质合成的。其中，木质素与蛋白质结合形成的木质素-蛋白质复合物是腐殖质的核心，这一过程被称为腐殖质形成的木质素蛋白理论（图 6-1 中的路径 3）。直到 20 世纪中后期，科学家们发现，即使没有木质素，土壤微生物产生的多酚也可以形成腐殖质（图 6-1 中的路径 4）（Kononova，1966）。后来，研究者也提出了自溶理论（图 6-1 中的路径 5）和碳水化合物胺缩合理论（图 6-1 中的路径 6）（Schnitzer et al.，1972）。前者认为，腐殖质是由死亡植物和微生物细胞组织经过酶自溶、无规则缩聚和自由基聚合形成的。后者认为，在没有木质素衍生物和酶促反应的情况下，糖和酰胺可以缩合成糖胺或糖氰胺，最终聚合形成腐殖质（Senesi et al.，2009b）。

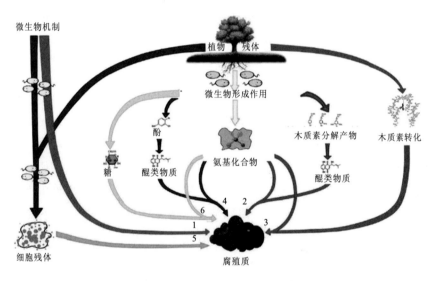

图 6-1 腐殖质的形成路径：微生物合成理论（1）；木质素多酚理论（2）；木质素蛋白理论（3）；微生物多酚理论（4）；自我分解理论（5）；糖-酰胺缩合理论（6）（Dou et al.，2020）

腐殖质的来源在不同的环境中差异也很大，上述途径均可能参与土壤中腐殖质的形成，但在不同土壤中参与程度不同，重要性也不同。这些途径的相对重要性主要取决于植被、地形、矿物学组成、耕作方式、微生物种群和活动以及环境条件等因素。尽管有关腐殖质形成的假说各不相同，但人们普遍认为腐殖质的形成与微生物和酶的作用密不可分。之前的研究认为微生物生物量残余对腐殖质形成的贡献小于 6%（Dalal，1998）。然而，越来越多的证据表明，不同腐烂和转化阶段的微生物生物残留物占腐殖质的很大比例。据报道，在某些土壤中，死亡微生物生物量对可提取土壤有机质的贡献超过 50%（Simpson et al.，2007）。基于建模方法和微生物生物合成加速概念，根据基质质量和数量的不同，得到在平衡阶段微生物生物量对土壤有机质的贡献为 47%～80%（Fan et al.，2015）。

关于腐殖质的分类，传统的按溶解度区分可将其分为胡敏酸（Humic acid，HA）、富里酸（Fulvic acid，FA）和胡敏素（Humin，HM）。这些组分是土壤有机质中数量较多、性质稳定的复杂有机物质，其分子量可介于数百到数十万道尔顿（Dalton，Da），化学结构具有高度异质性（Brady et al.，1960）。关于腐殖质的分子结构，前人做了很多工作。早在 1978 年，Rochus 和 Sipos 提出了一种类似胶束的水生腐殖质聚合物模型，其聚合类似于合成的表面活性剂。然而，这种传统的腐殖质聚合物模型是建立在实验室基础上，聚合作用和桥接稳定作用的热力学过程还不清楚，故而不断受到研究者的质疑（Guggenberger，2005；Newcomb et al.，2003）。

直到 20 世纪 90 年代，随着傅里叶变换红外光谱、核磁共振和热裂解质谱仪、高性能尺寸排除色谱分析技术的发展，这些技术使得我们可以从官能团组成上认识土壤有机质（Nebbioso et al.，2012；Peuravuori et al.，2007b）。Wershaw 等（1990）采集了菲律宾不同地点的泥炭土、耕地和湖泊沉积物样品，通过吸附—色谱分离法分离 HA 组分，进一步通过核磁共振波谱鉴定其官能团组成，结果发现不同来源的 HA 组分都含有来自植物组织的木质素、碳水化合物和脂肪族化合物。Schulten 等采用核磁共振和热解方法推断出 HA 分子核心结构是缺少含氧官能团的烷基芳香烃（Schulten et al.，2000）。后来的一系列提取和热解质谱分析研究（Shirshova et al.，2006）发现，HA 中含氧基团比例其实很高。Saiz-Jimenez 等（2006）对灰土、软土、始成土和老成土的 HA 进行分组，进一步对其热解产物进行气质联用分析，发现不同土壤 HA 热解产物的电泳移动性组分结构类似，强电泳移动性组分主要是植物脂肪酸和正构烷烃，中等电泳移动性的组分是发生一定程度降解的木质素，而木质素大分子主要富集于弱电泳性组分。另外还有研究发现，溶解性有机质中除了含有亲水性有机酸，还含有疏水性（芳香族）有机酸与中性有机物组分（Shirshova et al.，2006）。

尽管经过了半个多世纪的研究和复杂的光谱方法的分析与应用，但由于来源和腐殖化程度的不同，关于腐殖质具体的分子结构仍然没有定论（Hedges et al.，2000）。大量的光谱证据表明腐殖质是非均匀的小分子的超分子缔合物（Peuravuori et al.，2007a），根据这个新观点，单个腐殖质分子可能比以前认为的要小得多。

6.2　腐殖质的顺磁稳定性

早在 1960 年，Rex 就利用 ESR 技术首次发现并报道了腐殖质在常温常压下带有稳定的顺磁性信号（REX R.，1960），并将其称为一类长寿命自由基。通过与标准物质的自由基含量标定，可以定量获得环境介质中持久性自由基的丰度。Chukov 等（2017）在由极地土壤—冷冻土、潜育土和泥炭土中分离提取出来的腐殖质上检测到了持久性自由基，其丰度达到了 $1.38 \times 10^{16} \sim 8.63 \times 10^{16}$ spin/g。Palmer 等（2010）在风化褐煤分离出的腐殖质中检测到了半醌自由基，其丰度达到了 10.7×10^{17} spin/g，亲水性组分中自由基浓度为 5.51×10^{17} spin/g，而疏水性组分中自由基浓度则高达 20.2×10^{17} spin/g。Saab 等（2004）利用 EPR 研究了来自潜育土的电子顺磁特性。结果发现，在所有的调查土样中均检测到了 EPFRs，这些土样分离提取出来的 HA 上的持久性自由基浓度为 $3.92 \times 10^{17} \sim 9.47 \times 10^{17}$ spin/g，而 FA 中的自由基含量仅为 $0.07 \times 10^{17} \sim 0.37 \times 10^{17}$ spin/g。也就是说，腐殖质不同组分之间的自由基含量存在较大差异。Lodygin 等（2018）的研究发现 HA 样品中持久性自由基浓度比 FA 样品高 11 倍，这可能与 HA 中比较高的芳香族化合物含量有关。

贾汉忠课题组从泥炭土中分离出 HA、FA 和 HM 三种组分（Shi et al.，2020a），如图 6-2 所示，HM、HA 及 FA 的 EPR 光谱呈现对称的单峰信号，半峰宽（$\Delta H_{p\text{-}p}$）在 $4.74 \sim 6.18$ G，根据 g-因子值 ~ 2.0026，表明 HM 中是"以碳原子为中心"的自由基，可能位于芳香环的缩合系统（Jia et al.，2016）。相比之下，HA 和 FA 的 g-因子值为 $2.0030 \sim 2.0040$，说明其中既包含"以碳为中心"的自由基，又包含"以氧为中心"的自由基，例如醌或半醌型自由基（Oniki et al.，1994）。同时，HA、FA 和 HM 中持久性自由基浓度分别为 5.9×10^{16} spin/g、2.0×10^{16} spin/g 和 8.6×10^{16} spin/g。HM 中持久性自由基浓度最高，可能是因为相比其他两种组分，HM 中具有更高数量的芳香碳和更多的电子共轭体系，这种特殊的分子结构有助于有机自由基的稳定（Watanabe et al.，2005）。

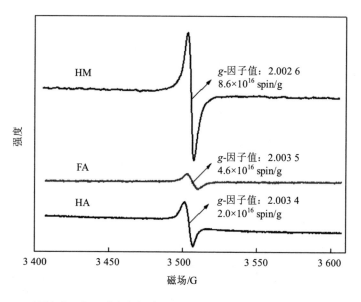

图 6-2　胡敏酸、富里酸和胡敏素的电子顺磁共振光谱（Shi et al. 2020a）

Saab 等（2004）发现 HM 中的持久性自由基丰度与全土中持久性自由基的丰度呈正相关关系（$R^2 = 0.91$），这证实 HM 是土壤中持久性自由基的主要载体。Cruz 等利用腐殖质经典提取方法对五氯苯酚污染土壤进行分离，随后测定污染土壤各组分的 EPR 谱图，结果发现，在被污染的土壤中，大约 90% 的持久性自由基存在于矿物、黏土或 HM 中，而在 HA 和 FA 中的占比仅为 5%（Cruz et al.，2011）同样，Zhang 等（2019）采用腐殖质经典提取法将土壤样品分离为 S-1、S-2、S-3 和 S-4。对获得的所有土壤样品进行 EPR 分析，结果发现约 70% 的持久性自由基存在于矿物、黏土或 HM 组分中（图 6-3），这再次证实了土壤中的 HM 是持久性自由基的主要载体。

对于溶解态的 HA，我们通过透析分离法截留出不同分子量组分，发现不同分子量 HA 中持久性自由基的类型和丰度不同（Shi et al.，2021）。其中，小分子量 HA 组分（MW<3 500 Da，MW<7 000 Da，MW<14 000 Da）是以氧原子为中心的自由基，大分子量 HA 组分（MW>14 000 Da）则是以碳原子为中心的自由基；大分子量 HA 组分中持久性自由基浓度达到 1.30×10^{16} spin/g，这远大于小分子量 HA 组分的持久性自由基丰度（$0.20 \times 10^{16} \sim 0.45 \times 10^{16}$ spin/g），这与其结构中丰富的芳香基团有关。

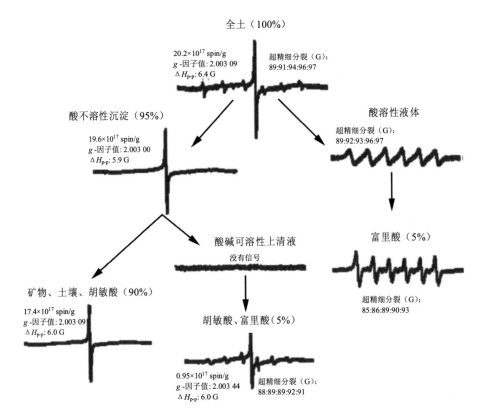

图 6-3　不同土壤组分的 EPR 谱图（括号中的百分比是提取的回收率）（Cruz et al. 2011）

同时，腐殖质中持久性自由基浓度与其分子理化性质也有较大的相关性，特别是芳香族碳含量可能会影响到持久性自由基的丰度（Watanabe et al.，2005）。不同类型的土壤中胡敏素形成的生物地球化学过程不同，其含有的各类活性基团（如羧基、酚基、酮基等）的比例也不同，持久性自由基的特性亦存在较大差异（Watanabe et al.，2005）。我们采集了我国 10 种不同类型的土壤，通过碱溶酸析法分离出 HM，如图 6-4 所示，通过 EPR 测定，发现 10 类土壤 HM 的 EPR 谱图都呈现出单一且对称的线型，且 g-因子值范围为 2.002 7～2.003 0（石亚芳等，2020），均属于以碳原子为中心的"芳香族"类自由基。由图 6-4（c）可知，不同类型土壤 HM 的 EPR 谱图的线宽范围为 3～4.7 G，以栗钙土提取的 HM 线宽最窄，这与其携带的持久性自由基浓度较低有关。持久性自由基之间的距离较远，使电子"自旋—自旋"相互作用较弱，造成谱线变窄（郭德勇等，1999）。不同类型土壤 HM 中持久性自由基的丰度存在较大差异，平均值达到 1.67×10^{16} spin/g，这与报道的不同土壤来源的 HA 和 FA 中的持久性自由基浓度处于同一范围（Saab et al.，2004）。其中，以褐土提取的 HM 所携带的持久性自由基浓度最大，达到 5.79 × 10^{16} spin/g；以栗钙土提取的 HM 携带的持久性自由基浓度最小，仅有 0.11 × 10^{16} spin/g。进一步通过元素分析、基团含量及光谱分析发现，与酚羟基相比，芳香结构及羧基官能团更有利于持久性自由基的累积；且腐殖化程度越强，持久性自由基浓度越高，即腐殖化过程有利于持久性自由基的形成和累积。

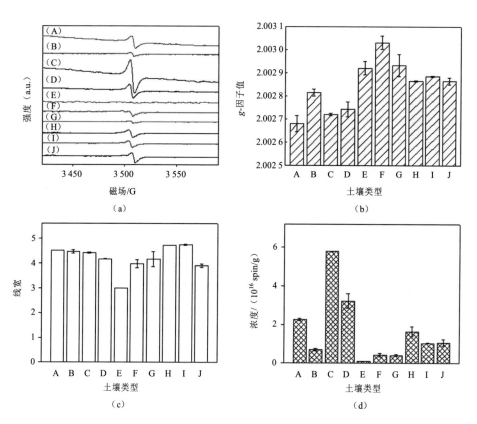

图 6-4 不同类型土壤来源 HM 的 EPR 谱图（a）、g-因子值（b）、线宽（c）与浓度（d）

（石亚芳 et al.，2020）

注：（A）红壤（B）棕壤（C）褐土（D）黑土（E）栗钙土（F）漠土（G）潮土（H）灌淤土（I）滨海盐土（J）岩性土。

从腐殖化程度较高的土壤中提取的 HA 的自由基含量高达 $5.38 \times 10^{17} \sim 7.81 \times 10^{17}$ spin/g，而腐殖化程度较低的土壤中 HA 的自由基丰度仅为 $1.03 \times 10^{17} \sim 2.90 \times 10^{17}$ spin/g（Barancikova et al.，1997）。González-Pérez 等（2006）研究也发现，在常规施肥措施土壤中提取的 HA 上检测到的持久性自由基含量为 2.0×10^{18} spin/g，而在施用污水污泥处理的同类土壤中分离出的 HA 上的持久性自由基含量则仅为 1.24×10^{18} spin/g，HA 中持久性自由基含量降低可能与掺入的污泥中芳香族成分较少有关。然而，Yabuta 等通过研究 10 种不同来源的 HA 和两种 FA 的自由基含量及其化学性质的关系，发现腐殖质的芳香度与自由基含量之间没有相关性（Yabuta et al.，2008）。这些相悖的结果可能与土壤样品的来源及形成腐殖质前体物质的差异有关。

除 EPFRs 浓度外，EPR 谱图中的 g-因子值、超精细耦合参数 A 值以及谱线宽度也是反映腐殖质 EPFRs 特征的重要参数。通过这些参数可以确定持久性自由基的种类及结构，进而分析持久性自由基与腐殖质结构的关系。EPR 谱线宽度表示样品中自由基种类的丰富度，Watanabe 等（2005）测定了 42 种腐殖质的 EPR 谱图，结果发现持久性自由基的谱线宽度与其信号强度呈负相关关系（$R^2 = 0.82$），表明随着自由基浓度的增加，异质性降低。FA 的谱线宽度相对较大，原因可能是其中的半醌自由基受到的保护较少，其与相邻的自由基相互作用强度较大，弛豫时间减少，因此谱线宽度较大（Saab et al.，2004）。

部分研究者发现，腐殖质顺磁性光谱中并非只含有半醌或醌型自由基信号。当腐殖质与金属离子发生络合时，谱图中会出现超精细结构（Senesi，1992），使得光谱在不同的磁场上发生叠加与共振，最终呈现出非对称的 EPR 谱图。Riffald 等（1972）发现 HA、FA 发生甲基化后，其自由基强度增大，g 值与谱线宽度减小，这是因为甲基化后的腐殖质具有更多的未配对电子，因此 EPR 的信号增强。此外，EPFRs 的浓度及其与金属离子的相互作用也可能会影响谱线宽度（Senesi，1990）。

6.3　腐殖质中环境持久性自由基的形成机制

土壤作为环境中的非流动介质，其组成较为复杂，持久性自由基的生成过程则更为复杂。有研究认为，腐殖质中的持久性自由基主要来源于微生物与腐殖质的相互作用，例如 Rex 等（1960）认为腐殖质中的自由基是由真菌降解植物组织

（如木质素、单宁）时产生的。同样，Scott 等（1999）发现，原本没有持久性自由基的富里酸经微生物还原后，检测到了持久性自由基；而原本有持久性自由基的 HA，经微生物还原后，持久性自由基浓度增加了 1～9 倍。这是由于腐殖质被微生物还原以后，结构中的醌基从苯醌态被还原到半醌态，这个过程中产生了半醌自由基。还有研究认为，腐殖质中持久性自由基的产生并非一定要有微生物的参与。例如，Steelink 等（1964）发现当用碱溶液处理腐殖质时，也能检测到持久性自由基的生成，这种自由基可能是由于氢醌转化为半醌自由基（Matsunaga et al.，1960）。Yuan 等（2018）的研究证实胡敏素氧化还原过程中确实产生了半醌自由基，以及二价阴离子中间体。

　　腐殖质中持久性自由基也可能来源于植物组织，有研究指出，木质素和氨基酸上均含有一定丰度的持久性自由基（Vejerano et al.，2018）；也有人认为，腐殖质中的持久性自由基是生物残体通过化学和生物等腐殖化过程或者是腐殖质和矿物颗粒相互作用形成的。在这些过程中，水解和脱氢反应诱导产生带有未配对电子的酚羟基、半醌、苯胺等单元（基团），所形成的自由基可能被腐殖质中复杂的聚合物网络屏蔽，抑或通过芳香族 π 电子系统的自旋离域使自由电子不易复合或发生反应，从而使得自由基因为空间位阻在共轭苯环结构中得以稳定存在（Saab et al.，2004；Vejerano et al.，2018；Watanabe et al.，2005）。

　　研究发现，木质素与漆酶作用过程中形成了持久性自由基，持久性自由基的浓度随着反应时间呈现先迅速增加后逐渐保持稳定的趋势。持久性自由基的 g 因子值从 2.003 7 增加到 2.004 1，表明木质素与漆酶作用过程中形成的是以氧为中心的自由基。这一过程中木质素自身发生了甲氧基的断裂、苯环开环以及羟基化反应，这些都与持久性自由基的形成有关（Shi et al.，2020b）。

　　如图 6-5 所示，木质素样品与漆酶接触时，它们首先被氧化形成苯氧自由基（自由基 1）（Kawai et al.，1988），这些自由基非常不稳定，可能导致进一步发生 A 和 B 两种路径的反应。其中，路径 A 为苯氧自由基将自由电子转移到碳原子上，形成以碳为中心的自由基（自由基 2）。随后，自由基 2 很容易与 O_2 反应，进一步形成开环产物（Figueiredo et al.，2019）。如路径 B 所示，苯氧自由基内部发生电子转移，形成自由基 3，最终导致甲氧基的 C—O 键发生断裂，诱导形成富含酚羟基的产物（Filley et al.，2002）。此外，反应过程中还检测到了 ROS 的生成，ROS 随时间的变化趋势与持久性自由基类似，同时发现木质素样品中产生的持久性自由基在 17 d 内下降了 17.2%。这些结果表明，木质素与漆酶作用过程中形成的持久性自由基可将电子转移给氧气和水分子，促使 ROS 的形成。

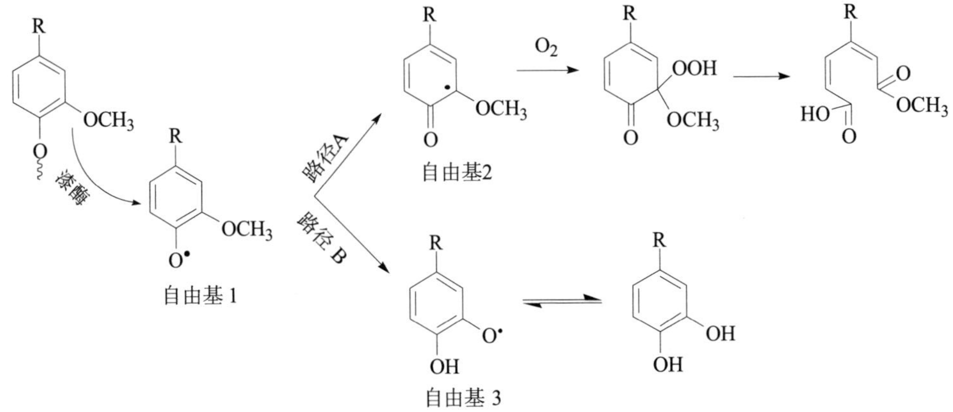

图 6-5　漆酶与木质素作用过程中持久性自由基的形成路径（Shi et al.，2020b）

Polak 等（2005）同样认为腐殖质中的持久性自由基是在腐殖化过程中产生。其通过对污泥发酵过程中的光谱学特性研究发现，腐殖质持久性自由基浓度和 g 因子均随着发酵时间的延长而呈现先增大后稳定的趋势。这是由于腐殖质老化过程中酚基团经历氧化，使得脂肪族和羧基的数量减少，多酚和半醌基团逐渐增加（Jezierski et al.，2002），而这些结构恰恰是半醌类自由基的前身。但 Steelink 等（1962）认为腐殖质中的自由基不是从外界截获，而是分子本身自有的一个组成部分。Šolc 等（2014）以邻苯二酚和没食子酸为模型研究了腐殖质中原生自由基和瞬时自由基的位点，结果发现，多酚片段是腐殖质中原生和瞬时自由基的主要来源。

综上所述，腐殖质中的持久性自由基形成机理主要包括：①生物残体通过生物化学或化学反应或聚合/解聚反应转化为腐殖质的过程（腐殖化过程）；②腐殖质参与氧化还原反应形成；③腐殖质和矿物颗粒或者有机污染物相互作用产生；④腐殖质中的未成对电子与 O_2 之间存在自旋轨道作用，以及芳香环上的质子发生超精细分裂所致；⑤腐殖质中的醌类和酚类基团之间发生电子转移产生。

6.4　腐殖质中环境持久性自由基的稳定性与反应活性

在土壤和沉积物中，腐殖质与无机组分尤其是和黏土矿物、金属离子之间有着密不可分的联系。腐殖质中的持久性自由基对土壤中的金属离子、有机污染物的迁移转化、赋存形态和环境归趋的影响取决于其在环境中的稳定性与反应活性。

（1）腐殖质中持久性自由基的稳定性

与瞬时自由基相比，持久性自由基表现出更强的稳定性，可以在环境中停留几小时甚至更长的时间。这是由于它的反应活性较低且不易与其他物质反应，或者存在某种保护机制降低了其反应活性。由于芳香族化合物自由电子可发生部分离域，因此有研究人员认为，芳香族化合物有利于提高持久性自由基的稳定性（Senesi，1990）。例如，González 等（2004）发现 HA 中半醌自由基浓度与芳香族碳百分比呈正相关关系（$r = 0.92$），与脂肪族碳百分比呈负相关关系。这可能是因为在芳香碳含量较高的腐殖质中，其电子共轭体系更为完善，有利于自由基的稳定。

Jia 等（2020）按稳定性将腐殖质中的持久性自由基划分为两类：一类是在各种环境条件下相对稳定并且能够长期存在的自由基；另一类则是寿命相对较短的自由基，此类自由基更容易受到环境条件的影响，例如氧化/还原过程。经过氧化/还原处理的 HM，其持久性自由基浓度会显著增加。而在相对湿度较高和有氧条件下，其持久性自由基浓度又会衰减到最初水平。腐殖质中持久性自由基的种类和浓度还受光照的影响。有研究表明，紫外光和可见光照射可以使天然有机质中的持久性自由基浓度增加 10 倍以上（Paul et al.，2006），这表明天然有机质暴露于强太阳光辐照下可以提高持久性自由基的浓度。这个过程在土壤表面经常发生，例如，我们前期研究发现，随着光照时间的延长，腐殖质中持久性自由基的浓度和 g-因子值均呈现先迅速增加然后逐渐趋于平稳的趋势。光照 2 h 后，HA、FA 和 HM 的持久性自由基浓度从初始的 0.59×10^{17} spin/g、0.20×10^{17} spin/g 和 0.86×10^{17} spin/g 分别增加至 1.63×10^{17} spin/g、2.06×10^{17} spin/g 和 1.77×10^{17} spin/g（Shi et al.，2020a）。

（2）腐殖质中持久性自由基促使 ROS 形成

尽管腐殖质中的持久性自由基具有相对的环境稳定性，但带有未配对电子的基团（分子）仍具有得（失）电子的潜能。有研究发现，腐殖质在厌氧条件下被微生物还原后，重新暴露于 O_2 条件下，可以将未配对电子传递给 O_2，促使 ROS 的形成（Page et al.，2012）。尤其在好氧—厌氧界面，O_2 浓度会间歇性地发生变化，因此可以持续不断地形成 ROS。

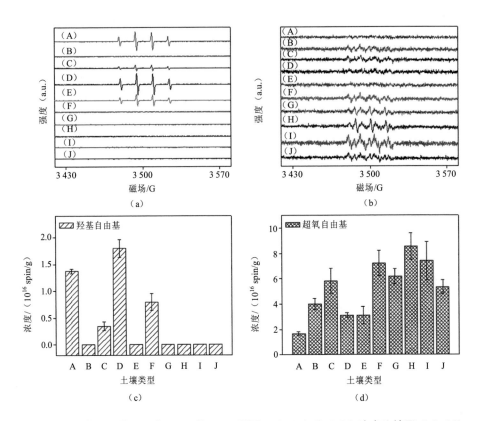

图 6-6 不同类型土壤 HM 中 ROS 的 EPR 谱图（a）（b）和 ROS 浓度比较图（c）（d）

（石亚芳等，2020）

注：（A）红壤（B）棕壤（C）褐土（D）黑土（E）栗钙土（F）漠土（G）潮土（H）灌淤土（I）滨海盐土（J）岩性土。图（a）是 DMPO 水溶液提取 HM 样品的 EPR 谱图，图（b）是 DMPO 的 DMSO 溶液提取 HM 样品的 EPR 谱图。

研究者利用自旋捕获法测定了不同类型土壤来源的 HM 诱导产生 ROS 的能力，发现不同类型土壤分离的 HM 中 ROS 的类型和浓度均不相同（石亚芳等，2020）。如图 6-6（a）所示，仅在红壤、褐土、黑土、栗钙土 4 种土壤分离出的 HM 中检测到了 DMPO-·OH。当用 DMPO 的 DMSO 溶液进行捕获时，发现 10 种类型土壤来源的 HM 均检测到了 DMPO-·O_2^-。在黑土和红壤分离出的 HM 中，·OH 浓度分别为 1.80×10^{16} spin/g 和 1.37×10^{16} spin/g；栗钙土和褐土分离出的 HM 中，·OH 浓度分别为 0.8×10^{16} spin/g 和 0.35×10^{16} spin/g。不同类型土壤分离出的 HM 中检测到·O_2^- 的浓度范围为 1.69×10^{13} spin/g（红壤来源的 HM）～8.57×10^{13} spin/g（灌淤土来源的 HM）。

同时，我们还发现，不同分子量 HA 中 ROS 的类型和浓度也存在较大差异（Shi et al.，2021）。如图 6-7 所示，低分子量 HA 组分中 ROS 的类型包括·OH、烷基自由基（碳中心自由基）以及·O_2^-，而全量 HA、高分子量 HA 以及标准 HA 中的 ROS 类型则包括烷基自由基（碳中心自由基）和·O_2^-。HA 中 ROS 的总浓度范围为 8.04×10^{16} spin/g（分子量＞14 000 Da）～32.35×10^{16} spin/g（全量 HA）。尽管与高分子量 HA 相比，低分子量 HA 中有机碳的含量占比很小，仅为 2.05%～2.42%，但它们表现出更大的 ROS 生成潜力。

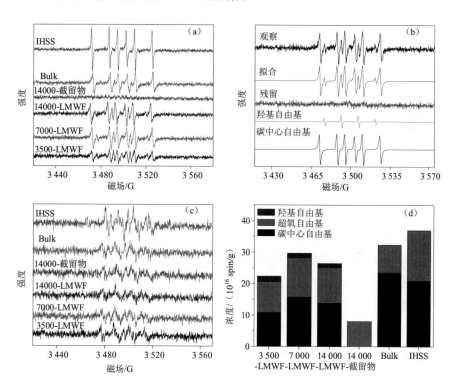

图6-7　DMPO 的水溶液捕获不同分子量 HA 得到的 EPR 谱图（a）；MW＜7 000 Da 的 HA 经 DMPO 水溶液捕获所得 EPR 及拟合图（黑色为测得谱图，红色为拟合谱图，深黄色为残差）（b）；DMPO 的 DMSO 溶液捕获不同分子量 HA 得到的 EPR 谱图（c）；不同分子量 HA 中 ROS 浓度（d）

（Shi et al.，2021）

注：IHSS：国际腐殖酸协会购买的胡敏酸；Bulk：全量胡敏酸 14000-截留物：分子量大于 14 000 Da 的胡敏酸；3 500-LMWF：分子量小于 3 500 Da 的胡敏酸；7 000-LMWF：分子量小于 7 000 Da 的胡敏酸；14 000-LMWF：分子量小于 14 000 Da 的胡敏酸。

腐殖质中 ROS 的产生可以归因于其中的持久性自由基与 O_2 的反应，具体来讲，腐殖质样品暴露在空气中，导致以碳为中心的自由基与 O_2 发生相互作用，产生有机过氧化物、醇、氢醌或者半醌自由基等自由基中间体（Ćwieląg-Piasecka et al.，2017），当腐殖质悬浮在水溶液中时，以碳为中心的自由基或者半醌自由基或者氢醌基团可以直接将电子传递给 O_2，导致 $\cdot O_2^-$ 的形成（Fang et al.，2015），超氧自由基可以进一步通过歧化反应生成 H_2O_2（Campos-Martin et al.，2006），H_2O_2 进一步与持久性自由基或者醌基发生单电子转移，生成 $\cdot OH$（Khachatryan et al.，2014）。除此之外，$\cdot OH$、$\cdot O_2^-$ 以及 H_2O_2 也可以促使单线态氧的形成（Wang et al.，2018）。

另外，腐殖质由于其结构中的酚类基团而具有独特的光敏化能力。在紫外辐射或太阳光的照射下，单线态分子吸收光能，先转化为单重激发态，进而转化为三重激发态，进一步与溶解氧分子发生一系列反应，产生 ROS，如 $\cdot OH$、单线态氧、超氧化物等（Dalrymple et al.，2010；Vione et al.，2010）。同时，酚类物质在光照条件下会促使持久性自由基的生成，随后持久性自由基作为电子供体将电子传递给 O_2，诱导 $\cdot O_2^-$ 的形成。另外，腐殖质在光照条件下产生的 ROS 的浓度也会因为其组分不同而存在差异。Zhang 等（2014）研究了在模拟太阳光照射下，污水中提取的腐殖质促使 ROS 生成的过程。结果发现，亲水性组分较其他几种组分具有更大的 $^1O_2$ 量子产率，原因是亲水性组分含有多肽和蛋白质。

在鄱阳湖吴城（WC）和南矶（NJ）地区分别采集了两种类型的沉积物，发现两种沉积物在淹水期均未检测到 $\cdot OH$，而在淹水/干旱交替过程中，由于溶解氧含量的增加，$\cdot OH$ 的浓度迅速增加（图 6-8）。WC 和 NJ 表层沉积物中 $\cdot OH$ 的最高浓度分别为 2.45 μmol/kg 和 0.69 μmol/kg，表明 WC 表层沉积物具有较高的 $\cdot OH$ 的生成潜力。在淹水/干旱交替过程中，表面 Fe（Ⅱ）的还原作用对 $\cdot OH$ 的生成起着重要影响。此外，WC 沉积物中腐殖质类物质的比例较高，表明溶解的腐殖质组分也对氧化还原条件下电子转移产生的 $\cdot OH$ 的形成起到重要作用。综上所述，腐殖质中的持久性自由基可以在环境条件（氧化还原、光照、好氧/厌氧交替）发生变化时，促使 ROS 的形成。

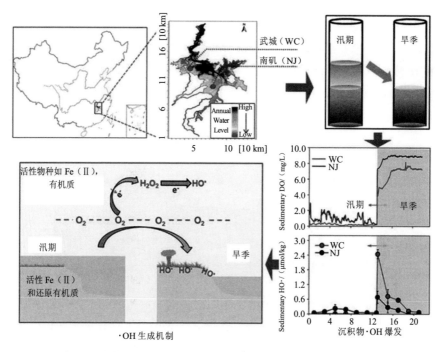

图 6-8　淹水/干旱交替过程中，湖泊沉积物中羟基自由基的形成（Du et al.，2021）

（3）腐殖质中持久性自由基对污染物转化的影响

腐殖质作为电子载体，通过土壤微生物的作用，将电子由有机底物转移到氧化态的金属或有机污染物中，进而加速金属的还原迁移以及有机污染物的转化（Jiang et al.，2008；Kappler et al.，2003）。污泥中提取的腐殖质中的半醌类自由基具有较高的氧化还原电位，可以将电子传递给 Fe（III），生成 Fe（II）（Yang et al.，2016）。Jiang 等（2009）研究发现微生物还原后的腐殖质形成的半醌类自由基具有较强的氧化性，可以将 As（III）氧化为 As（V），降低了砷的毒性和流动性。Xu 等（2020）发现 HM 中的持久性自由基可以作为电子供体与 Cr（VI）发生电子转移反应，促使 Cr（VI）还原成 Cr（III）。

Zhang 和 Katayama（2012）发现，HM 中的持久性自由基既可作为电子供体，同时又充当电子受体参与细胞外电子转移，再加上微生物的共同作用，最终能够将五氯苯酚还原脱氯。腐殖质中的持久性自由基也可以直接与氨基甲酸酯类农药发生反应，并在反应过程中促使氨基甲酸酯类农药发生氧化（Ćwieląg-Piasecka et al.，2017）。Jia 等（2020）以 PAHs 为模型污染物，发现携带不同丰度持久性自由基的 HM 均能促使 PAHs 的降解（图 6-9），其降解速率与 PAHs 分子结构性质、持久性自由基丰度、ROS 的类型与浓度有关。其中，多环芳烃的降解速率大小依次为苯并[a]芘＞蒽＞菲＞萘，表明芳香环数较少的 PAHs 更难降解。同时发现，随着 HM 中持久性自由基浓度的增大，蒽的降解速率呈现上升趋势，证明了持久性自由基在多环芳烃降解中的促进作用，结合 ROS 的抑制实验，证实了 ROS 对多环芳烃降解的促进作用。

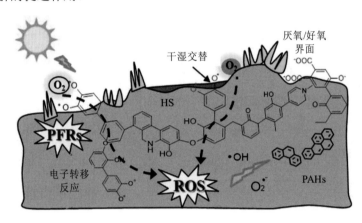

图 6-9　不同氧化还原条件下腐殖质中持久性自由基的反应活性（Jia et al.，2020）

　　总之，腐殖质在与其他有机化合物及金属离子相互作用过程中，其中的持久性自由基可以作为电子供体或受体，与污染物发生吸附、络合、电子传递和氧化还原等反应，这些过程对土壤中污染物的转化具有重要作用，为污染土壤的自然修复提供了重要的理论参考。

6.5　结论与展望

　　持久性自由基具有一定反应活性，被认为是一种新型污染物。目前对于土壤腐殖质中的持久性自由基的形成、稳定性及反应活性等特性已经有了一定的认识。但是，目前关于腐殖质持久性自由基的研究仍存在着许多有待解决的问题，需要从以下三个方面开展深入研究。

　　（1）不同来源腐殖质中持久性自由基的丰度调查具有重要意义。不同土壤类型来源腐殖质中的持久性自由基的反应活性不同，进入土壤中的持久性自由基亦可发生衰减和转化，甚至会形成次生的持久性自由基，进而影响其化学行为和环境风险。因此，了解它们在土壤中的赋存情况，认识它们在环境中潜在的迁移途径，可以帮助我们采取相应的措施，减少其环境危害。

（2）深入系统研究腐殖质中持久性自由基的形成机制。目前的研究多集中在腐殖质与金属离子、黏土矿物、有机污染物作用过程中持久性自由基的形成，但是对于持久性自由基的形成机理还停留在统一的模型，需要从分子结构的层面上做进一步的探究，为进一步研究腐殖质类持久性自由基的环境行为提供理论支持。

（3）亟须开展关于腐殖质中持久性自由基的毒理学研究。持久性自由基作为一种新型污染物，具有很高的毒性。然而，目前关于腐殖质中持久性自由基的研究多集中在其对污染物的转化方面，关于持久性自由基本身的环境风险还未获得足够的认识。

参考文献

郭德勇，韩德馨，1999. 构造煤的电子顺磁共振实验研究[J]. 中国矿业大学学报，28（1）：101-104.

栾富波，谢丽，李俊，等，2008. 腐殖酸的氧化还原行为及其研究进展[J]. 化学通报，（11）：833-837.

石亚芳，刘子雯，代允超，等，2021. 土壤胡敏素的自由基特性、氧化还原性及其影响因素[J]. 科学通报，66（20）：2596-2607.

Achard F K，1786. Chemische untersuchung des torfs（chemical investigation of peats）[J]. Crell's Chem Ann，2：391-403.

BARANCIKOVA G，SENESI N，BRUNETTI G，1997. Chemical，spectroscopic characterization of humic acids isolated from different slovak soil types[J]. Geoderma，78（3-4）：251-266.

BRADY N，WEIL R，1960. The nature and properties of soils[M]. London：Macmillan.

CAMPOS-MARTIN J M，BLANCO-BRIEVA G，FIERRO J L G，2006. Hydrogen peroxide synthesis：An outlook beyond the anthraquinone process[J]. Cheminform，45（42）：6962-6984.

CHUKOV S N，EJARQUE E，ABAKUMOV E V，2017. Characterization of humic acids from tundra soils of northern western siberia by electron paramagnetic resonance spectroscopy[J]. Eurasian Soil Science，50（1）：30-33.

CRUZ A，GEHLING W，LOMNICKI S，et al.，2011. Detection of environmentally persistent free radicals at a superfund wood treating site[J]. Environmental Science & Technology，45（15）：6356-6365.

ĆWIELĄG-PIASECKA I，WITWICKI M，JERZYKIEWICZ M，et al.，2017. Can carbamates undergo radical oxidation in the soil environment？ A case study on carbaryl，carbofuran[J]. Environmental Science & Technology，51（24）：14124-14134.

DALAL R C, 1998. Soil microbial biomass—what do the numbers really mean? [J]. Australian Journal of Experimental Agriculture, 38 (7): 649-665.

DALRYMPLE R M, CARFAGNO A K, SHARPLESS C M, 2010. Correlations between dissolved organic matter optical properties, quantum yields of singlet oxygen, hydrogen peroxide[J]. Environmental Science & Technology, 44 (15): 5824-5829.

DOU S, SHAN J, SONG X, et al., 2020. Are humic substances soil microbial residues or unique synthesized compounds? A perspective on their distinctiveness[J]. Pedospherer, 30 (2): 159-167.

DU H, WANG H, CHI Z, et al., 2021. Burst of hydroxyl radicals in sediments derived by flooding/drought transformation process in lake Poyang, China[J]. Science of the Total Environment, 772: 145059.

FAN Z, CHAO L, 2015. Significance of microbial asynchronous anabolism to soil carbon dynamics driven by litter inputs[J]. Scientific Reports, 5: 9575.

FANG G, ZHU C, DIONYSIOU D D, et al., 2015. Mechanism of hydroxyl radical generation from biochar suspensions: Implications to diethyl phthalate degradation[J]. Bioresource Technology, 176: 210-217.

FIGUEIREDO M B, DEUSS P J, VENDERBOSCH R H, et al., 2019. Valorization of pyrolysis liquids: Ozonation of the pyrolytic lignin fraction, model components[J]. Acs Sustainable Chemistry & Engineering, 7 (5): 4755-4765.

FILLEY T R, CODY G D, GOODELL B, et al., 2002. Lignin demethylation, polysaccharide decomposition in spruce sapwood degraded by brown rot fungi[J]. Organic Geochemistry, 33 (2): 111-124.

GONZÁLEZ-PÉREZ M, MARTIN-NETO L, COLNAGO L A, et al., 2006. Characterization of humic acids extracted from sewage sludge-amended oxisols by electron paramagnetic resonance[J]. Soil, Tillage Research, 91 (1-2): 95-100.

GONZÁLEZ PÉREZ M, MARTIN-NETO L, SAAB S C, et al., 2004. Characterization of humic acids from a brazilian oxisol under different tillage systems by EPR, 13CNMR, FTIR and fluorescence spectroscopy[J]. Geoderma, 118 (3-4): 181-190.

GUGGENBERGER G, 2005. Humification, mineralization in soils[J]. Microorganisms in Soils: Roles in Genesis, Functions, 85-106.

HEDGES J I, EGLINTON G, HATCHER P G, et al., 2000. The molecularly-uncharacterized component of nonliving organic matter in natural environments[J]. Organic Geochemistry, 31 (10): 945-958.

IKEYA K, YAMAMOTO S, WATANABE A, 2004. Semiquantitative gc/ms analysis of thermochemolysis

products of soil humic acids with various degrees of humification[J]. Organic Geochemistry，35
（5）：583-594.

JEZIERSKI A，CZECHOWSKI F，JERZYKIEWICZ M，et al.，2002. Quantitative epr study on free
radicals in the natural polyphenols interacting with metal ions，other environmental pollutants[J].
Spectrochim Acta A Mol Biomol Spectrosc，58（6）：1293-1300.

JIA H，NULAJI G，GAO H，et al.，2016. Formation and stabilization of environmentally persistent
free radicals induced by the interaction of anthracene with Fe（Ⅲ）-modified clays[J].
Environmental Science & technology，50（12）：6310-6319.

JIA H，SHI Y，NIE X，et al.，2020. Persistent free radicals in humin under redox conditions，their
impact in transforming polycyclic aromatic hydrocarbons[J]. Frontiers of Environmental Science
Engineering，14（4）：73.

JIANG J，BAUER I，PAUL A，et al.，2009. Arsenic redox changes by microbially，chemically formed
semiquinone radicals，hydroquinones in a humic substance model quinone[J]. Environmental
Science & Technology，43（10）：3639-3645.

JIANG J，KAPPLER A，2008. Kinetics of microbial，chemical reduction of humic substances：
Implications for electron shuttling[J]. Environmental Science & Technology，42（10）：
3563-3569.

KAPPLER A，HADERLEIN S B，2003. Natural organic matter as reductant for chlorinated aliphatic
pollutants[J]. Environmental Science & Technology，37（12）：2714-2719.

KAWAI S，UMEZAWA T，SHIMADA M，et al.，1988. Aromatic ring cleavage of 4，6-di（tert-butyl）
guaiacol，a phenolic lignin model compound，by laccase of coriolus versicolor[J]. Febs Letters，
236（2）：309-311.

KHACHATRYAN L，MCFERRIN C A，HALL R W，et al.，2014. Environmentally persistent free radicals
（epfrs）. 3. Free versus bound hydroxyl radicals in epfr aqueous solutions[J]. Environmental
Science & Technology，48（16）：9220-9226.

KONONOVA M A，2013. Soil organic matter：Its nature，its role in soil formation，in soil fertility[M].
Pergamon.

LODYGIN E D，BEZNOSIKOV V A，VASILEVICH R S，2018. Paramagnetic properties of humic
substances in taiga，tundra soils of the european northeast of russia[J]. Eurasian Soil Science，
51（8）：921-928.

MATSUNAGA Y，MCDOWELL C A，1960. The electron spin resonance absorption spectra of
semiquinone ions：Part Ⅱ. The hyperfine splitting due to amino groups[J]. Canadian Journal of
Chemistry，38（7）：1167-1171.

NEBBIOSO A，PICCOLO A，2012. Advances in humeomics：Enhanced structural identification of humic molecules after size fractionation of a soil humic acid[J]. Analytica Chimica Acta, 720: 77-90.

NEWCOMB, CHRISTINA J, 2015. Humic matter in soil, the environment, principles, controversies[M]. Soil Science Society of America Journal.

ONIKI T, TAKAHAMA U, 1994. Effects of reaction time, chemical reduction, and oxidation on esr in aqueous solutions of humic acids[J]. Soil Science, 158 (3): 204-210.

PAGE S E, SANDER M, ARNOLD W A, et al., 2012. Hydroxyl radical formation upon oxidation of reduced humic acids by oxygen in the dark[J]. Environmental Science & Technology, 46 (3): 1590-1597.

PALMER N E, WANDRUSZKA R V, 2010. Humic acids as reducing agents: The involvement of quinoid moieties in arsenate reduction[J]. Environmental Science & Pollution Research, 17 (7): 1362-1370.

PAUL A, STOESSER R, ZEHL A, et al., 2006. Nature and abundance of organic radicals in natural organic matter: Effect of pH, irradiation[J]. Environmental Science & Technology, 40 (19): 5897-5903.

PEURAVUORI J, BURSÁKOVÁ P, PIHLAJA K, 2007a. ESI-MS analyses of lake dissolved organic matter in light of supramolecular assembly[J]. Analytical Bioanalytical Chemistry, 389 (5): 1559-1568.

PEURAVUORI J, BURSÁKOVÁ P, PIHLAJA K J A, et al., 2007b. ESI-MS analyses of lake dissolved organic matter in light of supramolecular assembly[J]. Analytical Bioanalytical Chemistry, 389 (5): 1559-1568.

POLAK J, SULKOWSKI W W, BARTOSZEK M, et al., 2005. Spectroscopic studies of the progress of humification processes in humic acid extracted from sewage sludge[J]. Journal of Molecular Structure, 744: 983-989.

REX R W, 1960. Electron paramagnetic resonance studies of stable free radicals in lignins, humic acids[J]. Nature, 188: 1185-1186.

RIFFALDI R, SCHNITZER M, 1972. Electron spin resonance spectrometry of humic substances[J]. Soil Science Society of America Journal, 36 (2): 301-305.

ROCHUS W, SIPOS S, 1978. Micelle formation in humic substances[J]. Agrochimica, 22: 446-454.

SAAB S C, MARTIN-NETO L, 2004. Studies of semiquinone free radicals by esr in the whole soil, HA, FA, humin substances[J]. Journal of the Brazilian Chemical Society, 15 (1): 34-37.

SAIZ-JIMENEZ C, HERMOSIN B, TRUBETSKAYA O E, et al., 2006. Thermochemolysis of genetically different soil humic acids, their fractions obtained by tandem size exclusion chromatography–polyacrylamide gel electrophoresis[J]. Geoderma, 131 (1-2): 22-32.

SCHNITZER M, KHAN S U, 1972. Humic substances in the environment[J]. Soil Science Society of

America Journal，39：130.

SCHULTEN H R，LEINWEBER P，2000. New insights into organic-mineral particles: Composition，properties，models of molecular structure[J]. Biology Fertility of Soils，30（5）：399-432.

SCOTT D T，MCKNIGHT D M，BLUNT-HARRIS E L，et al.，1999. Quinone moieties act as electron acceptors in the reduction of humic substances by humics-reducing microorganisms[J]. Environmental Science & Technology，32（19）：2984-2989.

SENESI N，1990. Application of electron spin resonance（esr） spectroscopy in soil chemistry. In: Stewart BA，editor[J]. Advances in soil science：Volume 14. Springer New York，New York，NY，pp. 77-130.

SENESI N，1992. Application of electron spin resonance，fluorescence spectroscopies to the study of soil humic substances[J]. Developments in agricultural，managed forest ecology. 25：11-26.

SENESI N，XING B，HUANG P M，2009a. Role of humic substances in the rhizosphere[J]. Biophysico-chemical processes involving natural nonliving organic matter in environmental systems. 341-366.

SENESI N，XING B，HUANG P M，2009b. Formation mechanisms of humic substances in the environment[J]. Biophysico-Chemical Processes Involving Natural Nonliving Organic Matter in Enviromental System，41-109.

SHI Y，DAI Y，LIU Z，et al.，2020a. Light-induced variation in environmentally persistent free radicals，the generation of reactive radical species in humic substances[J]. Frontiers of Environmental Science Engineering，14（6）：1-10.

SHI Y，ZHANG C，LIU J，et al.，2021. Distribution of persistent free radicals in different molecular weight fractions from peat humic acids，their impact in reducing goethite[J]. Science of The Total Environment，797：149173-149183.

SHI Y，ZHU K，DAI Y，et al.，2020b. Evolution，stabilization of environmental persistent free radicals during the decomposition of lignin by laccase[J]. Chemosphere，248：125931-125937.

SHIRSHOVA L T，GHABBOUR E A，DAVIES G，2006. Spectroscopic characterization of humic acid fractions isolated from soil using different extraction procedures[J]. Geoderma，133（3-4）：204-216.

SIMPSON A J，SIMPSON M J，SMITH E，et al.，2007. Microbially derived inputs to soil organic matter：Are current estimates too low？[J]. Environmental Science & Technology，41（23）：8070-8076.

ŠOLC R，GERZABEK M H，LISCHKA H，et al.，2014. Radical sites in humic acids: A theoretical study on protocatechuic，gallic acids[J]. Computational，Theoretical Chemistry，1032：42-49.

STEELINK C，1964. Free radical studies of lignin，lignin degradation products，soil humic acids[J].

Geochimica Et Cosmochimica Acta, 28 (10-11): 1615-1622.

STEELINK C, TOLLIN G, 1962. Stable free radicals in soil humic acid[J]. Biochimica Et Biophysica Acta, 59: 25-34.

TRUSOV A, 1914. The humification of compounds which are constituents of plants[J]. Sel Khoz. Lesovod.

VEJERANO E P, RAO G, KHACHATRYAN L, et al., 2018. Environmentally persistent free radicals: Insights on a new class of pollutants[J]. Environmental Science & Technology, 52 (5): 2468-2481.

VIONE D, BAGNUS D, MAURINO V, et al., 2010. Quantification of singlet oxygen, hydroxyl radicals upon uv irradiation of surface water[J]. Environmental Chemistry Letters, 8 (2): 193-198.

Waksman, Selman A, 1936. Humus origin, chemical composition, and importance in nature[J]. Soil Science, 41 (5): 395.

WANG T, CAO Y, QU G, et al., 2018. Novel Cu (II) -EDTA decomplexation by discharge plasma oxidation and coupled cu removal by alkaline precipitation: Underneath mechanisms[J]. Environmental Science & Technology, 52 (14): 7884-7891.

WATANABE A, MCPHAIL D B, MAIE N, et al., 2005. Electron spin resonance characteristics of humic acids from a wide range of soil types[J]. Organic Geochemistry, 36 (7): 981-990.

WERSHAW R L, PINCKNEY D J, LLAGUNO E C, et al., 1990. Nmr characterization of humic acid fractions from different philippine soils, sediments[J]. Analytica Chimica Acta, 232: 31-42.

XU J, DAI Y, SHI Y, et al., 2020. Mechanism of Cr (VI) reduction by humin: Role of environmentally persistent free radicals and reactive oxygen species[J]. Science of the Total Environment, 725: 138413.

YABUTA H, FUKUSHIMA M, KAWASAKI M, et al., 2008. Multiple polar components in poorly-humified humic acids stabilizing free radicals: Carboxyl, nitrogen-containing carbons[J]. Organic Geochemistry, 39 (9): 1319-1335.

YANG Z, KAPPLER A, JIANG J, 2016. Reducing capacities, distribution of redox-active functional groups in low molecular weight fractions of humic acids[J]. Environmental Science & Technology, 50 (22): 12105-12113.

YUAN Y, CAI X, TAN B, et al., 2018. Molecular insights into reversible redox sites in solid-phase humic substances as examined by electrochemical in situ ftir, two-dimensional correlation spectroscopy[J]. Chemical Geology, 494: 136-143.

ZHANG C, KATAYAMA A, 2012. Humin as an electron mediator for microbial reductive dehalogenation[J]. Environmental Science & Technology, 46 (12): 6575-6583.

ZHANG Y，GUO X，SI X，et al.，2019. Environmentally persistent free radical generation on contaminated soil，their potential biotoxicity to luminous bacteria[J]. Science of the Total Environment，687：348-354.

ZHANG Y，WANG Q，FAN X，et al.，2014. Structural changes of lignin in the jute fiber treated by laccase，mediator system[J]. Journal of Molecular Catalysis B-Enzymatic，101：133-136.

第 **7** 章

老化微塑料中环境
持久性自由基

塑料因其耐用、便宜、轻便等特性，被广泛用于包装、建筑、汽车、纺织及电子制造业、农业生产和医疗等领域。基于此，塑料的需求和生产量正在逐年递增，其全球年产量已从 1950 年的 150 万 t 增长到 2019 年的 3.8 亿 t。中国作为最大的塑料生产国和消费国之一，其年产量占世界年产量的 30%左右，同时消费了全球 1/4 的塑料制品。由于塑料垃圾的循环利用和废物管理水平较低，在 1950 年至 2015 年生产的所有塑料中，有 60%（4 900 万 t）被丢弃在垃圾填埋场和自然环境中，预计在未来 30 年将有 30 亿～34 亿 t 被丢弃，这致使其对生态环境及人体健康构成严重威胁，这也使得塑料污染成为当今生态和社会关注的主要问题。

大量的研究发现，环境中存在更多更小的塑料颗粒和碎片，这引起了人们更大的担忧。其中，微塑料已成为海洋、陆地水体、土壤和大气介质中普遍存在且持续产生的一类污染物，被联合国环境规划署（UNEP）列为全球性新污染物，微塑料的环境行为和生态效应已成为环境领域的研究热点之一。然而，目前对于老化微塑料的生态风险主要聚焦于其对污染物的携带和吸附能力，而对微塑料自身分子结构和理化特性变化所引发的毒性效应缺乏深入认识（Kogel et al., 2020）。特别是涉及微塑料光老化过程中新产生的、区别于母体分子的环境风险物质可能是被忽略的一个重要因素。本章主要聚焦于微塑料光老化过程中可能形成的一类新型环境风险物质——环境持久性自由基（EPFRs），重点介绍此类污染物在微塑料光老化过程中的形成过程，其诱导产生活性氧和活性氮的机制，以及其毒性和潜在风险。

7.1　微塑料污染

微塑料（Microplastics，MPs）是指直径小于 5 mm 的塑料碎片和颗粒（李禾，2019）。"MPs"一词首次是由英国科学家 Thompson 等在 2004 年发表于 *Science* 上的文章中提出的（Thompson et al.，2004），但并没有对其进行具体定义。直到 2008 年，美国国家海洋和大气管理局提出微塑料是尺寸小于 5 mm 的塑料碎片（党步云，2019）。根据微塑料的来源，可将环境中的微塑料分为初生微塑料和次生微塑料。前者是指作为原料直接用于个人清洁用品、洗涤剂等工业产品生产所添加的塑料微珠；后者则是环境中较大的塑料碎片在外力作用下不断老化降解形成的塑料颗粒。不论初生还是次生来源，长期存在于环境中的微塑料都会在光照、生物降解、水力和风力作用下进一步碎片化,分解成粒径更小的颗粒,而且其形貌、结构及性质会发生显著变化,最终影响微塑料的环境行为和生态风险(Wright et al.,2013,Kedzierski et al.,2018)。

近十几年的研究指出,微塑料是海洋、陆地水体、土壤和大气介质中普遍存在且持续产生的一类污染物(Horton et al.,2017)。据报道,北美和南美的淡水中微塑料丰度分别为 0.16~3 437.94 个/m^2 和 52 508~748 027 个/m^2(Sarijan et al.,2020)。在偏远的北欧湖泊、捷克盆地和瑞士日内瓦湖也检测到了 MPs,其丰度最高可达(155 ± 73)个/m^3(Sarijan et al.,2020)。相对于欧美,亚洲地区水环境中的微塑料污染也特别严重,其丰度为(293 ± 83)~34 000 个/m^3(Amelia et al.,2021)。我国对淡水环境中的 MPs 分布也进行了大量研究。珠江和鄱阳湖中的 MPs 丰度最高,分别达到了 19 860 个/m^3 和 34 000 个/m^3,这可能是由于该研究区域的人口密度大,塑料使用量大造成的(Yan et al.,2019;Yuan et al.,2019)。而在大气环境中检测到的 MPs 丰度相对较低。Dris 等(2017)首次研究了室内和室外空气中的微塑料。室内 MPs 浓度范围为 1.0~60.0 个/m^3,室外微塑料浓度在 0.3~1.5 个/m^3,其浓度明显低于室内 MPs 的浓度。MPs 在室内环境中的沉积速率在 1 586~11 130 个/(d·m^2),这导致微塑料在沉降物中累积,浓度为 190~670 个/mg。

微塑料除了在海洋、湖泊、大气、土壤和沉积物等常见环境介质中被发现外,在海沟、高山和极地等人迹罕至的地区也发现了微塑料的存在,更重要的是,在饮用水、饮料、食盐、一次性纸杯和婴儿奶瓶等常见的食物和生活用品中均有检出(Kim et al.,2018;Rai et al.,2021)。最新的研究指出,人类常食用的蔬菜(如生菜)可以吸收土壤中的微塑料,在人类的粪便、血液和婴儿胚胎中也观察到了微塑料(Ragusa et al.,2021;Schwabl et al.,2019;Sun et al.,2020)。这些结果说明微塑料可通过食物链进行传输,而且已经进入了人体内。

7.2 微塑料的光化学老化

尽管塑料具有几百年到几千年的环境寿命,但进入环境中的微塑料会发生各种老化,根据老化原因的不同,通常分为光化学老化、热老化、催化老化、机械老化和生物老化。其中光化学老化,被认为是引发微塑料降解的最重要的过程(Andrady,2011;Guo et al.,2019)。研究表明,与光老化相比,其他类型的降解过程要慢几个数量级，同时，微塑料的光老化过程还会促使其他方式老化更容易，例如，在阳光直接照射的海滩或道路上，微塑料在光老化过程中常常伴随着热氧化老化，光老化后的微塑料也更容易被波浪破碎，被微生物降解，因此，光老化是微塑料老化最直接、最重要，也是最常见的过程（Wang et al.，2020b）。特别是大气悬浮塑料颗粒、水体表面的漂浮物，以及海滨沙滩和土壤表面的微塑料，它们长时间暴露在阳光下会逐渐老化分解（Wang et al.，2020）。导致塑料颗粒发生破碎，粒径和平均分子量逐渐减小，同时伴随羧基指数的升高和含氧官能团的增加（Huffer et al.，2018）。

微塑料的光化学老化通常是太阳照射（特别是紫外部分）引起的自由基介导的光化学转化过程。到达地球表面的太阳光中，高能量的 UV-B（290～315 nm）和中能量的 UV-A（315～400 nm）是造成微塑料光老化的主要因素（Andrady，2011）。因此，不同类型塑料物质的光老化过程和机制较为相似，均涉及了一系列的自由基反应（Kaczmarek，1995；Yousif et al.，2013）。所形成的中间物能够作为二次反应的启动物，进一步增加反应物种的数量，从而导致整体光氧化降解的自动加速（RåNby et al.，1975）。具体来说，塑料等聚合物光老化主要通过自由基反应进行，包括三个过程（Göpferich，1996；Rabek，2012；Yousif et al.，2013）：

①光引发阶段：内部和/或外部的发色基团吸收光并产生低分子量自由基（R·）和/或高分子的巨自由基（P·）[式（7-1）]。

②增殖过程：随后发生的低分子自由基（R·）和聚合物烷基自由基（P·）的链式反应类似于从聚合物分子中提取氢 [式（7-2）]。聚合物大分子自由基与氧气的反应，在此过程中形成聚合物过氧自由基（POO·）[式（7-3）]。通过聚合物烷基过氧自由基从相同或另一个聚合物分子中提取氢，并形成氢过氧化物基团 [式（7-4）]。氢过氧化物基团光分解形成聚合物烷氧基（PO·）、聚合物过氧自由基（POO·）和羟基自由基（·OH）[式（7-5）] 和 [式（7-6）]；

③终止阶段：在聚合物降解过程中形成的自由基可以通过两种聚合物自由基之间的多种不同的结合反应而终止，在这种结合反应中形成了无活性的产物。因此，微塑料在发生光化学老化时，会发生化学键的断裂，以及自由基的形成与终止反应，伴随聚合物的解体、分子量的减小，塑料的破裂和碎片化，从而形成更小尺寸的塑料（如微塑料或纳米塑料）。

$$PH \longrightarrow P\cdot + H\cdot \tag{7-1}$$

$$PH + R\cdot \longrightarrow RH + \cdot P \tag{7-2}$$

$$P\cdot + O_2 \longrightarrow POO\cdot \tag{7-3}$$

$$POO\cdot + PH \longrightarrow POOH + P\cdot \tag{7-4}$$

$$POOH \longrightarrow PO\cdot + \cdot OH \tag{7-5}$$

$$2POOH \longrightarrow PO\cdot + POO\cdot + H_2O \tag{7-6}$$

综上所述，微塑料光老化过程中会发生共价键的断裂，从而涉及自由基的形成。而这些自由基是否能够在聚合物复杂的分子网络结构中稳定下来，并形成环境持久性自由基（Environmentally persistent free radicals，EPFRs），这是本章重点讨论的科学问题。

7.3 老化微塑料中环境持久性自由基的形成过程与机制

7.3.1 老化微塑料中环境持久性自由基的产生和衰减

有关微塑料光老化过程中 EPFRs 的形成，贾汉忠团队率先研究了聚乙烯（PE）、聚氯乙烯（PVC）、聚苯乙烯（PS）和酚醛树脂（PF）4 种具有代表性的碳氢类微塑料。研究发现，在室温环境下（～25℃），微塑料在 $\lambda > 300$ nm 的模拟太阳光光源照射 15 d 后，PS 和 PF 中检测到明显的 EPR 信号，然而，PE 和 PVC 上的 EPR 信号则可忽略。在黑暗条件下，对照实验中所有 MPs 的 EPR 信号并没有明显变化（图 7-1）。这一结果表明，UV-Vis 光照诱导 PS 和 PF 颗粒形成 EPFRs 类物质，但光照无法促使 EPFRs 在 PE 和 PVC 颗粒上的形成，这种差异被认为是与微塑料颗粒的分子结构有较大的关系。

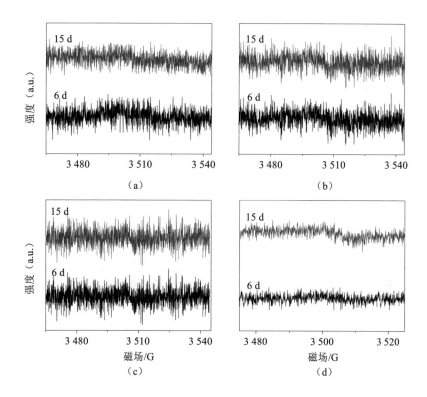

图 7-1　PE（a）、PVC（b）、PS（c）和 PF（d）4 种微塑料在黑暗条件下处理 15 d 后得到的
EPR 图谱（Zhu et al.，2019）

祝可成等进一步根据 EPR 信号的 g-因子和线峰宽（$\Delta H_{\text{p-p}}$）判断了光老化后 MPs 上 EPFRs 的类型和数量。分析发现,这些 EPR 信号的 g-因子和 $\Delta H_{\text{p-p}}$ 分别为～ 2.004 G 和～8.0 G（表 7-1），这是有机自由基的特征参数（Zhu et al.，2019）。前期研究表明 g 因子<2.003 0 的自由基可定义为碳中心自由基，而 g 因子>2.004 0 的自由基可定义为氧中心自由基（Lachocki，1989；Valavanidis et al.，2008）；g-因子在 2.003 0～2.004 0 的 EPFRs 被认为是与杂原子（如氧或卤素）连接的碳中心自由基，或者是碳中心自由基和氧中心自由基的混合自由基（Valavanidis et al.，2008）。因此，光老化后 MPs 上观察到的 EPFRs 为典型的氧中心自由基。PS 上 EPFRs 的 g-因子高于 PF，说明光老化的 PS 颗粒形成了更多的氧中心自由基（Yang et al.，2017a）。另一项研究发现，在模拟太阳光照射下，PF 的 EPR 信号随着光照时间显著增强，然而，EPFRs 的 g 因子基本保持不变（2.004 3±0.000 1）。在光照 14 d 和 28 d 后，PF-MP 中 EPFRs 的平均浓度分别为 2.33 × 10^{16} spin/g 和 3.95 ×

10^{16} spin/g，但是这比大气中的 PM（3.7×10^{17} spin/g）和有机气溶胶（OA）（1.1×10^{17} spin/g）的 EPFRs 浓度低了好几倍（Chen et al.，2019a；Tong et al.，2018）。同时，研究者还在光老化含氮微塑料聚酰胺（PA）和氨基树脂（AmR）上检测到了 EPFRs 的形成。相关参数分析发现，这些 EPFRs 的未配对电子主要位于氧上，但是两者所形成的 EPFRs 的 g 因子（～2.004 8）和线宽均不相同，说明所形成的 EPFRs 类型并不相同。其 EPFRs 丰度差异也很明显（表 7-1）。

表 7-1　PS、PF、PA 和 AmR 光照后形成 EPFRs 的特征参数（Zhu et al.，2019）

样品	g-因子	线宽（$\Delta H_{\text{p-p}}$）/G	EPFRs 丰度/（spin/g）	半衰期/h
PS	2.004 88	9.15	6.20×10^{15}	13.33
PF	2.004 31	7.72	7.56×10^{16}	4.86
PA	2.004 4	7.50	3.03×10^{15}	5.75
AmR	2.004 8	9.50	8.10×10^{15}	11.12

EPFRs 的稳定性是一个重要特性，可能与其环境风险和生物毒性有重要关系。停止光照后，光老化后的微塑料颗粒上的 EPFRs 出现明显的衰减趋势，且不同类型微塑料均呈现出了 3 种连续衰减类型，分别为快速衰减、较快衰减和缓慢衰减。在初始阶段，微塑料上 EPFRs 的丰度先快速衰减，随后衰减速率减慢，随着时间进一步的延长，其衰减速度趋于平衡和稳定。其中，快速衰减是评估 EPFRs 反应性的最重要部分。在快速阶段，PF 塑料颗粒上的 EPFRs 衰减速率比 PS 更快，所对应的半衰期分别为 13.33 h 和 4.86 h。而在 PA 和 AmR 上的 EPFRs 的快速半衰期分别为 5.75 h 和 11.12 h。这些结果说明，相比于其他类型的 MPs，PF 颗粒上的 EPFRs 具有更强的反应活性，可能有更大的环境危害。

7.3.2　老化微塑料中环境持久性自由基的形成机理

如前所述，有机自由基的形成过程一般涉及两种机理：其一是在无机矿物界面作用过程中，芳香族化合物上的电子转移到过渡金属，过渡金属被还原的同时，无机矿物界面形成有机自由基——金属离子的复合体；其二是在紫外线照射、加热、放电和电解过程等外界能量的作用下，有机分子或高分子聚合物中的化学键发生断裂，并形成稳定的有机自由基（Han et al.，2017a；Kuzina et al.，2004；Lomnicki et al.，2008）。其中，通过界面电子转移（氧化还原反应）产生 EPFRs 的过程通常发生在大气颗粒物、金属氧化物和土壤无机矿物表面（Jia et al.，2017；Zhao et al.，2019）。在这些过程中，光照可加速有机分子或污染物向过渡金属离子的电子转移，从而促进了 EPFRs 的生成（Jia et al.，2019b）。另外，光照同样会促使有机化合物或聚合物中化学键的断裂，并会导致有机自由基的产生（Kuzina et al.，2004）。生成的自由基可以被聚合物网络结构所屏蔽，也可以被扩展的芳香族 π-电子体系的自旋陷阱使未配对电子离域所稳定，即可引起 EPFRs 在聚合物或颗粒物上的累积（Kuzina et al.，2004；Saab et al.，2008）。

　　为了探究微塑料上 EPFRs 潜在的形成途径，科研人员首先分析了 MPs 中的金属含量，发现过渡金属并不是 MPs 产生和稳定 EPFRs 的前提条件，从而可以推测，光照下 MPs 中的化学键断裂可能会导致 EPFRs 形成。PVC 和 PE 作为脂肪族聚合物，在模拟太阳光照射下不会产生 EPFRs。PS 和 PF 均具有丰富的共轭苯环，在光照下均能检测到明显的 EPFRs 信号。这些结果表明，EPFRs 的生成主要取决于 MPs 的化学结构（Jia et al.，2016；Kuzina et al.，2004）。这与之前的研究一致，即 EPFRs 主要在多环/取代芳香族化合物的前体或具有多共轭结构（苯环）的聚合物上产生。一方面，苯环容易使未配对电子离域，导致形成相对稳定的自由基。另一方面，亲电取代的空间效应和极性效应抑制了接近特定反应位点的自由基（Carmichael，1984；Dellinger et al.，2007）。但是值得注意的是，光老化的 PA 不含苯环，EPR 信号却很明显，这可能与 PA 含有氮元素有关，研究者推测占主导地位的 O 中心自由基的未配对电子不是位于与 C 的 O 原子上，而是位于连接 N 的 O 原子上。这是因为硝基氧自由基也是一种较为稳定的自由基。

　　研究者对于微塑料上 EPFRs 的具体类型也进行了深入研究，通过一系列的表征和分析手段，如红外光谱、X 电子能谱仪、热裂解气相色谱和量子化学技术等，发现微塑料上 EPFRs 的形成和衰变可能与化学键断裂、交联和氧化反应有关。当它们暴露在紫外可见光（$\lambda > 300$ nm）下时，原始 MP 中的过氧化物和其他含氧生色基团可能作为引发剂，它们可以吸收光子（过氧化物可吸收 380 nm 以下的光）并产生活性自由基（Kaczmarek et al.，2000）。这些自由基可能会攻击聚合物中的氢原子，形成新的自由基。其中，PS 塑料颗粒中亚甲基 C—H 的断裂更容易发生，如图 7-2 所示。在光老化初始阶段，模拟太阳光引发亚甲基 C—H 的断键，从而诱导生成叔烷基自由基（自由基 1）。由于邻近的苯环，自由基 1 中的未配对电子比其他烷基自由基更容易发生离域（Kaczmarek et al.，2000；Tedder，1982）。这也促使其与氧气反应形成叔烷基过氧自由基（自由基 2），该自由基由于自旋的强离域作用也表现出共振稳定（Yousif et al.，2012）。随后，叔烷基过氧自由基与抽离的氢反应，形成了不稳定的有机氢过氧化物（—C—OOH），并且在光下不稳定（Yousif et al.，2012）。从化学键能来看，CO—OH、C—OOH 和 COO—H 的离解能分别为 175.8 kJ/mol、293.0 kJ/mol 和 376.7 kJ/mol，说明氢过氧化物会断键形成CO·（叔烷氧基，自由基 3）和·OH（此过程在下一节进行了讨论），且光照下以该反应占主导（RånbУ et al.，1975）。最后，烷基氧自由基被转化为羟基、醛和酮等官能团。因此，老化后的 PS 上的 EPFRs 可能以叔烷氧自由基、叔烷基自由基和过氧自由基为主。对于 PF 而言，与苯环相连的 O—H 键发生断裂，随后生成酚氧自由基（图 7-3）。类似的转化途径也被发现在 UV 光老化木质素过程中，这是由于木质素与 PF 有类似的酚氧结构（Kuzina et al.，2004）。而含氮的 PA 上形成EPFRs 的主要为硝基氧自由基，它们主要来自臭氧与亚氨基的反应。

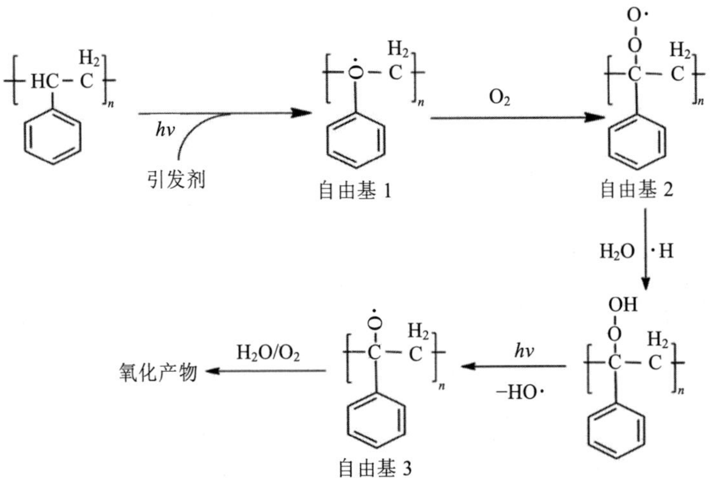

图 7-2　UV-vis 照射下 PS 表面 EPFRs 可能形成途径（Zhu et al.，2019）

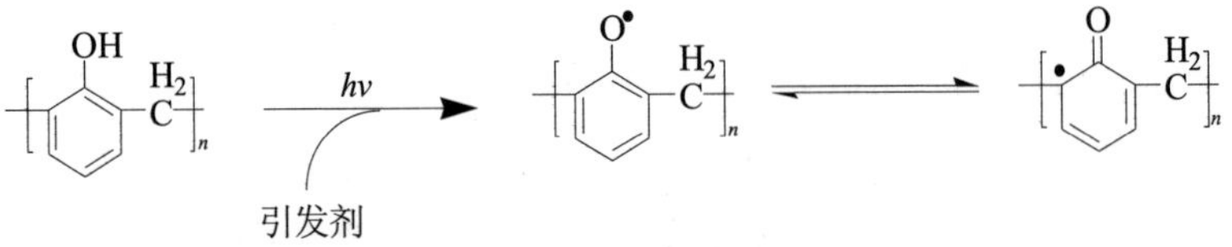

图 7-3　UV-vis 光照下 PF 上 EPFRs 可能的形成路径（Zhu et al.，2019）

　　总之，微塑料光老化过程会产生新的、区别于母体分子的新型环境风险物质——EPFRs，但是 EPFRs 的形成与微塑料的分子结构和元素组成有重要关系，同时可能与微塑料的大小、密度和形貌有一定的关系，但该部分内容目前还缺少研究。此外，微塑料上 EPFRs 的相关特性，如丰度、类型、反应活性和稳定性等，是认识微塑料 EPFRs 的重要手段，对理解其环境归趋和环境行为具有重要意义，也是评估微塑料环境风险的重要参考。

7.4　老化微塑料中环境持久性自由基的反应活性

7.4.1　老化微塑料中环境持久性自由基诱导活性氧形成

EPFRs 的环境效应主要与其自由基的反应活性有关（Lieke et al.，2018）。携带 EPFRs 的物质在大气环境或进入水相体系均可诱发次生 ROS 的产生（Ding et al.，2020）。这些 ROS 具有很强的化学反应性，不仅能够与有机污染物反应，而且是引起生物体氧化应激的主要原因（Delilah et al.，2011）。目前关于 EPFRs 诱导 ROS 的产生过程及潜在环境效应主要聚焦于工业飞灰和大气颗粒物（Zhao et al.，2019）。一般认为，颗粒物上的 EPFRs 直接将孤对电子转移给氧分子，形成超氧自由基（$\cdot O_2^-$），而 $\cdot O_2^-$ 通过歧化反应，与氢离子形成 H_2O_2（Zhang et al.，2020）。同时 H_2O_2 一方面可以在外因催化（如重金属离子和光照）下分解产生 $\cdot OH$，另一方面 H_2O_2 可以得到 EPFRs 的电子形成 $\cdot OH$。在此过程中，EPFRs 的存在形态和类型直接影响到 ROS 或 RNS 的产生水平。不同类型的 EPFRs 在环境介质（空气、水和土壤）中的"稳定性"和"反应活性"有较大差别，这些性质可能会直接决定自由电子的可利用性或参与 ROS 产生的比例（Jia et al.，2020）。由此说明，在研究微塑料 EPFRs 诱导产生 ROS 或 RNS 的过程中，不能简单通过自由基的丰度判断其活性，还需要深入认识 EPFRs 类型及存在形态对其诱导产生 ROS 或 RNS 的影响，从而探讨不同类型塑料颗粒上 EPFRs 的潜在环境效应。

为了探究微塑料光老化过程中是否有 ROS 的形成，祝可成等利用 5,5-二甲基吡啶 N-氧化物（DMPO）溶液（自旋捕获剂），结合 EPR 谱学技术对光老化 MP 生成的 ROS 进行了检测。通过分析发现，光老化 PS-MP 上主要生成了 $\cdot O_2^-$ 和 $\cdot OH$，首次证实了光老化微塑料可以诱导多种 ROS 形成。且光老化后的微塑料在黑暗环境中依然检测到了 $\cdot O_2^-$，并结合 $\cdot O_2^-$ 淬灭实验证实了 $\cdot O_2^-$ 可能主要来源于 EPFRs。而对于 $\cdot OH$，科研人员推测主要来源于氢过氧化物（ROOH）的分解和 EPFRs 诱导产生的（图 7-4）。但目前对这些 ROS 的具体形成过程还缺乏详细的认识。而后，研究者在 MP 混合液体系下详细研究了该过程，通过自旋捕获技术在微塑料混合液和微塑料固体颗粒上均检测到了 ROS，且通过化学探针分子法再次证明了这些 ROS 的存在。相关性分析发现，EPFRs 的产量与各 ROS 之间存在着显著相关性，表明 EPFRs 在 ROS 的形成中起着重要作用。而且 EPFRs 与 $\cdot O_2^-$ 的正相关最强（$r^2 = 0.94$，$p < 0.001$），其次 H_2O_2 与 $\cdot OH$ 也存在相关性。这是由于光照过程中 EPFRs 可以将电子直接转移给溶解氧，形成 $\cdot O_2^-$（Lavrent et al.，2011）。此外，$\cdot O_2^-$ 和 H_2O_2 分别与 H_2O_2 和 $\cdot OH$ 呈显著相关关系（图 7-5），说明 H_2O_2 和 $\cdot OH$ 主要来源于 $\cdot O_2^-$ 的歧化反应和 H_2O_2 的还原（Kim et al.，2016）。综上所述，PS 结合的 EPFRs 通过电子转移给溶解氧，生成 $\cdot O_2^-$，从而使 $\cdot O_2^-$ 与自由电子通过歧化反应生成 H_2O_2。H_2O_2 介导 $\cdot OH$ 形成有两种可能的途径：一种可能的途径是产生的 H_2O_2 在光照的情况下发生光芬顿反应并分解产生 $\cdot OH$（Fang et al.，2017）；另一种途径是 EPFRs 通过转移单电子给 H_2O_2，激活 H_2O_2，从而产生 $\cdot OH$（Gehling et al.，2014）。此外，含羰基结构的老化 PS-MP 能够吸收光的能量，在紫外可见光照射下将 PS 激发成三重态 PS（$^3PS^*$），激发态 PS 将能量转移到溶解的 O_2 形成 $^1O_2$。这些研究揭示了光老化 MP 上 EPFRs 诱导 ROS 形成的机理。

$$O_2 \xrightarrow[\ ]{EPFRs} \cdot O_2^- \xrightarrow[H^+]{EPFRs} H_2O_2 \xrightarrow[hv]{EPFRs} \cdot OH$$

图 7-4　EPFRs 诱导 ROS 形成路径（Zhu et al.，2019）

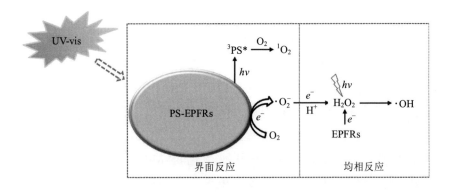

图 7-5　光照射下，PS-MP 悬浮液中形成 ROS 的流程（Zhu et al.，2019）

7.4.2 老化微塑料中环境持久性自由基诱导活性氮的形成

相同的捕获技术也被用来检验了含氮微塑料（N-MPs）上 ROS 的形成，科研人员发现光老化的 N-MPs 上同样出现了自由基加合物信号，说明光照诱导了 N-MPs 上的活性自由基的生成。此外，光老化两类不同含氮微塑料（包括 PA 和 AmR）的 EPR 信号存在明显差异，说明在 PA 和 AmR 老化过程中所产生的活性物种可能不同。系统分析发现，光老化的 PA 和 AmR 表面形成了光诱导的 $\cdot O_2^-$ 和 $\cdot OH$，其信号随着光照时间逐渐增加。有趣的是，研究者在老化的 PA 上还检测到了 DMPO-ONO 和 DMPO-OCO$_2^-$ 的 EPR 谱，表明由于光老化，PA 上形成了 $\cdot NO_2$ 和 $CO_3^- \cdot$（Nash et al.，2012）。活性物种淬灭实验再次证实了这些活性物种的形成。在光照条件下，老化 AmR 上产生的 $\cdot O_2^-$ 明显多于 PA 上形成的 $\cdot O_2^-$，这可能是由于老化 AmR 上的 EPFRs 更多，EPFRs 可将未配对电子转移给氧分子，从而诱导了更多的 $\cdot O_2^-$ 的生成（Gehling et al.，2013）。将老化后的塑料颗粒放置在黑暗条件下 240 h 后，微塑料上的 EPFRs 有大幅的衰减，同样 N-MPs 上检测到的 $\cdot O_2^-$ 也在很大程度上下降，这一结果也进一步证实了老化 AmR 上的 EPFRs 可促使 ROS 的形成这一结论。与 AmR 相比，光老化 PA 上检测到更多的 $\cdot OH$，尽管老化 N-MPs 上的 EPFRs 在黑暗条件下放置 240 h 后显著衰减，但是在 N-MPs 上没有观察到 $\cdot OH$ 的显著减少，这是由于氢过氧化物（ROOH，$ROOH \longrightarrow RO \cdot + \cdot OH$）分解是 N-MPs 上 $\cdot OH$ 形成的主要贡献者（图 7-6）（Jiang et al.，2017）。

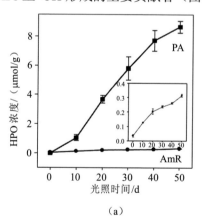
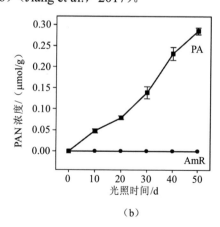

| (a) | (b) |

图 7-6 光老化对 PA 和 AmR 上 OHP（a）和 PAN（b）浓度的影响。误差棒表示标准偏差

（Zhu et al.，2019）

对于·NO_2和CO_3^-·的生成,科研人员提出了如下假设,见式(7-7)~式(7-10)。首先,研究者通过$Fe^{2+}(DETC)_2$溶液在光老化PA上检测到了·NO的存在。NO分别与·O_2^-和O_2反应产生了$ONOO^-$和·NO_2。而检测到过氧酰基硝酸酯(PAN)则再次证实了·NO_2的产生,因为过酰基过氧化物可以与·NO_2反应生成PAN(Pye et al.,2015)。同时,由于$ONOO^-$均裂反应速率为$10^{-6}\,s^{-1}$,从而NO_2微不足道,导致了$ONOO^-$与CO_2发生反应(Meli et al.,2002;Merényi et al.,1999)。此外,$ONOO^-$和CO_2的反应自由能很低($\Delta G_{298K}=2.7$ kcal/mol),有利于该反应的进行[式(7-9)],因此大部分$ONOO^-$与CO_2反应生成亚硝基过氧碳酸盐($ONOOCO_2^-$)(Nash et al.,2012)。随后,强氧化剂$ONOOCO_2^-$发生鞭裂,形成CO_3^-·和·NO_2,其吉布斯自由能$\Delta G_{298K}=-19.0$ kcal/mol,或发生重排形成NO_3^-和CO_2,其$\Delta G_{298K}=-52.3$ kcal/mol[式(7-10)](Meli et al.,2002;Nash et al.,2012)。正如研究预期,光照50 d后,PA上检测到NO_3^-,而原始PA和AmR以及老化AmR上都没有产生NO_3^-。在以往的研究中,30%的$ONOOCO_2^-$在其较短的半衰期内(1×10^{-6} s)转化为CO_3^-·和·NO_2(Bonini et al.,1999;Meli et al.,2002)。考虑到相对较低的CO_3^-·含量,$ONOOCO_2^-$的分解对·NO_2的形成贡献有限。综合以上讨论,·NO_2和CO_3^-·主要来源于NO的氧化和$ONOOCO_2^-$的分解。更重要的是,对于·NO的产生,光老化后新出现的分子碎片可能是·NO产生的原因,如氧化氮物。之前有报道指出,光解硝酮可以产生·NO(Chamulitrat et al.,1993;Locigno et al.,2005)。通过硝酮作为模型分子的验证试验,进一步证实了老化PA中的硝酮结构可能参与了·NO的形成。

$$\cdot NO + O_2 \longrightarrow \cdot NO_2;\ k = 1.6 \times 10^6\,M^{-1}s^{-1} \tag{7-7}$$

$$\cdot NO + \cdot O_2^- \longrightarrow ONOO^-;\ k = 6.7 \times 10^9\,M^{-1}s^{-1} \tag{7-8}$$

$$ONOO^- + CO_2 \longrightarrow ONOOCO_2^-;\ k = 5.8 \times 10^4\,M^{-1}s^{-1} \tag{7-9}$$

$$ONOOCO_2^- \longrightarrow NO_3^- + CO_2/CO_3^- \cdot + NO_2 \tag{7-10}$$

光老化微塑料上EPFRs诱导RNS的形成,这进一步加深了对微塑料EPFRs潜在风险的认识,也是对微塑料环境行为认识的拓展和补充。

7.5　老化微塑料中环境持久性自由基的危害

如上所述,微塑料在光老化过程中会造成其理化性质的改变,如比表面积的增大、表面氧化官能团的增多及EPFRs和ROS的产生(Liu et al.,2019a;Zhu et al.,2019)。尤其是带有大量EPFRs和ROS的光老化微塑料被生物吸入和摄食后可能会造成氧化应激效应（Ayres et al.，2008）。氧化应激通常是暴露细胞或组织中 ROS 的过量产生并不能被及时清除所引起的（Paul et al.，2011）。而 OP 常被作为评价颗粒产生 ROS 能力的指标，它与颗粒物诱导的不良反应密切相关（Bates et al.，2015）。目前的研究主要评估了光老化后微塑料的 OP 水平及其细胞毒性，结合相关毒理学分析，最终揭示了微塑料上 EPFRs 的危害。

7.5.1　老化微塑料的氧化潜能

祝可成等首次通过二硫苏糖醇（DTT）和抗坏血酸（AA）试验法检测了光老化 MP 的 OP 变化，发现光老化显著提高了微塑料 PF 的 OP 水平，并随着光照时间延长而逐渐升高（Zhu et al.，2019）。其中，光照 14 d 后，PF-MP 的 OPDTT 平均值和 OPAA 平均值增加到 12.8 pmol/（min·μg）[范围为 2.4～22.1 pmol/（min·μg）] 和 277 pmol/（min·μg）[范围为 35.5～426 pmol/（min·μg）]，分别为原始 OPDTT 和 OPAA 值的 3.95 倍和 3.64 倍。而光照 28 d 后，OPDTT 平均值和 OPAA 平均值分别为 21.4 pmol/（min·μg）和 463 pmol/（min·μg），为原始样品的 6.61 倍和 6.10 倍。光老化的 OP 水平与家庭炉灶中生物质燃烧和煤燃烧排放的大气颗粒物样品的 OP 值相当。研究者对于引起光老化后 MP 样品 OP 升高的内在机制进行了探究，发现 PF-MP 样品上 EPFRs 的浓度随着光照时间的延长而增加，光照 14 d 和 28 d 后 EPFRs 浓度分别增加了 6.4～10 倍，与其 OP 的变化一致；同时，ROS（包括·OH、ROOH 和 ·O$_2^-$）的产量也随着光老化时间的增加而增加，这与 PF-MP 的高 OP 是一致的。进一步的相关性分析得到，MP 的 OP 与其 EPFRs、·O$_2^-$和 ROOR 等浓度均呈现显著的相关性，因此光老化 MP 产生的 EPFRs 和 ROS 是引起其 OP 升高的重要因素。

科研人员还进一步分析了光老化含氮微塑料的氧化潜能（OP）和还原潜能（RP）。光老化 PA 后 OP 明显增加，且随着光照时间的延长而增加，这主要与 PA 上形成了更多的活性物种有关（Simonetti et al.，2018；Zhu et al.，2020a）。然而，光老化前后 AmR 的 OP 水平几乎没有变化，且明显低于 PA，说明老化 AmR 产生的 ROS 水平并不能导致 DTT 显著降低。同时，OPDTT 与生成的·O$_2^-$相关性最大，与产生的·OH 相关性较小（Xiong et al.，2017）。因此，老化 PA 上较低产率的·O$_2^-$和较高的·OH 产率并不是导致 DDT 损耗的原因。已有研究表明，RNS 可诱导硝化应激，氧化剂 OHP 和 PAN 也可与 DTT 发生反应（Jiang et al.，2018；Pei et al.，2020）。因此，除了 PA 上显著更高的 OHP 含量外，RNS 和 PAN 也有效地消耗 DTT，从而导致老化 PA 的 OP 升高（Bates et al.，2019）。因此，光老化 PA 可能会诱导氧化应激和硝化应激（Bates et al.，2015）。同样地，PA 在光老化后的还原潜能明显高于 AmR，这可能与氨氧基团的氧化还原活性有关（Zhang et al.，2010）。

7.5.2 老化微塑料的细胞毒性

颗粒物 OP 的增加通常会引起更强的细胞毒性反应（Chowdhury et al.，2019）。科研人员通过细胞毒性实验发现，光老化 PF-MP 的暴露浓度与肺上皮细胞活力之间的浓度存在依赖性关系。MPs 暴露浓度越高，细胞死亡率越高，细胞毒性越强。与原生微塑料相比，当光老化后的 PF-MP（光老化 28 d）浓度为 1 000 μg/mL 时，细胞的活力下降了 30.0%。而未被光老化 PF-MP 处理的细胞活力与对照组无明显差异。当暴露在光老化 PF-MP 样品中（光照 14 d 和 28 d）后，细胞的平均存活率分别显著下降至 82% 和 73%。研究者同时利用上清液中乳酸脱氢酶（LDH）的水平来判断 PF-MP 的毒性，发现与对照组相比，随着 PF-MP 光老化，培养基上清液中 LDH 活性显著升高，说明暴露于光老化的 PF-MP 后，细胞膜明显受损。进一步的细胞内 ROS 水平分析发现，与对照组相比，PF-MP 的存在导致细胞内 ROS 浓度明显增加，分别提高了 1.96 倍、3.32 倍和 4.68 倍。这表明，光老化 PF-MP 确实诱导了细胞内更多 ROS 产生，过多的 ROS 可能会引发细胞氧化应激，最终导致细胞活力大大降低甚至死亡。这些结果进一步证实光老化增强了 PF-MP 的毒性和健康风险。此外，PF-MP 的 OP 和细胞内 ROS 水平同步增加，细胞存活率降低，说明 PF-MP 的细胞毒性与 OP 的水平有较强的相关性，因此，OP 可以作为一个很好的指标来说明光老化微塑料的毒性。

7.6 结论与展望

光老化可以诱导微塑料上 EPFRs 的形成，EPFRs 的产生与微塑料的分子结构有重要关系，带有苯环结构的微塑料更易形成 EPFRs，而且微塑料的元素组成也会影响 EPFRs 的类型。伴随着 EPFRs 的产生，光老化微塑料还检测到各种活性氧（氮）的形成，它们的产生与微塑料的 EPFRs 以及光老化后新形成官能团和化合物均有重要关系。此外，光老化过程中 ROS 的产生对水环境中微塑料的光转化具有重要作用。这些活性组分的产生进一步导致了老化微塑料 OP 和细胞毒性的增强。总之，本章主要对环境中微塑料的风险评估提供了全新的视角，为以后准确评估微塑料的环境风险提供了有效的理论依据。

参考文献

党步云，2019. 微塑料来源及其研究展望综述[J]. 农村科学实验，6：94-94.

李禾，2019. 微塑料污染是不争事实[J]. 世界环境，3：27-29.

AMELIA T S M，KHALIK W M A W M，et al.，2021. Marine microplastics as vectors of major ocean pollutants，its hazards to the marine ecosystem，humans[J]. Progress in Earth and Planetary Science，8（1）：1-26.

ANDRADY A L，2011. Microplastics in the marine environment[J]. Marine Pollution Bulletin，62（8）：1596-1605.

AYRES J G，BORM P，CASSEE F R，et al.，2008. Evaluating the toxicity of airborne particulate matter，nanoparticles by measuring oxidative stress potential—a workshop report，consensus statement[J]. Inhalation Toxicology，20（1）：75-99.

BATES J T，WEBER R J，ABRAMS J，et al.，2015. Reactive oxygen species generation linked to sources of atmospheric particulate matter，cardiorespiratory effects[J]. Environmental Science & Technology，49（22）：13605-13612.

BATES J T，FANG T，VERMA V，et al.，2019. Review of acellular assays of ambient particulate matter oxidative potential：Methods，relationships with composition，sources，and health effects[J]. Environmental Science & Technology，53（8）：4003-4019.

BONINI M G，RADI R，RERRER-SUETA G，et al.，1999. Direct EPR detection of the carbonate radical anion produced from peroxynitrite，carbon dioxide[J]. Journal of Biological Chemistry，274（16）：10802-10806.

CHEN Q，SUN H，WANG M，et al.，2019. Environmentally persistent free radical（EPFR）formation by visible-light illumination of the organic matter in atmospheric particles[J]. Environmental Science & Technology，53（17）：10053-10061.

CHOWDHURY P H，HE Q，CARMIELI R，et al.，2019. Connecting the oxidative potential of secondary organic aerosols with reactive oxygen species in exposed lung cells[J]. Environmental Science & Technology，53（23）：13949-13958.

CARMICHAEL A J，MAKINO K，RIESZ P.，1984. Quantitative aspects of esr，spin trapping of hydroxyl radicals，hydrogen atoms in gamma-irradiated queous solutions[J]. Radiation Research，100（2）：222-234.

CHAMULITRAT W，JORDAN S J，MASON R P，et al.，1993. Nitric oxide formation during light-induced decomposition of phenyl N-tert-butylnitrone[J]. Journal of Biological Chemistry，268（16）：11520-11527.

DRIS R, GASPERI J, MIRANDE C, et al., 2017. A first overview of textile fibers, including microplastics, in indoor, outdoor environments[J]. Environmental Pollution, 221: 453-458.

DELLINGER B, LOMNICKI S, KHACHATRYAN L, et al., 2007. Formation, stabilization of persistent free radicals[J]. Proceedings of the Combustion Institute International Symposium on Combustion, 31 (1): 521-528.

DELILAH L, AKE L, GORAN D, 2011. Environmental, health hazard ranking, assessment of plastic polymers based on chemical composition[J]. Science of the Total Environment, 409 (18): 3309-3324.

FANG G, LIU C, WANG Y, et al., 2017. Photogeneration of reactive oxygen species from biochar suspension for diethyl phthalate degradation[J]. Applied Catalysis B: Environmental, 214: 34-45.

GUO X, WANG J, 2019. The chemical behaviors of microplastics in marine environment: A review[J]. Marine Pollution Bulletin, 142: 1-14.

GÖPFERICH A, 1996. Mechanisms of polymer degradation, erosion[J]. Biomaterials, 17 (2): 103-114.

GEHLING W, KHACHATRYAN L, DELLINGER B, 2014. Hydroxyl radical generation from environmentally persistent free radicals (EPFRs) in $PM_{2.5}$[J]. Environmental Science & Technology, 48 (8): 4266-4272.

GEHLING W, DELLINGER B, 2013. Environmentally persistent free radicals, their lifetimes in $PM_{2.5}$[J]. Environmental Science & Technology, 47 (15): 8172-8178.

HORTON A A, WALTON A, SPURGEON D J, et al., 2017. Microplastics in freshwater, terrestrial environments: Evaluating the current understanding to identify the knowledge gaps, future research priorities[J]. Science of the Total Environment, 586 (15): 127-141.

HAN L, CHEN B, 2017a. Generation mechanism, fate behaviors of environmental persistent free radicals[J]. Progress in Chemistry, 29 (9): 1008-1020.

HUANG Y, GUO X, DING Z, et al., 2020. Environmentally persistent free radicals in biochar derived from Laminaria japonica grown in different habitats[J]. Journal of Analytical and Applied Pyrolysis, 151: 104941.

HÜFFER T, WENIGER A K, HOFMANN T, 2018. Sorption of organic compounds by aged polystyrene microplastic particles[J]. Environmental Pollution, 236: 218-225.

JIA H, ZHAO S, NULAJI G, et al., 2017. Environmentally persistent free radicals in soils of past coking sites: Distribution, stabilization[J]. Environmental Science & Technology, 51 (11): 6000-6008.

JIA H, LI S, WU L, et al., 2020. Cytotoxic free radicals on air-borne soot particles generated by burning wood or low-maturity coals[J]. Environmental Science & Technology, 54 (9):

5608-5618.

JIA H，ZHAO S，SHI Y，et al.，2019b. Mechanisms for light-driven evolution of environmentally persistent free radicals，photolytic degradation of pahs on Fe（Ⅲ）-montmorillonite surface[J]. Journal of Hazardous Materials，362：92-98.

JIA H，NULAJI G，GAO H，et al.，2016. Formation，stabilization of environmentally persistent free radicals induced by the interaction of anthracene with Fe（Ⅲ）-modified clays[J]. Environmental Science & Technology，50（12）：6310-6319.

JIANG H，JANG M，YU Z，2017. Dithiothreitol activity by particulate oxidizers of soa produced from photooxidation of hydrocarbons under varied NO$_x$ levels[J]. Atmospheric Chemistry, Physics，17（16）：9965-9977.

JIANG H，JANG M.，2018. Dynamic oxidative potential of atmospheric organic aerosol under ambient sunlight[J]. Environmental Science & Technology，52（13）：7496-7504.

KEDZIERSKI M，D'ALMEIDA M，MAGUERESSE A，et al.，2018. Threat of plastic ageing in marine environment. Adsorption/desorption of micropollutants[J]. Marine Pollution Bulletin, 127：684-694.

KIM J S，LEE H J，KIM S K，et al.，2018. Global pattern of microplastics（MPs）in commercial food-grade salts：Sea salt as an indicator of seawater MP pollution[J]. Environmental Science & Technology，52（21）：12819-12828.

KACZMAREK H，1995. Photodegradation of polystyrene，poly（vinyl acetate）blends—Ⅱ. Irradiation of ps/pvac blends by fluorescent lamp[J]. European Polymer Journal，31（12）：1175-1184.

KUZINA S，BREZGUNOV A Y，DUBINSKII A，et al.，2004. Free radicals in the photolysis, radiolysis of polymers：IV Radicals in γ-and UV-irradiated wood，lignin[J]. High Energy Chemistry，38（5）：298-305.

KACZMAREK H，KAMIŃSKA A，ŚWIĄTEK M，et al.，2000. Photoinitiated degradation of polystyrene in the presence of low-molecular organic compounds[J]. European Polymer Journal, 36（6）：1167-1173.

KIM H I，KIM H N，WEON S，et al.，2016. Robust co-catalytic performance of nanodiamonds loaded on WO3 for the decomposition of volatile organic compounds under visible light[J]. ACS Catalysis，6（12）：8350-8360.

LOMNICKI S，TRUONG H，VEJERANO E，et al.，2008. Copper oxide-based model of persistent free radical formation on combustion-derived particulate matter[J]. Environmental Science & Technology，42（13）：4982-4988.

LAVRENT K，ERIC V，SLAWO L，et al.，2011. Environmentally persistent free radicals（EPFRs）.

1. Generation of reactive oxygen species in aqueous solutions[J]. Environmental Science & Technology, 45 (19): 8559-8566.

LIU J, ZHANG T, TIAN LL, et al., 2019a. Aging significantly affects mobility, contaminant-mobilizing ability of nanoplastics in saturated loamy sand[J]. Environmental Science & Technology, 53 (10): 5805-5815.

LACHOCKI T M, 1989. Persistent free radicals in woodsmoke: An esr spin trapping study[J]. Free Radical Biology & Medicine, 7 (1): 17-21.

LOCIGNO E J, ZWEIER J L, VILLAMENA F A, 2005. Nitric oxide release from the unimolecular decomposition of the superoxide radical anion adduct of cyclic nitrones in aqueous medium[J]. Organic & Biomolecular Chemistry, 3 (17): 3220-3227.

LIEKE T, ZHANG X, STEINBERG C E W, et al., 2018. Overlooked risks of biochars: persistent free radicals trigger neurotoxicity in Caenorhabditis elegans[J]. Environmental Science & Technology, 52 (14): 7981-7987.

MELI R, NAUSER T, LATAL P, et al., 2002. Reaction of peroxynitrite with carbon dioxide: Intermediates, determination of the yield of $CO_3^-\cdot$-$NO_2\cdot$[J]. Journal of Biological Inorganic Chemistry, 7 (1): 31-36.

MERÉNYI G, LIND J, GOLDSTEIN S, et al., 1999. Mechanism, thermochemistry of peroxynitrite decomposition in water[J]. The Journal of Physical Chemistry A, 103 (29): 5685-5691.

NASH K M, ROCKENBAUER A, VILLAMENA F A, 2012. Reactive nitrogen species reactivities with nitrones: Theoretical, experimental studies[J]. Chemical Research in Toxicology, 25 (8): 1581-1597.

PYE H O T, LUECKEN D J, XU L, et al., 2015. Modeling the current, future roles of particulate organic nitrates in the Southeastern United States[J]. Environmental Science & Technology, 49 (24): 14195-14203.

PEI S, YOU S, MA J, et al., 2020. Electron spin resonance evidence for electro-generated hydroxyl radicals[J]. Environmental Science & Technology, 54 (20): 13333-13343.

PAUL A S, MARIA C, THOMAS G, et al., 2011. Air pollution, health: bridging the gap from sources to health outcomes: conference summary[J]. Air Quality, Atmosphere & Health, 119 (4): 156-157.

RAI P K, LEE J, BROWN R J C, et al., 2021. Environmental fate, ecotoxicity biomarkers, and potential health effects of micro, and nano-scale plastic contamination[J]. Journal of Hazardous Materials, 403 (5): 123910-123930.

RAGUSA A, SVELATO A, SANTACROCE C, et al., 2021. Plasticenta: First evidence of microplastics in human placenta[J]. Environment International, 146: 106274-106281.

RÅNBY B G, RABEK J F, 1975. Photodegradation, photo-oxidation, and photostabilization of polymers[M]. New York: Wiley.

RABEK J F, 2012. Polymer photodegradation: Mechanisms and experimental methods[J]. Springer Science & Business Media: 6.

SARIJAN S, AZMAN S, SAID M I M, et al., 2020. Microplastics in freshwater ecosystems: A recent review of occurrence, analysis, potential impacts, and research needs[J]. Environmental Science, Pollution Research, 28 (4): 1341-1356.

SCHWABL P, KÖPPEL S, KÖNIGSHOFER P, et al., 2019. Detection of various microplastics in human stool: A prospective case series[J]. Annals of Internal Medicine, 171 (7): 453-457.

SUN X D, YUAN X Z, JIA Y B, et al., 2020. Differentially charged nanoplastics demonstrate distinct accumulation in arabidopsis thaliana[J]. Nature Nanotechnology, 15 (9): 755-760.

SAAB S C, MARTIN-NETO L, 2008. Characterization by electron paramagnetic resonance of organic matter in whole soil (Gleysoil), organic-mineral fractions[J]. Journal of the Brazilian Chemical Society, 19 (3): 413-417.

SIMONETTI G, CONTE E, MASSIMI L, et al., 2018. Oxidative potential of particulate matter components generated by specific emission sources[J]. Journal of Aerosol Science, 126: 99-109.

THOMPSON R C, OLSEN Y, MITCHELL R P, et al., 2004. Lost at sea: Where is all the plastic? [J]. Science, 304 (5672): 838-838.

TONG H J, LAKEY P S J, ARANGIO A M, et al., 2018. Reactive oxygen species formed by secondary organic aerosols in water, surrogate lung fluid[J]. Environmental Science & Technology, 52 (20): 11642-11651.

TEDDER J M, 1982. Which factors determine the reactivity, regioselectivity of free radical substitution, addition reactions? [J]. Angewandte Chemie International Edition, 21 (6): 401-410.

VALAVANIDIS A, ILIOPOULOS N, GOTSIS G, et al., 2008. Persistent free radicals, heavy metals, pahs generated in particulate soot emissions, residue ash from controlled combustion of common types of plastic[J]. Journal of Hazardous Materials, 156 (1): 277-284.

WANG Q, WANG J X, ZHANG Y, et al., 2020b. The toxicity of virgin, UV-aged PVC microplastics on the growth of freshwater algae Chlamydomonas reinhardtii[J]. Science of the Total Environment, 749: 141603-141609.

WRIGHT S L, THOMPSON R C, GALLOWAY T S, 2013. The physical impacts of microplastics on marine organisms: a review[J]. Environmental Pollution, 178: 483-492.

WANG W, GE J, YU X, et al., 2020. Environmental fate, impacts of microplastics in soil ecosystems: Progress, perspective[J]. Science of the Total Environment, 708 (C): 134841.

XIONG Q, YU H, WANG R, et al., 2017. Rethinking dithiothreitol-based particulate matter oxidative potential: Measuring dithiothreitol consumption versus reactive oxygen species generation[J]. Environmental Science & Technology, 51 (11): 6507-6514.

YAN M, NIE H, XU K, et al., 2019. Microplastic abundance, distribution, composition in the Pearl River along Guangzhou city, Pearl River estuary, China[J]. Chemosphere, 217: 879-886.

YUAN W, LIU X, WANG W, et al., 2019. Microplastic abundance, distribution, composition in water, sediments, and wild fish from Poyang Lake, China[J]. Ecotoxicology and Environmental Safety, 170: 180-187.

YOUSIF E, HADDAD R, 2013. Photodegradation, photostabilization of polymers, especially polystyrene: Review[J]. Springerplus, 2 (1): 398-420.

YANG L, LIU G, ZHENG M, et al., 2017a. Pivotal roles of metal oxides in the formation of environmentally persistent free radicals[J]. Environmental Science & Technology, 51 (21): 12329-12336.

YOUSIF E, SALIMON J, SALIH N, 2012. New stabilizers for polystyrene based on 2‑thioacetic acid benzothiazol complexes[J]. Journal of Applied Polymer Science, 125 (3): 1922-1927.

ZHU K, JIA H, ZHAO S, et al., 2019. Formation of environmentally persistent free radicals on microplastics under light irradiation[J]. Environmental Science & Technology, 53 (14): 8177-8186.

ZHAO S, GAO P, MIAO D, et al., 2019. Formation, evolution of solvent-extracted, nonextractable environmentally persistent free radicals in fly ash of municipal solid waste incinerators[J]. Environmental Science & Technology, 53 (17): 10120-10130.

ZHU K, JIA H, SUN Y, et al., 2020a. Enhanced cytotoxicity of photoaged phenol-formaldehyde resins microplastics: Combined effects of environmentally persistent free radicals, reactive oxygen species, and conjugated carbonyls[J]. Environment International, 145: 106137-106146.

ZHANG F, LIU Y, 2010. Electron transfer reactions of piperidine aminoxyl radicals[J]. Chinese Science Bulletin, 55 (25): 2760-2783.

第 **8** 章

木质素中环境
持久性自由基

木质素是土壤有机质的主要组成部分，关于木质素中持久性自由基的探索已经取得了许多进展。尽管多年来对这些持久性自由基的形成有各种各样的推测，但由于木质素的高度芳香性，交联和刚性结构，使得研究人员还不能得出一个可靠的、明确的假设，适用于所有木质素的处理和类型。自 20 世纪 50 年代初以来，该领域的研究人员一直致力于建立自由基的检测方法、理论模拟、模型化合物的反应和自旋捕获研究。虽然有大量关于木质素、模型化合物以及各种化学处理（制浆、漂白、萃取、化学修饰等）中涉及的活性自由基中间体的研究，但关于这些自由基的起源和性质仍认识不足。因此，本章重点探讨了木质素的分子结构，木质素的生物降解与非生物降解，木质素中持久性自由基的来源、形成、影响因素及检测方法。

8.1 木质素的分子结构特征

木质素是植物细胞壁中木质纤维素成分中最常见的芳香族有机化合物，是由类苯基丙烷组成的无定形聚合物，如图 8-1 所示，木质素中的单体类型包括芥子醇（S 型）、松柏醇（G 型）和香豆醇（H 型），每一种单体类型都可能在木质素结构中占主导地位，这主要取决于植物或木材的类型（Adler and Erich.，2002）。例如，裸子植物的木质素只含有 G 型前体物质，双子叶植物（被子植物）由 G 型和 S 型的混合物组成，而单子叶植物（被子植物）结构中三种单体类型都存在（Vanholme et al.，2010）。如图 8-2 所示，这些木质素单体在芳香环的 3-C 和 5-C 位置发生不同取代，构成了一系列苯丙烷类化合物（Wong，2009）。

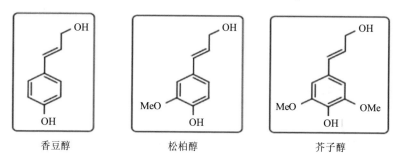

香豆醇　　　　　松柏醇　　　　　芥子醇

图 8-1　木质素的单体结构（香豆醇，松柏醇，芥子醇）（Adler and Erich，2002）

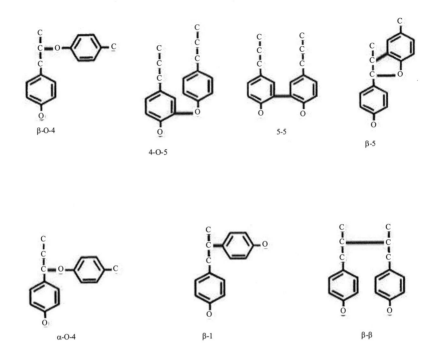

图 8-2　木质素分子中不同类型键的联结（Wong，2009）

木质素单体与其他自由基的 β-O-4 耦合形成了醌甲基中间体，醌甲基中间体作为新的单体，可以进一步被亲核试剂（水、中性糖或糖醛酸等）稳定，最终生成低聚物（Grabber，2005）。因此，木质素的形成被认为是一系列随机的聚合终止反应，而不是活性自由基的聚合过程。由偶联反应产生的 H/G/S 型单元的相对丰度和单元间键的分布决定了最终聚合物的组成。也就是说，木质素是一种具有不同长度链分布的生物聚合物，没有特定的结构式，我们只能利用各种检测方法和化学处理来了解其结构和反应性。

8.2　木质素的降解

8.2.1　木质素的生物降解

前人关于木材腐烂芽孢杆菌对木质纤维素的生物降解开展了深入研究，这些芽孢菌包括白腐真菌和褐腐真菌。其中，白腐真菌是木质纤维素最有效的生物降解菌剂，因为它们能够分泌大量的木质素降解酶（过氧化物酶和漆酶），这些酶能氧化分解聚合物，生成小分子化合物（Bugg et al.，2011）。Su 等（2016）研究发现，黄胞原毛平革菌在 15 d 内对烟草茎秆中木质素的降解率达到 53.75%。还有研究发现少数细菌（主要是放线菌属和变形菌属）虽然活性比真菌低，但同样可以导致酚类和非酚类木质素聚合物发生解聚，还可以促使不溶性木质素发生矿化（Tian et al.，2014）。例如，Salvachúa 等（2015）对 14 种利用木质素的细菌进行了系统研究，发现许多细菌能够通过木质素降解酶将相当数量的可溶性高分子量木质素转化成较小的分子。不同类型的木质素分子，如芳香环，可在细菌酶的催化下发生去甲基化和氧化反应（Zimmermann，1990）。

8.2.2　参与木质素降解的酶

（1）木质素过氧化物酶

木质素过氧化物酶（LiP）是真菌分泌的一种含血红素铁的胞外蛋白过氧化物酶，与其他过氧化物酶相比，LiP 具有较高的氧化还原电位（1.2 V，pH 3.0）（Ertan et al.，2012），在 H_2O_2 的参与下可以催化非酚性木质素单元发生氧化，矿化难降解的芳香族化合物。如图 8-3 所示，木质素的氧化是通过电子传递、各种键的非催化裂解和芳香环的开环反应发生的。木质素过氧化物酶的催化循环包括一个氧化反应和两个还原反应，步骤如下：

步骤 1：H_2O_2 对天然含铁酶 ｛[LiP]-Fe（III）｝进行双电子氧化，形成化合物 I；

步骤 2：非酚类芳香底物将化合物 I 还原后（A）形成化合物 II；

步骤 3：当化合物 II 返回到休眠的 Fe（III），并从还原性底物 A 获得一个电子时，氧化循环结束。

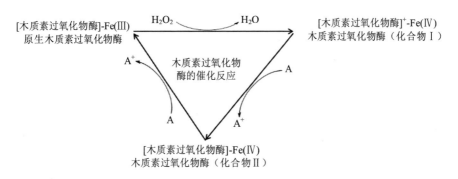

图 8-3　木质素过氧化物酶的催化循环（Ertan et al.，2012）

（2）锰过氧化物酶

锰过氧化物酶（MnP）主要由白腐真菌产生，如黄孢原毛平革菌（Morgenstern et al., 2008），它在木质素降解的初级阶段起着重要作用（Perez and Jeffries, 1990）。锰过氧化物酶也是含血红蛋白的糖蛋白，催化循环与木质素过氧化物酶类似，需要 H_2O_2 作为氧化剂，如图 8-4 所示，首先，锰过氧化物酶将 Mn^{2+} 氧化为 Mn^{3+}。酶催化生成的 Mn^{3+} 氧化剂可自由扩散，并以氧化还原对的形式参与氧化反应（Wariishi et al., 1989）。

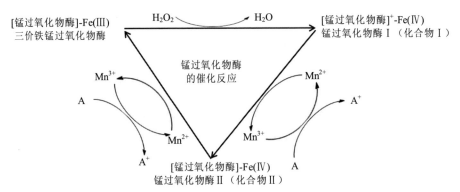

图 8-4　锰过氧化物酶催化反应示意图（Wariishi et al., 1989）

此外，乳酸、丙二酸等有机酸可以螯合 Mn^{3+} 形成 Mn^{3+}-有机酸络合物（Wariishi et al., 1989），进一步将木质素中的酚类化合物氧化为苯氧自由基（Aehle, 2007），高含量的 Mn 可刺激土壤锰过氧化物酶活性，促进木质素的降解过程（Rothschild et al., 1999）。

（3）多功能过氧化物酶

研究人员最初从烟管菌属中分离纯化获得多功能过氧化物酶（Moreira et al., 2007），发现其在没有外部介质的情况下也能促使木质素发生转化。与木质素过氧化物酶和锰过氧化物酶的催化性质类似，多功能过氧化物酶具有包括 Mn^{2+} 在内的多个结合位点的杂化分子结构，能够氧化 Mn^{2+}。然而，与锰过氧化物酶不同的是，多功能过氧化物酶在简单胺类和酚类单体物质的独立氧化中具有氧化 Mn^{2+} 的双重能力。多功能过氧化物酶还能氧化木质素酚类和非酚类二聚体及芳香醇等多种底物（Camarero et al., 1999）。

（4）漆酶

漆酶是另一类金属蛋白，也能促使木质素降解（图 8-5）。1896 年，研究人员首次在真菌中检测到这种物质。此后，从真菌中鉴定出了许多漆酶。白腐真菌能产生大量漆酶，对染料脱色非常有效。此外，有报道称一些细菌也能分泌漆酶。最初认为，与木质素过氧化物酶（＞1 V）相比，漆酶的氧化还原电位（450～800 mV）较低，因此只能氧化酚类化合物（Kersten et al.，1990）。然而，在介质的参与下，漆酶可以氧化多种物质。介质是低分子量的化合物，很容易被漆酶氧化，然后被底物还原。由于底物体积大，不能到达酶的活性部位。介质由于体积小，起着将电子从酶输送到底物的作用（Li et al.，1999）。该介质很容易到达酶的活性位点，并被氧化为更稳定的具有高氧化还原电位的中间体。被氧化的介质从酶中扩散出来，在恢复到原来的状态之前会氧化复杂的底物（Call and Mücke，1997），被漆酶夺走的电子最终转移给氧，形成 H_2O_2（McGuirl and Dooley，1999；Wong and Yu，1999；Wong，1999；McGuirl，1999）。

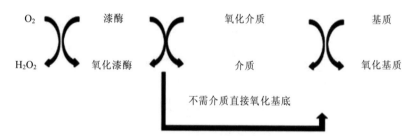

图 8-5　漆酶催化循环图解（Li et al.，1999）

　　综上所述，白腐真菌产生大量的胞外酶（漆酶、木质素过氧化物酶、锰过氧化物酶和多功能过氧化物酶），可以直接与植物细胞壁的木质素、纤维素和半纤维素发生反应并促使其发生转化。与白腐真菌相比，褐腐真菌对木质素的降解效率较低，只能部分氧化植物细胞壁的木质纤维素组分，主要是通过芬顿反应产生羟基自由基的非酶促氧化反应促使木质素发生降解（Kerem et al.，1999；Kerem et al.，1998；Kirk et al.，1991）。在氧化过程中，亚铁盐和过氧化氢反应生成具有高度反应活性的羟基自由基，进而能够氧化多种底物。芬顿反应是一种循环的氧化还原反应。在芬顿反应中，既没有旧键的断裂，也没有新键的形成，并且最终产生了具有高度反应性的羟基自由基（图 8-6）。

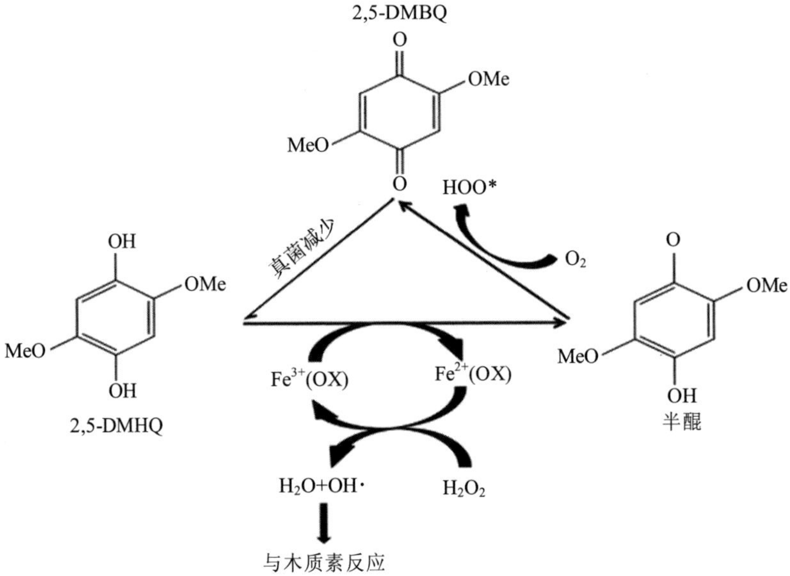

图 8-6　褐腐真菌中的芬顿反应（Kerem et al.，1999）

综上所述，木质素的生物降解主要包括解聚作用和芳香环断裂。其中胞外酶促使木质素的氧化主要有以下几个步骤：①β-O-4 键被氧化后形成芳基甘油类化合物；②芳香环断裂主要遵循 β–己二酸酮裂解途径（Caroline et al.，1996）；③裂解的芳香环与 β-O-4 发生氧化偶联反应形成环碳酸盐结构。

8.2.3　木质素的非生物降解

（1）光照

Leary 等（1968）使用 1 kW 碳弧灯照射报纸（由辐射松制成）1 000 h 后，发现光氧化过程中形成了醌类中间产物，推测这种物质有可能是邻苯醌、对苯醌或对苯醌类甲基中间体。由于实验在无氧条件下进行，因此排除了对苯醌的可能性。事实上，研究人员推测，无氧条件下木材会停止黄变，并且甲氧基含量不变（Leary and Gordon，1968）。这是因为，木材黄变属于光氧化过程，这一过程会生成对苯醌。将木材经乙酰化后，再经 NaOH（1 mol/L）溶液和乙酸酐浸泡，光照条件下木材会缓慢变黄，甲氧基含量不变。在辐照条件下，使用微量的高氯酸处理木材，也能观察到类似的结果。这些结果表明，当木质素中含有游离酚羟基时，光照条件下，木质素容易发生脱甲氧基化和黄变。由于类似假设支持了醌类和醌类甲基的形成，推测它们是在木材黄变的同一阶段形成的。这些物种本身具有高度的光反应性，会进一步发生降解，因此不是木材最终变黄的原因。这与通过化学还原法从照射过的木材中去除黄斑的结果是一致的，NaBH$_4$ 能有效去除黄斑，SnCl$_2$ 无效果，Na$_2$S$_2$O$_4$ 仅能去除部分黄斑。

（2）酸碱催化

有研究发现，在酸催化过程中，芳基-乙基键断裂，木质素发生解聚，同时，α-芳醚键和 β-芳醚键相对于双酚醚键和 C—C 键的活化能较低，使得木质素水解速度较快（Pelzer et al.，2015）。同时，在木质素酸催化过程中，β-O-4 键断裂后生成烯醇芳醚中间体，该中间体迅速转变成愈创木酚和 α-酮基卡宾醇，通过烯丙基重排转化为希伯特酮（Jia et al.，2011），希伯特酮类化合物与碳正离子和 C$_2$-醛基取代的酚类化合物发生聚合反应，最终导致木质素的缩合反应（Imai et al.，2011）。

此外，NaOH、KOH、Mg(OH)$_2$、Ca(OH)$_2$ 等也可以促使木质素的 β-O-4 键裂解，最终促使木质素发生解聚（Dabral et al.，2018）。在碱催化木质素转化过程中，非酚单元中的 β-O-4 键断裂后生成环氧化物，最终刺激酚类单元转变为醌甲基化物，随后转化为愈创木酚和松柏醇，后者可发生降解和重聚（Ramirez et al.，2013）。在木质素转化过程中，降解形成的中间体的再聚合阻碍了固体残渣的积累，通过加入硼酸、醇、甲醛、甲酸、酚、对甲酚和 2-萘酚等自由基清除剂使固体残渣易于处理，从而可以促进木质素的彻底转化（Agarwal et al.，2018）。对于酚类化合物来说，其主要通过脱去羟基质子促使形成醌甲基中间体，由于醌甲基中间体具有较高的反应活性，因此，最终促使 β-O-4 键发生断裂。与酚类化合物相比，非酚类化合物中 β-O-4 的断裂相对较慢，断裂过程中会促使环氧中间体的形成。

（3）化学氧化

分子氧或者过氧化氢等氧化剂存在条件下，木质素可发生氧化反应。木质素的氧化转化主要通过三条途径进行：侧链裂解、开环和缩合。这种木质素的转化会引发侧链化合物的断裂最终生成芳香醛，或者导致以羧酸为主导产物的芳香环的断裂（Ma et al.，2015）。研究发现，在中性、酸性（H$_2$SO$_4$ 或乙酸盐缓冲液）或碱性（NaOH）条件下，以 H$_2$O$_2$ 或 O$_2$ 为氧化剂，温度在 60～225℃范围内，木质素在液相（特别是在水相或气相）中发生开环反应后，可转化为一元羧酸和二元羧酸等非酚类化合物（Ma et al.，2014）。

（4）机械处理

机械处理也可以促使木质素发生转化。Holtman 等（2006）研究发现行星式球磨可导致松木木质素侧链发生氧化，β-O-4 键含量减少。Guerra 等（2006）采用振动研磨和球磨研磨作为木材粉碎的两种方法，比较了其对木质素的结构和分子量的影响，结果发现振动研磨会引起木质素发生解聚。振动研磨时间在 0～100 h 内，木质素中的酚羟基和羧酸含量逐渐增加，β-O-4 键含量逐渐降低，机械处理诱导木质素发生氧化和解聚。研究显示木质素的解聚是通过未缩合的 β-O-4 键的断裂发生的。

8.3　木质素中环境持久性自由基的来源与检测

8.3.1　木质素中环境持久性自由基的来源

1960 年，Rex 等率先利用电子顺磁共振波谱仪（EPR）检测了植物和煤中的木质素、单宁酸和腐殖酸，发现谱图的 g 因子为 2.003，线宽 6±2G，这一结果揭示了持久性自由基的存在。另外，在天然木质素中未检测到自由基，而空气中检测到的自由基在较长时间内是可以稳定存在的，因此，研究人员认为木质素中的自由基是在木材中的天然木质素通过酸性或真菌的攻击聚合形成木质素时形成的。Rex 还证实了木质素中持久性自由基受宏观环境的保护，能够通过煤化过程在木质素胶束中存活 108 年。煤化过程中泥炭沉积物的根和树皮通过细菌作用后发生腐烂、压实、加热和老化等物理和化学变化，进而会对木材中的自由基含量有直接影响（Spackman and Barghoorn，1966）。为了进一步探索这一结果，研究人员对新鲜和风干的松树、橡树、桉树、红木和云杉的木屑进行了 EPR 检测。研究显示这些样品中自由基含量均较低（10^{14}spin/g）。此外，分别用二硫化碳-乙醇-二氧六环对残留的木材组分进行索氏萃取，可清除所有自由基。这些结果表明木质素是植物组织水解和脱氢降解过程中能够与半醌自由基反应的化合物的聚合产物（REX，1960）。研究还发现-OH、-SH、-NH$_2$ 等多种芳香族官能团可通过脱氢反应生成半醌自由基。同样，Freudenberg 的另一篇报道指出，木质素聚合可能源于松柏醇/芥子醇对酚类物质的脱氢、氧化或糖苷键水解过程（Freudenberg，1959）。该研究还指出，木质素的聚合遵循半醌自由基中间体的自由基机制。

如图 8-7 所示，生物氧化和化学氧化同样有助于醌类自由基的生成（Ⅰ），最终促使反应 A 和 B 的发生。另外，酶或碱性去甲基化生成取代的儿茶酚（Ⅱ，Ⅲ），这些儿茶酚很容易被进一步氧化成邻醌。碱性条件下的脱甲基作用也可以促使醌氢醌的生成（Ⅳ，Ⅴ，Ⅵ），简言之，在酚类基团存在和碱性条件下，即使是微量的邻苯醌或对苯醌物种也可以证明自由基的存在。因此，与化学改性的木质素相比，全木的中性或酸性木质素中，甚至在天然木质素中几乎不存在自由基。这种类型的持久性自由基可能是由于方程 A 中Ⅰ的较小平衡浓度产生的，或者是由含有电子供体和受体基团的半醌聚合物产生（Yang and Gaoni，2002），或者是被稳定在聚合物内部结构中的自由基（Colburn et al.，1963；Ebert and Law，1965）。

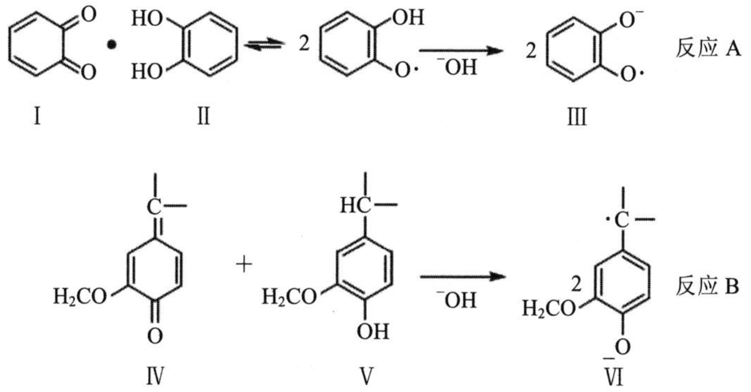

图 8-7　碱性条件下半醌自由基阴离子的生成（Steelink，1964；Steelink and Hansen，1966）

　　总体来说，这些结果表明木质素的顺磁性来自极少量的苯氧自由基或氧化产物。在碱性处理过程中，自由基的增加主要来自醌氢醌类物质（电子供体-受体）。这两种自由基的含量随木质素的老化程度（生物、化学/氧化）、其前体性质及其降解产物的性质而显著增加。

8.3.2　木质素中环境持久性自由基的顺磁共振检测

　　EPR 是最有效的检测物质顺磁性的技术，这一主题的早期研究是关于稻草样品中持久性自由基的检测报告（Kleinert and Morton，1962）：使用 x 波段 EPR 光谱扫描新鲜的稻草和在水中浸泡 6 个月的稻草，发现样品中均存在明显的单峰信号，表明存在持久性自由基。随后使用高分辨率 q 波段 EPR 光谱对样品进行进一步的检测，发现与 x 波段 EPR 相比，q 波段 EPR 更能提供有关自由基性质的信息。如图 8-8 所示，从新鲜秸秆样品中检测到两个信号，一种是 g 值为 2.004 6（a）的信号；另一种强度更大，g 值为 2.001 9（c）的信号。在腐烂秸秆样品中除了观察到这两种信号外，还检测到另一种 g 值为 2.003 3（b）的信号。根据这些结果，推测信号（a）、（b）、（c）来源于不同的自由基位点。

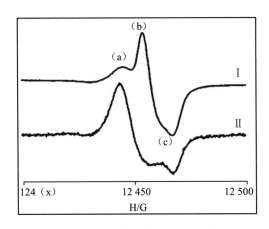

图 8-8　不同秸秆样品的 EPR 谱图

注：未腐烂的秸秆（Ⅰ），腐烂的秸秆（Ⅱ）（Kleinert and Morton，1962）。

　　BäHrle 等（2015）利用 x 波段和高场 EPR 技术研究了不同木质素样品中自由基含量和 g 因子。该研究以硬木（山毛榉和杨树）和软木（松树和云杉）的 4 个样品为原料，利用各种提取技术制备了 Klason、二氧六环和有机溶剂木质素，并对未经处理的木材样品进行了研究。结果发现，未处理的木材样品中自由基含量最低（$1 \times 10^{17} \sim 5 \times 10^{17}$ spin/g 木质素），这与 Klason 和二氧六环木质素的自由基浓度处于同一水平（分别为 $\sim 1.7 \times 10^{17}$ spin/g 和 $\sim 2.1 \times 10^{17}$ spin/g）。因此，可以得出结论，这两种提取方法对自由基浓度的影响不大。相反，有机溶剂木质素的自由基浓度增加了 10 倍（约 1.9×10^{18} spin/g 木质素），这是因为有机溶剂制浆过程温度较高（200℃），共价键发生均裂，最终促使新的自由基生成。

　　利用 263 GHz 的高场 EPR 光谱技术对木质素中的自由基进行检测，发现这些自由基为半醌自由基，并且以不同的质子态存在，如 SH^{3+}、SH_2、SH^{1-} 和 S^{2-}（图 8-9A）（BäHrle et al.，2015）。虽然未处理木材的 g 因子最高，但自由基含量与 g-因子值之间没有相关性。g-因子值的变化主要归因于萃取过程中溶液的 pH，因为 pH 会影响半醌的质子态，最终导致新的自由基的生成。为了探明有机溶剂木质素中新生成的自由基是否与 Klason 和二氧六环木质素中的不同，研究人员对这些木质素在不同 pH 下进行了 x 波段 EPR（图 8-9C）和高场 EPR（图 9B）分析。由数据可以看出，pH 为 $3.7 \sim 8.9$ 时，中性形式的 SH_2 占优势，同时也可以检测到 SH^{3+}、SH^{1-} 和 S^{2-} 物种（图 8-9A），而去质子化物种（SH^{1-} 和 S^{2-}）仅在 pH 为 13

时占优势（BäHrle et al.，2015）。

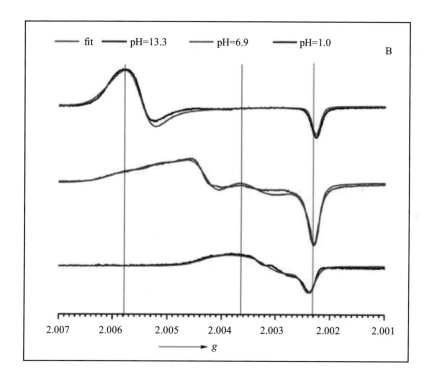

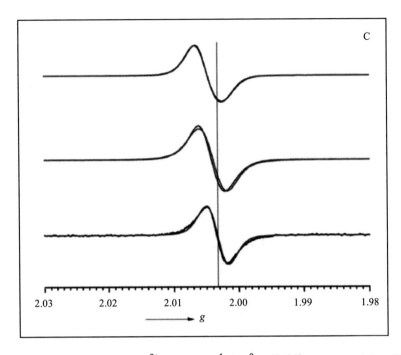

图 8-9　A. 模拟的自由基物种（SH^{3+}、SH$_2$、SH^{1-}和 S^{2-}）的结构；B. pH = 1.0、pH = 8.6、pH = 13.3 时 Klason 木质素的高场 EPR 谱图；C. pH = 1.0、pH = 6.9、pH = 13.3 时 Klason 木质素的 x 波段 EPR 谱图（BäHrle et al.，2015）。

为了测试不同方法提取的木质素中是否存在相似的自由基，研究人员还观察了不同处理下木质素的高场 EPR 光谱（BäHrle et al.，2015），硬木、软木有机溶剂和 Klason 木质素的 g-因子值相同。此外，有机溶剂和 Klason 木质素中的主要自由基是 SH^{3+}物种。对于二氧六环木质素，其中的主要自由基是 SH$_2$ 自由基（BäHrle et al.，2015）。这些结果支持了萃取过程中 pH 对木质素 EPR 光谱影响的假设。

8.3.3　木质素中环境持久性自由基的核磁共振检测

自旋捕获技术与 31P-NMR 结合可以有效地用于自由基的定性和定量分析，这为 EPR 提供了一种可行的替代方法。虽然这项技术尚未直接用于检测木质素中的持久性自由基，但它对相关转化的研究特别有用（Zoia et al.，2011）。EPR 和 31P-NMR 技术的主要区别在于，EPR 更依赖于通过产物分析来了解反应中间体的结构，而 31P-NMR 技术有助于与它们直接形成稳定的加合物，含磷标记的自旋

　　加合物在这些加合物的形成中起关键作用。

　　例如，有报道称木质素模型化合物中的自由基与氮氧化物磷化合物（5-二异丙氧基-磷酰基-5-甲基-1-吡咯啉-N-氧化物（DIPPMPO）反应生成稳定的加合物，然后用 31P-NMR 光谱对这些加合物进行检测，利用 DIPPMPO 对这类自由基（R）进行自旋捕获的机制如图 8-10 所示（Argyropoulos et al.，2006）。31P-NMR 光谱技术可以用来确定各种模型化合物中以氧为中心和以碳为中心的自由基加合物，同样的方法也适用于苯氧自由基（Zoia and Argyropoulos，2009）和羧基自由基的检测（Zoia and Argyropoulos，2010）。该方法对研究木质素模型化合物的光化学性质和反应机理具有重要意义（Barclay et al.，1994）。综上所述，DIPPMPO 作为自旋捕获剂为自由基中间体的识别提供了很好的方法。

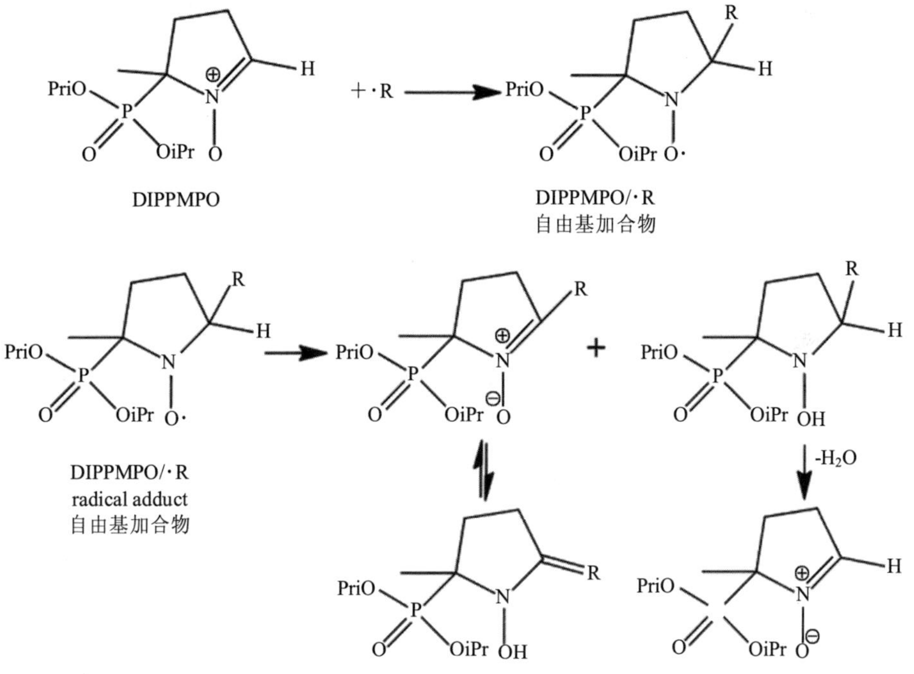

图 8-10　DIPPMPO 捕获 R 自由基（来自模型化合物）的机理

（Argyropoulos et al.，2006；Zoia and Argyropoulos，2010，2009）

8.4 木质素转化过程中环境持久性自由基的形成

8.4.1 生物处理过程中环境持久性自由基的形成

Steelink 等（2002）对木质素样品中的持久性自由基的含量进行了初步研究，如表 8-1 所示，天然木质素、Bjorkman 和 Klason 木质素的自由基浓度最低，而经碱和真菌处理后的木质素的自由基浓度较高。原因是碱和真菌处理后的木质素发生了去甲基化反应，导致邻醌或醌类甲基化合物的形成，最终自由基含量增加（Jones，1964）。还有研究发现，褐腐真菌和白腐真菌与木材发生作用并使其腐烂过程中，自由基含量增加了 2～3 倍，这一结果还表明腐烂的硬木相比软木能产生更多的自由基。此外，该研究还预测并证实了酚羟基存在下的醌类基团是电子供体—受体配合物的主要组成部分。

表 8-1　不同木质素样品中的自由基含量

	样品	spin/g	Estimated（mol.wt.）	spins/mol
1	Brauns 天然云杉	0.5×10^{17}	$1\,000^a$	5×10^{19}
2	Bjorkman 云杉	1.0×10^{17}	$11\,000^b$	1.1×10^{21}
3	Klason 云杉	0.4×10^{17}	$5\,000^a$	1.5×10^{20}
4	Klason 红杉	0.9×10^{17}	—	—
5	腐烂的异叶铁杉	0.9×10^{17}	—	—
6	硫酸盐处理的黄松	3.0×10^{17}	$5\,000^a$	1.5×10^{21}
7	硫酸盐处理的天然云杉	4.0×10^{17}	—	—
8	木质素磺酸钙	1.5×10^{17}	$10\,000^a$	3.0×10^{21}
9	软木硫酸盐浆	3.0×10^{17}	—	—

注：a 来自参考文献（Brauns，1952）；b 来自参考文献（Brauns and Dorothy，1960。

如图 8-11 研究结果发现（Shi et al.，2020），漆酶与木质素作用过程中，随着反应时间的延长，木质素携带的持久性自由基呈现先快速增加后稳定的趋势，g 因子也逐渐增加，这一结果说明漆酶与木质素作用过程中形成了更多以氧原子为中心的自由基，如半醌自由基。进一步通过傅里叶变换红外光谱、凝胶渗透色谱和核磁共振分析，推测漆酶作用木质素过程中持久性自由基的形成路径，如图 8-12 所示，即当木质素样品与漆酶接触时，被氧化后形成苯氧自由基（Radical 1）（Kawai et al.，1988）。这些自由基非常不稳定，极易发生路径 A 或 B 的反应。其中路径 A 主要涉及电子转移，即形成以碳为中心的自由基（Radical 2），随后该类自由基与 O_2 反应，形成开环产物（Figueirêdo et al.，2019）。如路径 B 所示，甲氧基的 C—O 键发生裂解，最后形成富含酚羟基的产物（Filley et al.，2002）。

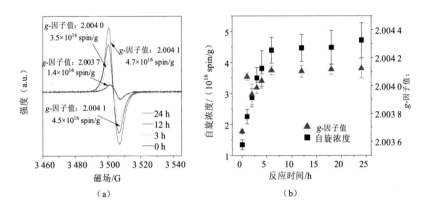

图 8-11　木质素与漆酶反应过程中（a）EPR 谱图；（b）g 因子和自旋浓度的变化（Shi et al.，2020）

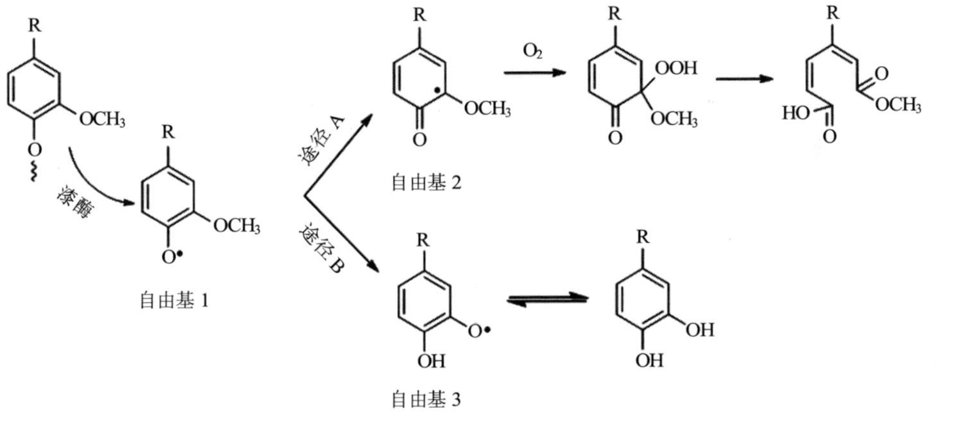

图 8-12　漆酶作用木质素过程中持久性自由基的形成路径（Shi et al.，2020）

8.4.2　非生物处理过程中环境持久性自由基的形成

由于机械和化学过程在木质素的自由基形成中起着至关重要的作用，研究人员也致力于进一步探索这一假说。许多文献强调，木质素中自由基的含量不仅与植物来源及相关的自然过程有关，而且与木质素的处理和分离过程有关。Košíková

等报道的数据表明，预先水解木质素和有机溶剂溶解的木质素的 EPR 谱图均为单峰信号，自由基含量分别为 20×10^{15} spin/g 和 30×10^{15} spin/g （Košíková et al.，1993）。有趣的是，分离前云杉木质素自由基的含量仅为 4×10^{15} spin/g （Harkin，1966）。研究指出木质素分离过程中的机械和化学修饰可能是由半醌类自由基产生额外自旋的原因。此外，Kleinert（1967）认为木质素中自由基含量的差异源于其稳定性，而稳定性取决于木质素的制备方法。

在 Kleinert 等的另一项研究中，将黑云杉中提取的风干木材及利用木材制备得到的硫酸盐纸浆进行 EPR 测定，结果发现，高纯度、漂白的纸浆样品信号较小，且随着木材粒度的减小，自由基含量逐渐增加（Kleinert，1967）。因此，木材信号比纸浆信号大得多的原因被认为是木质素的分支和刚性结构使得其比纤维素更耐研磨。Kleinert 还比较了两种未漂白硫酸盐纸浆随着打浆次数增加时的 EPR 信号强弱情况，结果发现它们的 EPR 信号无明显差异。因此，研究得出纤维的机械分离导致其共价键破裂，随后会形成大量自由基（Kleinert，1967）。

同时也在惰性气氛下重复进行了实验，观察了分子氧的影响，但没有发现明显变化。这种由 pH 变化引起的自由基浓度的可逆变化与醌型体系有关（图 8-13）。硬木硫酸盐木质素的自由基含量高于软木，再次证实了 pH 增加会改变木质素的结构，促进自由基的形成。事实上，许多报道一致认为在各种样品中，硬木木质素（含有 3,5-二甲氧基-4-羟基苯基）比相应的软木木质素（含有 3-甲氧基-4-羟基苯基）具有更高的自由基含量，而碱性木质素的自由基含量最高（Fitzpatrick and Steelink，1969）。

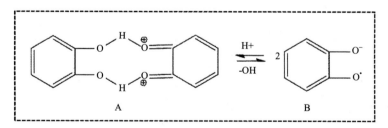

图 8-13　可逆的醌氢醌体系（Steelink and Reid，1963）

硼氢化钠还原实验进一步支持了醌氢醌模型，硼氢化钠促使羰基和醌基发生还原对木质素自由基含量无显著影响，这一现象可以用自由基形成和破坏达到平衡来解释。然而，如表 8-2 所示，还原条件下木质素表现出形成自由基阴离子的能力，这与醌基有关。半醌自由基被认为稳定存在于木质素等多酚基质中（Fitzpatrick and Steelink，1969；Steelink，1965；Steelink and Hansen，1966），原因如下：第一，木质素具有通过氧化反应促进半醌类自由基生成的所有必要的分子结构条件；第二，在碱性条件下，随着 pH 的增加，自由基含量明显增加，这是由于对苯二酚与醌发生反应后生成了半醌自由基和半醌阴离子（图 8-14）。综上所述，木质素在经碱处理过程中生成了许多新的自由基，表明了醌-氢醌体系的存在。

表 8-2　木质素衍生物经各种化学修饰前后的自由基含量（Fitzpatrick and Steelink，1969）

序号	样品	自由基浓度（×10^{17}）				
		未处理	经纳盐处理后	经酸式盐处理后	经 NaBH$_4$ 处理后	经 NaBH$_4$ 和钠盐处理后
1	天然云杉	0.5	[a]50	0.5	1.1	8.4
2	云杉	1.0	[a]15	3.0	—	—
3	软木硫酸盐浆	3.0	[a]100~300	—	1.3	22.0
4	天然云杉硫酸盐浆	4.0	[a]70	—	—	—
5	纯松木素	3.0	[a]72	—	—	—
6	硬木硫酸盐浆	8.0	[a]550 [a]880	—	—	—

注：a 钠盐；b 钡盐。

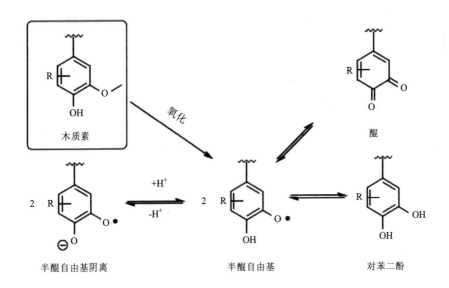

图 8-14　半醌自由基阴离子（SQA）促使半醌自由基（SQ）、对苯二酚（HQ）和醌（Q）的生成（BäHrle et al.，2015）

8.4.3　高温处理过程中环境持久性自由基的形成

温度是木质素中自由基形成的重要因素，研究发现，木质素中自由基含量随着温度的升高而逐渐下降。这是由于磨细木质素加热过程中发生分子振动，导致自由基含量逐渐下降（Hatakeyama and Nakano，1970）。然而，这种反比关系只适用于某些类型的木质素，例如，被氧化的溶剂型木质素的自由基含量在 100℃ 以下没有变化，而当温度升至 200℃ 时自由基含量呈现增加趋势，二氧六环木质素和硫代木质素也呈现同样的趋势。这归因于热分解过程克服了分子振动的自由基衰变，因此在加热时木质素中自由基的含量大小为：被氧化的溶剂型木质素＞溶剂型木质素＞预先水解木质素（Hatakeyama and Nakano，1970）。

被氧化的有机溶质木质素中自由基的增加归因于苯醌结构的形成（Kratzl et al.，1967），EPR 中检测到 2,6-二甲氧基对苯半醌自由基和 5-羟基-2-甲氧基对苯半醌自由基两种自由基信号（Oniki and Takahama，1997），这些自由基是在木质素中丁香基（S 型）和愈伤木基（G 型）的氧化裂解过程形成的。虽然对这些反应机理提出了许多解释，但普遍的推论是基于假设，即丁香基（S）或愈创木基（G）单元的 α 和 β 碳在自由基的形成中起关键作用。Kleinert 等（1962）在使用原位 EPR 在碱性制浆过程中也检测到自由基的形成，由此推断，碱性条件下，在木材制浆过程中，木质素和碳水化合物通过形成更多的自由基来促进其降解过程。这些自由基由于具有较高的反应活性，因此能参与各种次级反应。木质素化学中使用的其他 EPR 技术有低温基质分离 EPR（LTMI-EPR）和高温 EPR（HTMI），主要用于检测木质素及其自由基中间体的热解降解。木质素热解过程中所涉及的反应是非常复杂的，因此，能在高温下研究各种自由基中间体和相应产物的技术是极有价值的。

Kibet 等（2012）利用 LTMI-EPR 技术对木质素的热解过程进行了研究。在部分热解过程中，木质素样品在特定的温度下进行热解；而在常规热解中，木质素样品在不同的温度下进行热解。部分热解结果表明，产物主要出现在 300～500℃，而常规热解产物主要出现在 400～500℃。如图 8-17 中光谱 1 所示，谱图 g-因子值为 2.007 2，主光谱两侧的小峰（在图 8-15 A 中用＊标记）表示了微量氧的存在，通过热处理可以将其去除。烟草的热解过程与木质素非常相似（图 8-15A，光谱 2），因此，研究人员将烟草样品的 EPR 光谱与木质素样品进行了比较（Sharma et al.，2002；Zhou et al.，2011），发现在微量氧存在下，两种样品生成的自由基类似，主要包括邻苯二酚、对苯二酚及其他有机物等（Adounkpe et al.，2009；Flicker and Green，2001；Khachatryan et al.，2008b）。将木质素热解的自由基 EPR 光谱（图 8-15，光谱 1，红线）减去烟草的光谱（图 8-15，光谱 2，黑线）得到的谱图 g 因子值为 2.006 4，谱线宽度为 18 G（图 8-15 中，光谱 3，蓝线），这种光谱变化与苯氧基或取代苯氧基的光谱变化紧密相关，如半醌自由基（Khachatryan et al.，2008a）。苯酚和对苯二酚/儿茶酚热解（和光解）的自由基是由木质素降解产生的，分别为苯氧自由基和半醌自由基（Adounkpe et al.，2009；Khachatryan et al.，2010a；Khachatryan et al.，2010b）。木质素热解过程中，苯氧自由基谱线宽较宽（ΔH_{p-p}=16G），而半醌自由基谱线宽较窄（ΔH_{p-p}=12G），这可能是由于苯氧自由基比半醌自由基的浓度高（Khachatryan et al.，2008b；Leary，1972）。结果表明，这些自由基主要来自木质素中酚类物质的化学键断裂，可能是生成 2,6-二甲氧基苯氧基（丁香基）、2-甲氧基苯氧基（愈创木基）和酚类（苯氧基）等酚类化合物的前体物质，通过进一步的气相色谱-质谱分析也证实了这一结论。

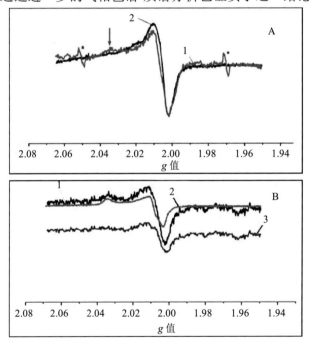

图 8-15　A）木质素热解自由基（谱图 1，g-因子值= 2.007 1，ΔH_{p-p}=13.5G，450℃）和烟草热解产物（谱图 2，g-因子值=2.005 6，ΔH_{p-p}=13G，450℃）的 EPR 谱图；B）木质素热解产生的自由基的 EPR 谱图（黑线，g-因子值= 2.007 3，ΔH_{p-p}=15.0G，450℃）和烟草加热产生的自由基的 EPR 谱（红线，g-因子值= 2.008 9），蓝色光谱（g = 2.006 4，ΔH_{p-p} = 18G）为光谱 1 和光谱 2 的差值光谱）（Kibet et al.，2012）

简言之，酚类化合物在木质素热解过程中占主导地位，主要的热解产物如邻苯二酚、丁香酚（2,6-二甲氧基苯酚）、苯酚和愈创木酚（2-甲氧基苯酚）占总产物的 40%以上（Kibet et al.，2012）。利用 LTMI-EPR 分析了反应中间体的结构，该技术主要用于观察重要的自由基前体物质，如甲氧基、苯氧基和取代苯氧基。这些自由基前体物质可以促使许多酚类物质形成，如酚类、酚类衍生物、丁香酚和愈创木酚等（Kibet et al.，2012）。

温度对于确定这些自由基在热解过程中的起源起着至关重要的作用，因此，了解导致自由基化学键裂解的温度范围极其重要。原位高温 EPR 技术也被用于研究高温热解过程中半醌自由基及其他自由基中间体的形成（BäHrle et al.，2014）。研究人员采用原位 EPR 技术研究了硬木木质素和软木木质素热解过程中自由基的形成路径及其对最终产物的影响，通过动态热解实验确定了自由基解聚发生的准确温度（BäHrle et al.，2014）。将两种 Klason 木质素样品（杨木和松树）从 50℃逐渐加热到 550℃，并在不同温度下测定其自由基含量。结果显示，温度增长至 300℃之前，自由基浓度一直保持在恒定的低值，然而，超过这个温度，自由基含量呈现显著增加。其中自由基浓度在 350～400℃增加最多。在与 EPR 实验相同的条件下，热裂解—气相色谱—质谱分析检测到了稳定的挥发性产物，最终产物主要有三种类型：①烷氧基取代苯酚，在 α 位置上有一个酮基的脂肪取代基；②由一个或多个烷氧基取代基取代的烷基酮的降解产物；③含有少量脂肪族取代基和羟基的苯酚。挥发组分中酚烷氧基酮（产物①）的含量随着温度的升高（增加到 350℃）逐渐增加，但随着温度和自由基浓度的进一步升高（增加到 450℃），产物①的含量逐渐下降，而烷氧基苯酚（产物②）的含量一直增加。温度进一步升高（500℃～550℃）后，在产物③中观察到更多的自由基和酚类化合物（BäHrle et al.，2014）。

硬木和软木木质素表现出明显的差异：硬木木质素的热解残渣的信号强度明显高于软木木质素。在 300℃和 350℃下，虽然酚烷氧基酮（产物②）占主导地位，但软木木质素表现出更低的选择性。550℃时，酚类化合物（产物③）的含量减少。虽然软木木质素酚类物质占主导地位，但硬木木质素热解产物分子量较高。由于硬木木质素中含有大量的丁香基亚基，热解产生大量含有两个甲氧基取代基的酚类化合物，如 2,6-二甲氧基苯酚和 4-羟基-3,5-二甲氧基苯甲醛，而软木中的愈创木基主要形成香草醛和愈创木酚等酚类化合物。

如图 8-16 所示，尤其是在氨气条件下，两个半醌自由基（1）与一个醌和一个对苯二酚（2）的歧化反应向自由基和自由基阴离子（1 和 3）的一侧进行。这解释了氨的加入与木质素中醌和氢醌单元的浓度成正比，EPR 信号强度增加的原因，也解释了硬木木质素比软木木质素具有更高的信号强度（氨气暴露后），原因是硬木木质素中醌类和对苯二酚类物质的浓度较高。

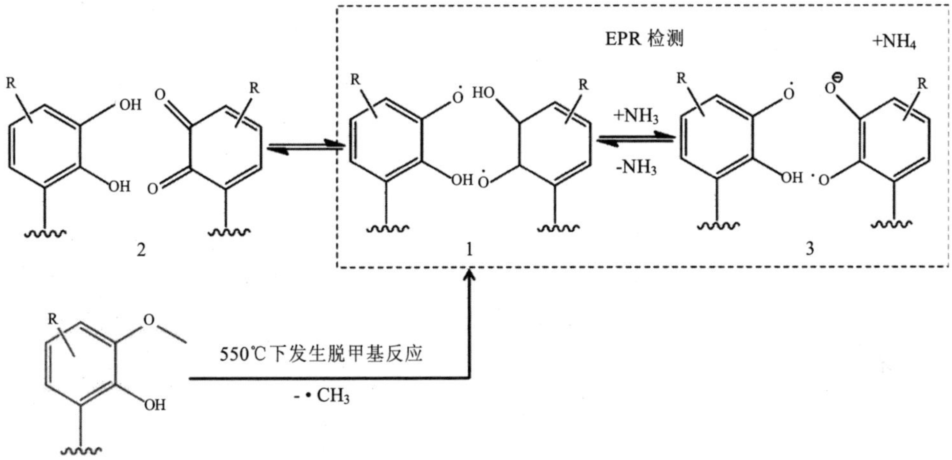

图 8-16　半醌自由基的生成和连续反应的途径（BäHrle et al.，2014）

8.5　木质素中瞬时自由基的形成与作用

8.5.1　木质素中瞬时自由基的形成

电子顺磁共振也被用来捕获和研究不稳定的自由基，与自旋捕获相结合的技术是评价生物体系中自由基中间体形成的最广泛的技术之一，并已在各种生物体系中得到有效应用。在各种自旋捕获剂中，硝酰或硝酮自由基是最常用的［如 DEPMPO（Karoui et al.，2011；Ke et al.，1999），DMPO（Samuni et al.，1986）］（由于 N-O 键的自旋离域，这些捕获剂具有很强的稳定性）。这些捕获剂与超氧自由基、羟基自由基、碳中心自由基或过氧化氢自由基反应后生成非常稳定的硝基自由基自旋加合物（Frejaville et al.，1995）。Humar 等（2002）报道了一种利用自旋捕获对木材光降解过程中的自由基进行原位检测和表征的方法，该研究发现光降解过程中生成的碳中心自由基最为丰富（>58%），其次是羟基自由基（35%），而过氧化氢自由基仅占 6%（表 8-3）。这些结果支持了之前报道的假设，即碳中心自由基比羟基自由基更稳定（Hosseinian et al., 2007）。

表 8-3　紫外光照射 1 h 后木材或其不同组分中 DEPMPO 自由基加合物的相对含量
（Humar et al., 2002）

序号	底物	与 DEPMPO 形成自由基加合物的相对浓度/%		
		羟基自由基	过氧化氢自由基	碳中心自由基
1	木材	35.2	6.5	58.3
2	棕色腐烂木材	24.3	37.8	37.9
3	纤维素	48.5	15.7	35.8
4	木材+辛酸铜+乙醇胺	50.3	1.8	47.9
5	木材+硫酸铜	92.8	2.7	4.5

在光降解的棕色腐烂木材（BRW）和纤维素中，两者稳定自由基加合物浓度存在显著差异（Humar et al., 2002）。其中，纤维素中的碳中心自由基加合物的浓度较 BRW 高（纤维素 58%，BRW38%），但 H_2O_2 自由基加合物的相对浓度在木材和腐烂木材中的占比分别为 6% 和 38%。纤维素中羟基自由基加合物的含量约为 49%，H_2O_2 自由基约为 16%。碳中心自由基加合物的相对量保持不变。这些差异归因于纤维素和 BRW 的光降解机理不同。同样，Grelier 等（2000）也研究了紫外光对木质素中碳自由基的影响，发现木质素暴露于紫外光下，在分子氧存在时，首先在体系中形成羟基自由基。由于这些自由基极不稳定，它们随后在苯环的间位上转变为碳中心自由基。这些自由基可以促使醌类化合物形成，导致木材外层变黄（Leary, 1968）。这两项研究都对紫外光的影响、木质素碳中心自由基的来源，以及为什么光照射后某一种特定自由基占主导地位提出了有效论点。

与木质素相似，纤维素在光降解过程也会生成自由基中间体（Buschle-Diller and Zeronian, 1993）。研究发现，纤维素经紫外线照射后，糖苷键断裂导致 C-1 和 C-4 位置产生自由基（Hon, 1976）。对纤维素自由基中间体的分析得出了一个截然不同的结论，由于纤维素中的碳中心自由基发生二次终止反应，纤维素中的羟基自由基比碳中心自由基更稳定。这一现象有助于解释与木材或木质素中存在的碳中心自由基相比，纤维素中观察到的更多的羟基自由基。

综上所述，紫外光照射木材、纤维素和木质素后会生成羟基自由基、碳中心自由基及过氧化氢自由基，这些自由基在不同木材组分中的占比不同，表明了光降解机理不同。虽然用铜（Ⅱ）处理木材可以抑制碳中心自由基和过氧化氢自由基的形成，但在铜（Ⅱ）处理木材中观察到大量羟基自由基的生成。与羟基自由基类似，其他以氧为中心的自由基在漂白等过程中同样起到重要作用（Gierer，2000；Gratzl and Chen，1999），在漂白过程中，C—C 键的断裂导致自由基的生成。例如，醚键（如 β-O-4）的高效分裂在制浆过程中是至关重要的，因为它们会产生-CH·和苯氧自由基，从而影响纸浆的质量。由于光氧化作用，富含木质素的纸张表面容易发黄。因此，了解木质素中自由基的生成机制尤为重要。

　　虽然有大量关于木质素模型化合物及其自旋捕获的报道，但关于木质素中自由基的自旋捕获仍知之甚少。Yoshioka 等（2000）报道了超声波引发的硬木和软木木质素烷基苯醚键的均相裂解，生成的自由基如仲碳自由基和苯氧自由基（图8-17，R1～R2）寿命极其短暂，可以被 2,4,6-三叔丁基亚硝基苯（BNB）自旋捕获后形成稳定的加合物，最终可被 EPR 检测。所使用的自旋捕获剂 2,4,6-三叔丁基亚硝基苯的作用如下：

　　一方面，与-CH·形成稳定的氮氧化物加合物（图 8-18A）；另一方面，大量自由基（叔丁基自由基）被捕获后生成苯胺基加合物，如图 8-17 所示，苯氧自由基未被捕获，主要是由于可能形成极不稳定的过氧化物物种（Seino et al.，2001）。

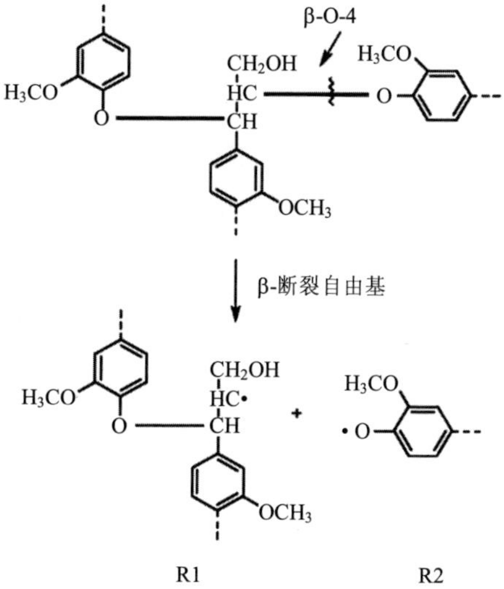

图 8-17　木质素（R1～R4）中 β-O-4 键断裂可能产生的结构（Seino et al.，2004）

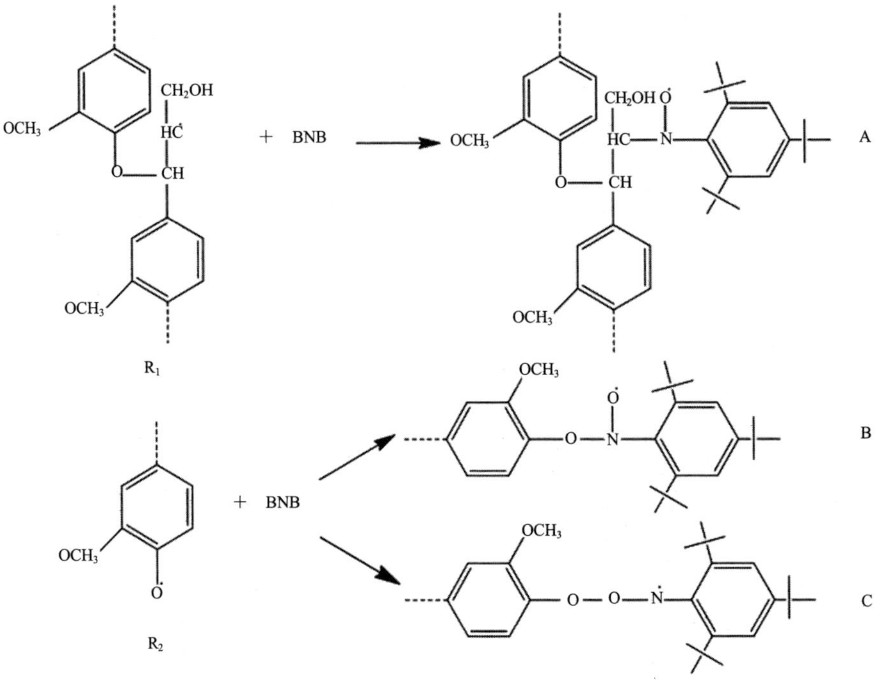

图 8-18　通过 BNB 捕获后可能形成的加合物（Seino et al.，2001）

进一步研究表明，OCH$_2$·被 BNB 捕获后形成了稳定的加合物（图 8-19）。这表明在超声波辐照条件下，仲碳自由基引发紫丁香基或愈创木基中的邻甲氧基脱氢。这是由于带有两个甲氧基的丁香基或邻位只有一个甲氧基的愈创木基之间存在较大的空间位阻，而 BNB 捕获剂则有两个邻位叔丁基（Seino et al.，2001）。

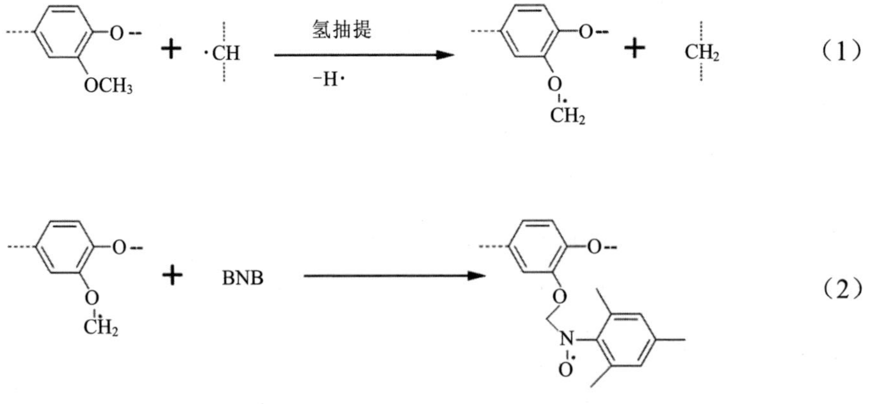

图 8-19　（1）甲氧基脱氢后形成 O-CH$_2$·；（2）BNB 捕获 O-CH$_2$（Seino et al.，2001）

8.5.2　木质素中自由基中间体的作用

生物炭残体（炭黑）可以形成溶解的炭黑物质，进而对生活和环境健康产生不良影响，因此受到广泛关注（Dons et al.，2012；Janssen et al.，2011）。这些溶解的炭黑颗粒由芳香族 C—O 键、羧酸盐、酯和醌取代的脂肪族和芳香族单元组成（Chen et al.，2014）。长期以来，研究人员一直在探索木质素降解与溶解炭黑之间的关系。例如，羟基自由基引发的氧化反应能像凝聚有机物一样生成黑炭物质（Waggoner et al.，2015），研究发现，溶解性有机质在水体中的光化学反应、土壤中的微生物酶均可以促使羟自由基的生成（Chen et al.，2014；Fu et al.，2016）。由于木质素在降解过程中起着至关重要的作用，因此，研究各种自由基中间体及其与这些过程相关的机制至关重要。

羟基自由基在木质素降解中起着至关重要的作用，羟基自由基与木质素中溶解性黑炭物质反应生成小分子酸，或者进一步把氧化的有机化合物完全矿化生成 CO_2（Heitmann et al.，2010；Sarah et al.，2013）。由于木质素是溶解性有机炭黑物质和腐殖质的主要来源，因此，了解木质素中羟基自由基的降解过程以及相应降解产物的形成是十分必要的。Waggoner 等（2015）研究表明，棕色腐烂木材中富含木质素的组分在无光条件下通过芬顿反应产生羟基自由基。高分辨质谱数据表明木质素发生了开环、羧基化以及羟基化反应，还出现了一些新的结构网络。其中一个网络具有较高的氢碳比（H/C）和较低的氧碳比（O/C）（表 8-7）。这些化合物具有脂肪族性质，具有大量的含氧官能团，可能来自羧基和羟基，这与羟基自由基产物的脂肪共振（$2\times10^{-6}\sim3\times10^{-6}$）增加结果一致。木质素开环产生的不饱和脂肪羧酸在这些化合物的形成中起关键作用。一些报道表明，不饱和脂肪酸可以通过自由基发生聚合，生成具有相应羧基的长链脂肪分子（图 8-20），这些链上羧基的丢失导致了脂肪族化合物的生成（Matsumoto et al.，1996；Matsumoto et al.，1998）。而 Hertkorn 等（2006）则认为这些脂环族分子是通过自由基聚合过程形成的，或通过类似于环化的过程形成的（图 8-21）。因为具有扩展共轭的不饱和（羟基化）酸容易发生环化（Diels and Alder，2010）。也有研究提出，可通过电环化反应生成脂肪/脂环酸（图 8-22）（Harris and Wamser，1976）。

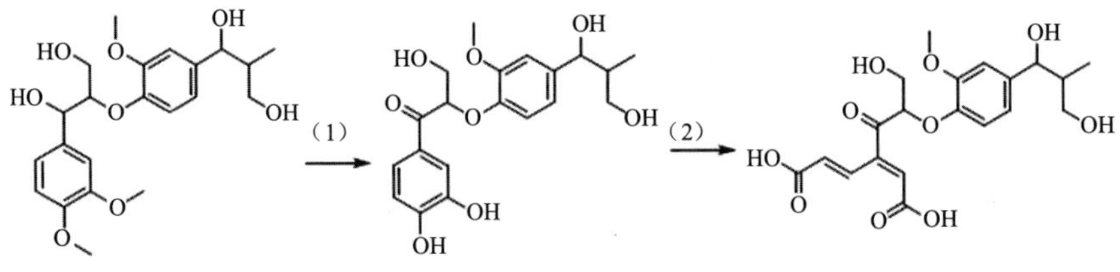

图 8-20　（1）氧化、解聚、脱甲基和（2）开环生成不饱和脂肪族和羟基化羧酸结构的形成
（Stenson et al.，2003；Waggoner et al.，2015）

R=COOH

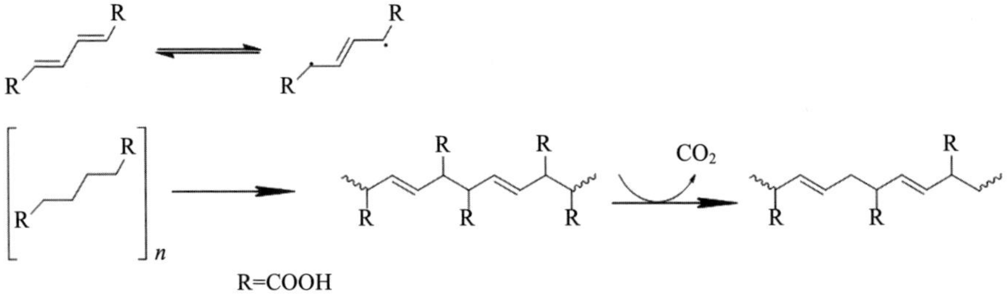

图 8-21　木质素降解过程中可能发生的自由基聚合导致脂肪族高分子化合物的生成
（Matsumoto et al.，1998；Waggoner et al.，2015）

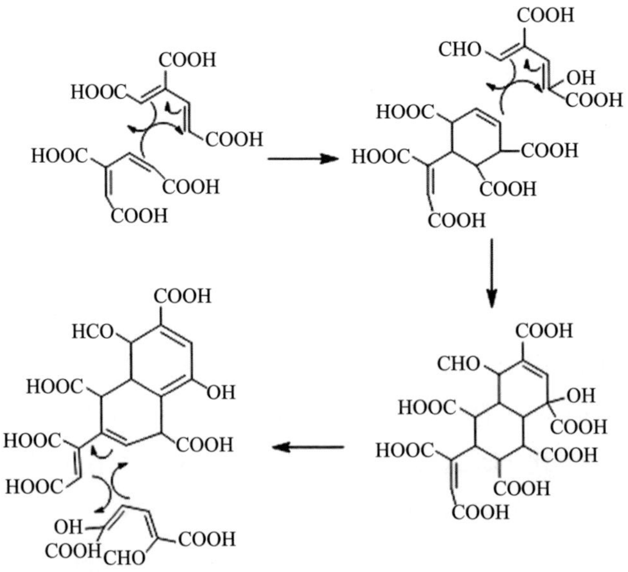

图 8-22　可能的电环化途径导致缩合芳香和羧基脂环族分子的生成
（Waggoner et al.，2015）

木质素高温裂解（＞200℃）应用广泛，有关这方面的研究已有大量文献（Böer and Duffie，1985；M Brebu and Vasile，2010）。大多数关于木质素或模型化合物热解的文献都表明自由基中间体参与了反应。Cui 等（2014）研究了热塑性加工温度（＜200℃）下木质素可能发生的反应，该研究认为自由基由于空间位阻而在木质素内部稳定存在，并且在低于 200℃温度下容易发生该反应。当与热解产生的活性自由基（R）相互作用时，通过抽氢反应促使苯氧自由基的产生。因此，推测这些苯氧自由基可能会与相应的 C-5 中心的自由基衍生物发生偶联反应，分别形成新的 4-O-5 键和 5-5 键（图 8-23）。

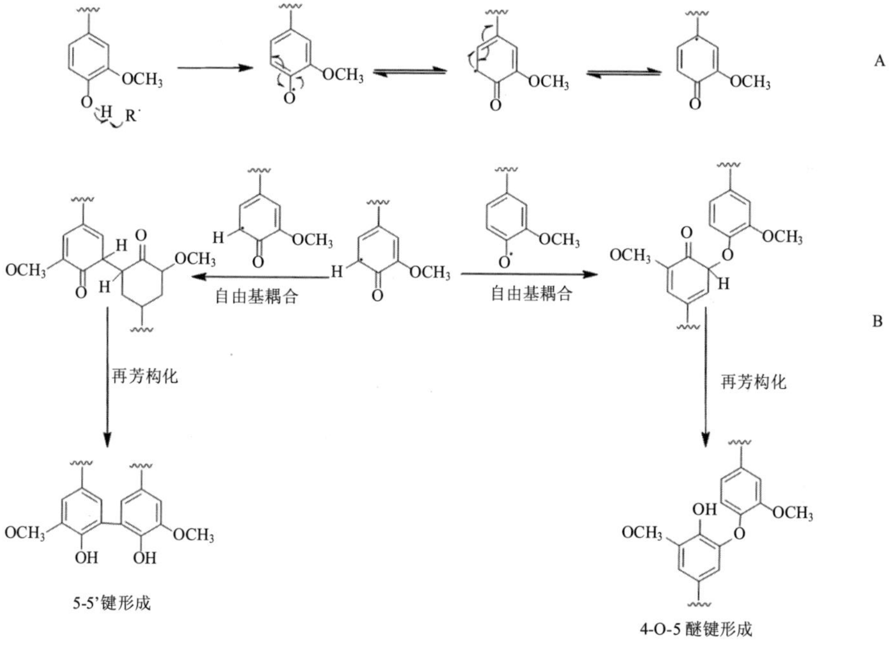

图 8-23　硫酸盐木质素中可能由自由基引发的热诱导自由基耦合反应

（Cui et al.，2014）

8.6　结论与展望

木质素是植物细胞壁中最重要和最常见的芳香有机化合物，是土壤中腐殖酸的主要来源。因此，木质素降解受到了众多研究者的广泛关注。该研究总结了植物和土壤中存在的各种真菌和细菌对木质素的生物降解，同时综述了非生物条件下（光照、酸碱催化、化学氧化、机械处理）木质素发生的降解与转化。而持久性自由基是木质素结构中的关键组分，参与木质素的生物降解、光氧化、化学修饰和热解等过程，因此，它们的起源、性质和形成机制受到了广泛关注。

本章重点介绍了光照、温度、pH、机械或化学修饰因素对木质素自由基含量和结构的影响。例如，天然木质素的自由基含量随真菌和化学修饰的增加而增加，硬木木质素的自由基含量高于软木木质素。在木质素和木材的热解过程中，可以监测到醌类自由基或其他自由基的产生。此外，EPR 光谱（x 波段 EPR、低温基质分离-EPR 和高场 EPR）、EPR-自旋捕获和 31P-NMR 等方法证实了木质素中存在持久性自由基，并且发现自由基加合物是由活性自由基中间体转化而来的。结合电子顺磁共振的自旋捕获技术是表征参与木材及其组分光降解过程的自由基的重要技术。经过碱处理的木质素存在明显的醌氢醌体系，这表明醌特性的程度取决于其自旋含量。总之，我们认为通过一些技术手段了解木质素中持久性自由基物种的结构和性质具有重要意义。目前，x 波段 EPR 超精细光谱是揭示自由基相关特性的关键技术。

木质素是一种非常丰富的、廉价的、并且可持续利用的分子，可以转化为有价值的生物基材料。这类转化所涉及的各种预处理和/或化学修饰主要取决于目标应用。木质素中的持久性自由基具有较高的反应活性，最有可能限制木质素的相关转化与利用。因此，开展木质素中自由基的结构与反应性的研究对木质素的转化与实际应用具有重要的现实意义。

参考文献

ADLER, ERICH, 2002. Structural elements of lignin[J]. Industrial & Engineering Chemistry, 49(9): 1377-1383.

ADOUNKPE, JULIAN, LAVRENT K, et al., 2009. Radicals from the atmospheric pressure pyrolysis, oxidative pyrolysis of hydroquinone, catechol, and phenol[J]. Energy & Fuels, 23 (3-4): 1551-1554.

AEHLE W, 2007. Enzymes in Industry: Production and Applications. New York: Wiley.

AGARWAL A R, MASUD J H, Park, et al., 2018. Advancement in technologies for the depolymerization of lignin[J]. Fuel Processing Technology, 181: 115-132.

ARGYROPOULOS, D S, LI H Y, et al., 2006. Quantitative 31P NMR detection of oxygen-centered, carbon-centered radical species[J]. Bioorganic & Medicinal Chemistry, 14 (12): 4017-4028.

BÄHRLE C, CUSTODIS V, JESCHKE G, et al., 2014. Insitu observation of radicals and molecular products during lignin pyrolysis[J]. Chemsuschem, 7 (7): 2022-2029.

BÄHRLE C, NICK T U, BENNATI M, et al., 2015. High-field electron paramagnetic resonance, density functional theory study of stable organic radicals in lignin: Influence of the Extraction Process, Botanical Origin, and Protonation Reactions on the radical g tensor[J]. Journal of Physical Chemistry A, 119 (27): 6475-6482.

BARCLAY L R C, CROMWELL G R, HILBORN J W, 1994. Photochemistry of a model lignin compound. Spin trapping of primary products, properties of an oligomer[J]. Canadian Journal of Chemistry, 72 (1): 35-41.

BÖER K W, JOHN A D, 1985. Advances in solar energy: An annual review of research, development[J]. American Solar Energy Society.

BRAUNS F, 1952. The Chemistry of lignin[M]. New York: Academic Press.

BRAUNS F, BRAUNS D, 1960. The chemistry of lignin[J]. Supplement volume. New York: Academic Press.

BUGG, T·D·H, A MARK, et al., 2011. Pathways for degradation of lignin in bacteria, fungi[J]. Natural product reports, 28 (12): 1883-1896.

BUSCHLE-DILLER G, ZERONIAN S H, 1993. Weathering and Photodegradation of cellulose[J]. ACS Symposium Series, 531: 177-189.

CALL H P, MÜCKE I, 1997. History, overview, applications of mediated lignolytic systems, especially laccase-mediator-systems (Lignozym®-process) [J]. Journal of Biotechnology, 53 (2-3): 163-202.

CAMARERO S, SARKAR S, RUIZ-DUENAS F J, et al., 1999. Description of a versatile peroxidase involved in the natural degradation of lignin that has both manganese peroxidase, lignin Peroxidase Substrate Interaction Sites[J]. Journal of Biological Chemistry, 274 (15): 10324-10330.

CAROLINE S, HARWOOD, REBECCA E, et al., 1996. The β-ketoadipate pathway, the biology of self-identity[J]. Annual Review of Microbiology, 50: 553-590.

CHEN H, HAN A, SANDERS R L, et al., 2014. Production of black carbon-like, aliphatic molecules from terrestrial dissolved organic matter in the presence of sunlight, iron[J]. Environmental Science & Technology Letters, 1 (10): 399-404.

COLBURN C B, ETTINGER R, JOHNSON F A, 1963. Isolation and Storage of free radicals on molecular sieves. I The electron paramagnetic resonance spectrum of nitrogen dioxide[J]. Inorganic Chemistry, 2 (6): 1305-1306.

CUI C, SADEGHIFAR H, ARGYROPOULOS D S, 2014. Synthesis, Characterization of Poly （arylene ether sulfone）kraft lignin heat stable copolymers[J]. ACS Sustainable Chemistry & Engineering, 2 (2): 264-271.

DABRAL, SAUMYA, JULIEN ENGEL, et al., 2018. Mechanistic studies of base-catalysed lignin depolymerisation in dimethyl carbonate[J]. Green Chemistry, 20 (1): 170-182.

DIELS O, ALDER K, 2010. Synthesen in der hydroaromatischen Reihe[J]. European Journal of Organic Chemistry, 460: 98-122.

DONS E, PANIS L I, POPPEL M V, et al., 2012. Personal exposure to Black Carbon in transport microenvironments[J]. Atmospheric Environment, 55: 392-398.

EBERT M, LAW J, 1965. Electron spin resonance spectra of polymethyl methacrylate after exposure to nitric oxide and nitrogen dioxide[J]. Nature, 205 (4977): 1193-1196.

ERTAN, HALUK, KHAWAR S S, et al., 2012. Kinetic, thermodynamic characterization of the functional properties of a hybrid versatile peroxidase using isothermal titration calorimetry: insight into manganese peroxidase activation, lignin peroxidase inhibition[J]. Biochimie, 94(5): 1221-1231.

FIGUEIRÊDO, M·B, P·J Deuss, et al., 2019. Valorization of pyrolysis liquids: ozonation of the pyrolytic lignin fraction, model components[J]. ACS Sustainable Chemistry & Engineering, 7 (5): 4755-4765.

FILLEY T·R, G·D CODY, GOODELL B, et al., 2002. Lignin demethylation, polysaccharide decomposition in spruce sapwood degraded by brown rot fungi[J]. Organic Geochemistry, 33 (2): 111-124.

FITZPATRICK J D, CORNELIUS S, 1969. Benzosemiquinone radicals in alkaline solutions of hardwood lignins[J]. Tetrahedron Letters, 10 (57): 5041-5044.

FLICKER T M, GREEN S A, 2001. Comparison of gas-phase free-radical populations in tobacco smoke, model systems by HPLC Environmental Health Perspectives, 109 (8): 765-771.

FREJAVILLE C, KAROUI H, TUCCIO B, et al., 1995. 5-（Diethoxyphosphoryl）-5-methyl-1-pyrroline N-oxide: a new efficient phosphorylated nitrone for the in vitro, in vivo spin trapping of oxygen-centered radicals[J]. Journal of Medicinal Chemistry, 38 (2): 258-265.

FREUDENBERG K, 1959. Biosynthesis, constitution of lignin[J]. Nature, 183 (4669): 1152-1155.

FU H Y, LIU H T, MAO J D, et al., 2016. Photochemistry of dissolved black carbon released from biochar: Reactive oxygen species generation and phototransformation[J]. Environmental Science & Technology, 50 (3): 1218-1226.

GIERER J, 2000. The interplay between oxygen-derived radical species in the delignification during oxygen, hydrogen peroxide bleaching[J]. ACS Symposium Series, 742: 422-446.

GRABBER J H, 2005. How Do Lignin Composition, Structure, and Cross-linking affect degradability?

A review of cell wall model studies[J]. Crop Science, 45（3）.

GRATZL J S, CHEN C L, 1999. Chemistry of pulping: Lignin reactions[J]. Acs Symposium, 742: 392-421.

GRELIER S, CASTELLAN A, KAMDEM D P, 2000. Photoprotection of copper-amine-treated pine[J]. Wood & Fiber Science Journal of the Society of Wood Science & Technology, 32（2）: 196-202.

GUERRA A, Filpponen I, et al., 2006. Toward a better understanding of the lignin isolation process from wood[J]. Journal of Agricultural, Food Chemistry, 54（16）: 5939-5947.

HARKIN J, 1966. Lignin Structure and Reactions: o-Quinonemethides as tentative structural elements in Lignin[M]. Washington: American Chemical Society.

HARRIS J M, WAMSER C C, 1976. Fundamentals of organic reaction mechanisms[M]. New York Wiley.

HATAKEYAMA H, NAKANO J, 1970. Electron spin resonance studies on lignin, lignin model compounds[J]. Cellulose chemistry, technology, 4: 281-291.

HEITMANN T, GOLDHAMMER T, BEER J, et al., 2010. Electron transfer of dissolved organic matter, its potential significance for anaerobic respiration in a northern bog[J]. Global Change Biology, 13（8）: 1771-1785.

HERTKORN, NORBERT, RONALD B, et al., 2006. Characterization of a major refractory component of marine dissolved organic matter[J]. Geochimica Et Cosmochimica Acta, 70（12）: 2990-3010.

HOLTMAN K M, CHANG H M, Jameel H, et al., 2006. Quantitative ^{13}C NMR characterization of milled wood lignins isolated by different milling techniques[J]. Journal of Wood Chemistry, Technology, 26（1）: 21-34.

HON N S, 1976. Fundamental degradation processes relevant to solar irradiation of cellulose: ESR studies[J]. Journal of Macromolecular Science: Part A - Chemistry, 10: 1175-1192.

HOSSEINIAN F S, ALISTER D M, 2007. AAPH-mediated antioxidant reactions of secoisolariciresinol and SDG[J]. Organic & Biomolecular Chemistry, 5（4）: 644-654.

HUMAR M, SENTJURC M, PETRIC M, 2002. EPR spin trapping-A new technique for observation, characterisation of free radicals during photodegradation of wood[J]. Drvna Industrija, 53（4）: 197-202.

IMAI, Yokoyama T T, 2011. Revisiting the mechanism of β-O-4 bond cleavage during acidolysis of lignin IV: dependence of acidolysis reaction on the type of acid[J]. Journal of Wood Science, 57（3）: 219-225.

JANSSEN N, HOEK G, SIMIC-LAWSON M, et al., 2011. Black carbon as an additional indicator of the adverse health effects of airborne particles compared with PM$_{10}$, PM$_{2.5}$[J]. Environmental

Health Perspectives, 119 (12): 1691-1699.

JIA S Y, BLAIR J C, GUO X W, et al., 2011. Hydrolytic cleavage of β-O-4 ether bonds of lignin model compounds in an ionic liquid with metal chlorides[J]. Industrial & Engineering Chemistry Research, 50: 849-855.

JONES, DAVID M, 1964. Structure and some reactions of cellulose[J]. Advances in Carbohydrate Chemistry, 19 (4): 219-246.

KAROUI H, FLORENCE C, 2011. DEPMPO: an efficient tool for the coupled ESR-spin trapping of alkylperoxyl radicals in water[J]. Organic & Biomolecular Chemistry, 9 (7): 2473-2480.

KAWAI S, TOSHIAKI U, 1988. Aromatic ring cleavage of 4,6-di (tert-butyl) guaiacol, a phenolic lignin model compound, by laccase of Coriolus versicolor[J]. FEBS Letters, 236 (2): 309-311.

KE J L, MIYAKE M, PANZ T, et al., 1999. Evaluation of DEPMPO as a spin trapping agent in biological systems[J]. Free Radical Biology & Medicine, 26 (5-6): 714-721.

KEREM, JENSEN K A, HAMMEL, et al., 1999. Biodegradative mechanism of the brown rot basidiomycete Gloeophyllum trabeum: evidence for an extracellular hydroquinone-driven fenton reaction[J]. FEBS LETT, 446 (1): 49-54.

KEREM Z, BAO W L, HAMMEL K E, 1998. Rapid polyether cleavage via extracellular one-electron oxidation by a brown-rot basidiomycete[J]. Proceedings of the National Academy of Sciences of the United States of America, 95 (18): 10373-10377.

KERSTEN P J, STEPHENS S K, KIRK T K, 1990. Glyoxal oxidase, the extracellular peroxidases of Phanerochaete chrysosporium[J]. In Biotechnology in Pulp, Paper Manufacture, 457-463.

KHACHATRYAN L JULIEN A, 2010. Radicals from the Gas-Phase Pyrolysis of Catechol: 1. o-Semiquinone, ipso-Catechol Radicals[J]. The Journal of Physical Chemistry A, 114 (6): 2306-2312.

KHACHATRYAN L, JULIEN A, 2008. Formation of phenoxy and cyclopentadienyl radicals from the Gas-Phase Pyrolysis of phenol[J]. The Journal of Physical Chemistry A, 112 (3): 481-487.

KHACHATRYAN L, JULIEN A, 2008. Radicals from the Gas-Phase Pyrolysis of Hydroquinone: 2. Identification of Alkyl Peroxy Radicals[J]. Energy & Fuels, 22 (6): 3810-3813.

KHACHATRYAN L, RUBIK A, 2010. Radicals from the Gas-Phase pyrolysis of catechol. 2. comparison of the pyrolysis of catechol and hydroquinone[J]. The Journal of Physical Chemistry A, 114 (37): 10110-10116.

KIBET J, KHACHATRYAN L, DELLINGER B, 2012. Molecular products and radicals from pyrolysis of lignin[J]. Environmental Science & Technology, 46 (23): 12994-13001.

KIRK T K, IBACH R, MOZUCH M D, et al., 1991. Characteristics of cotton cellulose depolymerized by a Brown-Rot Fungus, by Acid, or by Chemical Oxidants[J]. Holzforschung - International

Journal of the Biology, Chemistry, Physics, Technology of Wood, 45（4）: 239-244.

KLEINERT T N, MORTON J R, 1962. Electron Spin Resonance in wood-grinding and wood-pulping[J]. Nature, 196（4852）: 334-336.

KLEINERT T N, 1967. Stable free radicals in various lignin preparations[J]. Tappi, 50: 120-122.

KOSIKOVA B, MIKLESOVA K, DEMIANOVA V, 1993. Characteristics of free radicals in composite lignin/polypropylene films studied by the EPR method[J]. European Polymer Journal, 29（11）: 1495-1497.

KRATZL K, SCHÄFER W, CLAUS P, et al., 1967. Zur Oxydation von[14]C-markierten Phenolen （Ligninmodellen） in wäßrig-alkalischer Lösung mit Sauerstoff[J]. Monatshefte für Chemie - Chemical Monthly, 98（3）: 891-904.

LEARY G, 1968. Photochemical production of quinoid structures in wood[J]. Nature, 217（5129）: 672-673.

LEARY G, 1972. The chemistry of reactive lignin intermediates. Part I Transients in coniferyl alcohol photolysis[J]. Journal of the Chemical Society, Perkin Transactions, 2: 640-642.

LI K, XU F, ERIKSSON K, 1999. Comparison of Fungal Laccases, Redox Mediators in Oxidation of a Nonphenolic Lignin Model Compound[J]. Applied & Environmental Microbiology, 65（6）: 2654-2660.

BREBU M, VASILE C, 2010. Thermal degradation of lignin – A Review[J]. Cellulose Chemistry, Technology, 44（9）: 353-363.

MA R S, GUO M, ZHANG X, 2014. Selective conversion of biorefinery lignin into dicarboxylic acids[J]. Chemsuschem, 7（2）: 412-415.

MA R S, XU Y, ZHANG X, 2015. Catalytic oxidation of biorefinery lignin to value-added chemicals to support sustainable biofuel production[J]. Chemsuschem, 8（1）: 24-51.

MATSUMOTO A, MATSUMURA T, 1996. Stereospecific polymerization of dialkyl muconates through free radical polymerization: Isotropic polymerization and topochemical polymerization[J]. Macromolecules, 29（1）: 423-432.

MATSUMOTO A, YOKOI K, 1998. Crystalline-state polymerization of diethyl(Z,Z)- 2,4-hexadienedioate via a radical chain reaction mechanism to yield an ultrahigh-molecular- weight and stereoregular polymer[J]. Macromolecules, 31（7）: 2129-2136.

MCGUIRL, MICHELE A, DAVID M D, 1999. Copper-containing oxidases[J]. Current Opinion in Chemical Biology, 3（2）: 138-144.

MOREIRA P R, ALMEIDA-VARA E, MALCATA F X, et al., 2007. Lignin transformation by a versatile peroxidase from a novel Bjerkandera sp. strain[J]. International Biodeterioration & Biodegradation, 59（3）: 234-238.

MORGENSTERN I，KLOPMAN S，et al.，2008. Molecular evolution，diversity of lignin degrading heme peroxidases in the Agaricomycetes[J]. Journal of Molecular Evolution，66（3）：243-257.

ONIKI T，TAKAHAMA U，1997. Free radicals produced by the oxidation of compounds containing syringyl，guaiacyl groups[J]. Mokuzai Gakkaishi，43（6）：493-498.

PELZER，ADAM W，MATTHEW R S，et al.，2015. Acidolysis of α-O-4 aryl-ether bonds in lignin model compounds：a modeling，experimental study[J]. ACS Sustainable Chemistry & Engineering，3（7）：1339-1347.

PEREZ J，THOMAS W J，1990. Mineralization of 14C-ring-labeled synthetic lignin correlates with the production of lignin peroxidase，not of manganese peroxidase or laccase[J]. Applied and Environmental Microbiology，56（6）：1806-1812.

RAMIREZ R S，HOLTZAPPLE M，2013. Fundamentals of biomass pretreatment at high pH[J]. Aqueous Pretreatment of Plant Biomass for Biological And Chemical Conversion to Fuels And Chemicals：145-167.

REX R W，1960. Electron paramagnetic resonance studies of stable free radicals in lignins，humic acids[J]. Nature，188：1185-1186.

ROTHSCHILD N，LEVKOWITZ A，HADAR Y，et al.，1999. Manganese deficiency can replace high oxygen levels needed for lignin peroxidase formation by phanerochaete chrysosporium[J]. Appl Environ Microbiol，65（2）：483-488.

SAMUNI A，CARMICHAEL A J，RUSSO A，et al.，1986. On the spin trapping and ESR detection of oxygen-derived radicals generated inside cells. Proceedings of the National Academy of Sciences of the United States of America，83（20）：7593-7597.

SARAH E，PAG E，GEORG E，et al.，2013. Dark formation of hydroxyl radical in arctic soil and surface waters[J]. Environmental Science & Technology，47（22）：12860-12867.

SEINO T，YOSHIOKA A，FUJIWARA M，et al.，2001. ESR studies of radicals generated by ultrasonic irradiation of lignin solution. An application of the spin trapping method[J]. Wood Science & Technology，35（1-2）：97-106.

SEINO T，YOSHIOKA A，TAKAI M，et al.，2004. Thermally induced homolytic scissions of interunitary bonds in a softwood lignin solution：A spin-trapping study[J]. Journal of Applied Polymer Science，93（5）：2136-2141.

SHARMA R K，WOOTEN J B，BALIGA V L，et al.，2002. Characterization of char from the pyrolysis of tobacco[J]. Journal of Agricultural & Food Chemistry，50（4）：771-783.

SHI Y F，ZHU K C，DAI Y C，et al.，2020. Evolution，stabilization of environmental persistent free radicals during the decomposition of lignin by laccase[J]. Chemosphere，248：125931.

SPACKMAN W，BARGHOORN E S，1966. Coal Science：Coalification of woody tissue as deduced from a petrographic study of brandon lignite[M]. American Chemical Society.

STEELINK C, 1964. Free radical studies of lignin, lignin degradation products, soil humic acids[J]. Geochimica Et Cosmochimica Acta, 28 (10-11): 1615-1622.

STEELINK C, REID T, TOLLIN G, 2002. On the nature of the free-radical moiety in lignin[J]. Journal of the American Chemical Society, 85 (24): 4048-4049.

STEELINK C, 1965. Stable phenoxy radicals derived from phenols related to lignin1[J]. Journal of the American Chemical Society, 87 (24): 2056-2057.

STEELINK C, HANSEN R E, 1966. A solid phenoxy radical from disyringylmethane–a model for lignin radicals[J]. Tetrahedron Letters, 7 (1): 105-111.

STENSON A C, MARSHALL A G, 2003. Exact masses and chemical formulas of individual suwannee river fulvic acids from ultrahigh resolution electrospray ionization fourier transform ion cyclotron resonance mass spectra[J]. Analytical Chemistry, 75 (6): 1275-1284.

SU Y, XIAN H, ZHANG C, et al., 2016. Biodegradation of lignin, nicotine with white rot fungi for the delignification, detoxification of tobacco stalk[J]. Bmc Biotechnology, 16: 81-89.

TIAN J H, POURCHER A M, BOUCHEZ T, et al., 2014. Occurrence of lignin degradation genotypes, phenotypes among prokaryotes[J]. Applied Microbiology, Biotechnology, 98 (23): 9527-9544.

VANHOLME R, DEMEDTS B, MORR E L K, et al., 2010. Lignin Biosynthesis, Structure[J]. Plant Physiology, 153 (3): 895-905.

WAGGONER D C, CHEN H, WILLOUGHBY A S, et al., 2015. Formation of black carbon-like, alicyclic aliphatic compounds by hydroxyl radical initiated degradation of lignin[J]. Organic Geochemistry, 82: 69-76.

WARIISHI H, VALLI K, 1989. Oxidative cleavage of a phenolic diarylpropane lignin model dimer by manganese peroxidase from Phanerochaete chrysosporium[J]. Biochemistry, 28 (14): 6017-6023.

WONG D, 2009. Structure and action mechanism of ligninolytic enzymes[J]. Applied Biochemistry & Biotechnology, 157 (2): 174-209.

WONG Y, JIAN Y, 1999. Laccase-catalyzed decolorization of synthetic dyes[J]. Water Research, 33 (16): 3512-3520.

YANG N C, GAO N Y, 2002. Charge-transfer interaction in organic polymers[J]. Journal of the American Chemical Society, 86 (22): 5022-5023.

YOSHIOKA A, SEINO T, 2000. Homolytic scission of interunitary bonds in lignin induced by ultrasonic irradiation of MWL dissolved in dimethylsulfoxide[J]. Holzforschung, 54 (4): 357-364.

ZHOU S，XU Y，WANG C，et al.，2011. Pyrolysis behavior of pectin under the conditions that simulate cigarette smoking - ScienceDirect[J]. Journal of Analytical & Applied Pyrolysis，91 (1)：232-240.

ZIMMERMANN W，1990. Degradation of lignin by bacteria[J]. Journal of Biotechnology，13：119-130.

ZOIA L，PERAZZINI R，CRESTINI C，et al.，2011. Understanding the radical mechanism of lipoxygenases using 31P NMR spin trapping[J]. Bioorganic & Medicinal Chemistry，19 (9)：3022-3028.

ZOIA L，DIMITRIS S，2010. Detection of ketyl radicals using 31P NMR spin trapping[J]. Journal of Physical Organic Chemistry，23：505-512.

ZOIA L，DIMITRIS S，2009. Phenoxy radical detection using 31P NMR spin trapping[J]. Journal of Physical Organic Chemistry，22 (11)：1070-1077.